Web接続，ネットワーク構成からスマホ制御，
ハイレゾ再生まで

コンピュータ搭載！
Linuxオーディオの
作り方

CQ出版社

オーディオをはじめるなら Linux ボードが最高！

編集部

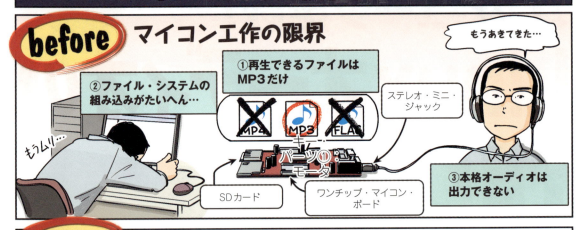

before マイコン工作の限界
- ①再生できるファイルはMP3だけ
- ②ファイル・システムの組み込みがたいへん…
- ③本格オーディオは出力できない
- もうあきてきた…
- もうムリ…
- SDカード
- ワンチップ・マイコン・ボード
- パーツ①モータ
- ステレオ・ミニ・ジャック

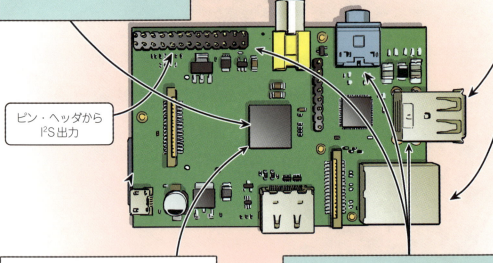

after Linuxボードならもっとすごいもの作れます！
- ①いろいろな形式の音楽ファイル対応
- ②どこからでも音楽データを読み込める …USBメモリ/SDカード/ネットワーク
- ピン・ヘッダから I²S 出力
- クロック周波数 700MHz 時代！ Linuxが余裕で動くので音切れもしにくい
- ③3大オーディオ出力対応！ …アナログ/I²S/USB

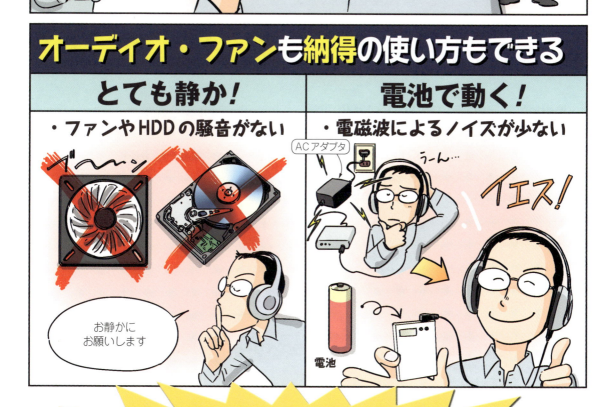

コンピュータ搭載！ Linuxオーディオの作り方

オーディオをはじめるならLinuxボードが最高！　編集部　……2
- まさにオーディオ専用機といっても過言ではない！── 3
- 本格オーディオの時代到来中！── 4
- なんと！市販のポータブル・プレーヤを超える!?── 5
- オーディオ・ファンも納得の使い方もできる ── 5

Introduction 1　Linuxボードでオーディオ再生！五つのメリット
市販機器もビックリの24ビット/192kHzハイレゾ対応！スマホ操作もOK　宗像 尚郎　……11
- メリット1：本格的なのに安い ── 12
- メリット2：ハイレゾ対応USB-オーディオ変換アダプタの標準ドライバが用意されている ── 12
- メリット3：音楽ファイルが非常に扱いやすい！── 12
- メリット4：実は必要な機能！スマホがリモコンの代わりになる ── 12
- さらに1：技術的ポテンシャルは∞!?　Linuxの勉強にもなる ── 14
- さらに2：高機能なオーディオ再生ソフトウェアが用意されている ── 14
- さらに3：オーディオに最適！ノイズが低い電源を選ぶことが可能 ── 14
- **column** CDより1000倍滑らか！高精細ハイレゾ・オーディオ時代がやってきた!?── 15
- **column** オーディオ専用Linuxの先駆け！x86プロセッサ向けVoyage MPD ── 16

Introduction 2　なんとCDの1000倍滑らか！ハイレゾの世界
24ビット/192kHzサンプリングでノイズ激減！　Takazine　……17
- 波形でチェック！24ビット/192kHzハイレゾ信号の滑らかさ ── 17
- 量子化24ビットの威力 ── 17
- 192kHzのありがたみもちょっと確認 ── 18
- **column** 電子回路の宿命！必ず熱雑音が発生する ── 19
- **column** 意外と昔からやっている！ディジタル・オーディオの始まり ── 20

Introduction 3　実はあいまい！ハイレゾの定義
業界で解釈が異なる　Takazine　……21

第1部　ラズベリー・パイ2/3で高機能オーディオ装置を目指す！

第1章　ラズパイ・オーディオ製作の楽しみ方
Linuxコンピュータのパワーを音楽再生にぜいたくに使う　Takazine　……22
- 自作オーディオはここまでキタ！── 22
- 七つの革命 ── 23
- 私の自作ラズパイ・オーディオを紹介！── 26
- ラズベリー・パイ用D-Aコンバータ基板SabreBerry+の特徴 ── 29
- 有機ELディスプレイに曲名などを表示する ── 30
- 赤外線リモコン機能を追加する ── 31
- **column** 初代ラズベリー・パイのmodel Bの方が電源ノイズが小さい ── 25

第2章　初動1時間！ビルトイン・コンピュータ「ラズベリー・パイ」事始め
スマホで選曲！Wi-Fiネットワーク・オーディオ・プレーヤを作る　島田 義人　……35
- ハードウェア構築編 ── 35
  - ■ 準備するもの ── 35
- ソフトウェア構築編 ── 37
  - ■ オーディオ・プレーヤの構築の流れ ── 37
  - ■ Step 1…Volumioをインストールする ── 38
  - ■ Step 2…Volumioを立ち上げる ── 39

CONTENTS

■ Step 3…サウンド・カードをラズベリー・パイに認識させる —— 39
■ Step 4…オーディオ信号の出力先を設定する —— 40
■ Step 5…楽曲ライブラリを登録する —— 40
■ Step 6…音楽を鳴らしてみる —— 41
応用…SDカードから音楽再生する —— 42
■ SDカード内の空きエリアを楽曲データの保存領域として機能させる方法 —— 43

第3章 全マニア注目のESS製D-Aコンバータでハイレゾ再生
DSD256 & 32bit × 384kHz対応！Wi-Fiハイパー・ポータブル・プレーヤ
Takazine/河瀬 聡 ……………………… **49**

世界クラスの音楽問屋「ラズベリー・パイ3」の再生パフォーマンス —— 50
　■ いろんな再生装置にあったデータを提供できる —— 50
　■ 1ビット・ディジタル・オーディオDSDの高品質音源（11MHz）も再生できる —— 52
製作① 　384kHz/32ビットD-Aコンバータ拡張基板 —— 53
　ハードウェア —— 54
　デバイス・ドライバの制作 —— 56
　■ OSやデバイス・ドライバの関係を整理 —— 56
　■ ESS社D-Aコンバータ用ALSAデバイス・ドライバの制作 —— 56
製作② 　Wi-Fiポータブル・プレーヤ〜エネループ4本で5時間連続再生〜 —— 60
製作③ 　Bluetoothオーディオ・レシーバの製作
　　　　〜ウォークマンやスマートフォンでワイヤレス再生〜 —— 62
　■ 接続手順① 　ラズベリー・パイ3のBluetooth機能を使えるようにする —— 62
　■ 接続手順② 　スマホやBluetoothプレーヤと接続 —— 63
　column DSDデータはCD音源から作れる —— 52
　column ラズベリー・パイから雑音が？ オーディオ・ミニプラグは慎重に選ぶ —— 53
　column ESS Technology製D-Aコンバータの詳細を知りたいなら —— 55
　column 製作したD-Aコンバータ基板のノウハウはプリント基板にある —— 57
　column ラズベリー・パイ3のWi-Fiでハイレゾ・データを受信しながら連続再生してみた —— 59
　column ラズベリー・パイ3に搭載されたWi-Fi/Bluetoothワンチップと
　　　　　　SoC（BCM2837）のインターフェース —— 60
　column DAC/ADC/Bluetooth/Wi-FiとALSAをつなぐ変換インターフェース・ソフトウェア
　　　　　　PulseAudio —— 63
　column ボイス・コイルをディジタル駆動！ 完全ディジタルUSBヘッドホンをラズパイにつないでみた —— 64

Appendix 1 ステレオ・データを送るのに便利な三線式！
オーディオ用D-Aコンバータの定番インターフェースI^2S入門 Takazine ………… **65**

基礎知識 —— 65
　column I^2Sと名前は似ているが全く別物！…I^2C —— 66
　column I^2Sが主流になった理由 —— 67
　column すぐ試せる！ ハイレゾ音源配信サイト —— 68

Appendix 2 ラズパイ用D-AコンバータをI^2Sのマスタ側として動作させる
SabreBerry32を制御するオリジナル専用デバイス・ドライバの作り方
河瀬 聡 ………… **69**

ドライバのビルド方法 —— 69
ドライバのソースコード —— 71
ビルドしたドライバのインストール手順 —— 79
　column デバイス・ツリー（Device Tree）とは —— 71
　column デバイス・ツリー・オーバーレイ（Device Tree Overlay）とは —— 71

コンピュータ搭載！Linuxオーディオの作り方

第4章 わずか30MバイトのLinux！オーディオ再生専用lightMPD
リアルタイム拡張Linux採用！起動後はすべてオン・メモリで超軽い！
松原 克弥 …… 80
- わずか30Mバイト 超コンパクト！lightMPDの特徴 —— 80
- 準備 —— 81
- インストール —— 81
- lightMPDの動作設定を行う —— 82
- lightMPDを試す —— 85
- lightMPDを自分好みにチューニングする —— 86
- **column** インターネット・ラジオを聴いてみる —— 88

第5章 仕上げ…なんて使いやすい！ラズパイ・オーディオのWi-Fi化
コンパクト化優先！lightMPDのカーネル＆デバドラ再ビルドに挑戦！
松原 克弥 …… 89
- コンパクト化を追求したlightMPDにWi-Fiを追加してみる —— 89
- 実際の手順 —— 90

第6章 Volumioを使ったSabreBerry+搭載ラズパイ・オーディオ・プレーヤにアルバム画像表示機能を追加する方法
Last.fmによる検索を使って組み込み向け小型液晶に表示！
佐々木 弘隆/Takazine …… 94
- ラズベリー・パイ2，SabreBerry+，Volumioの組み合わせに機能を追加する方法 —— 94
- 画像を取得して表示するまでの流れ —— 94
  - ■画像をどこから持ってくるか —— 94
  - ■方法1：ID3タグから画像を取り出す —— 95
  - ■方法2：インターネット・サービスLast.FMを使ってアルバム画像を取得する —— 96
  - ■取得した画像を表示するまでの処理 —— 98
- 必要なソフトウェアのセットアップ —— 99
- GML-PIの使い方 —— 100

第2部　ラズベリー・パイをオーディオ専用マシンとして活用！

第7章 ラズベリー・パイが最適！本格ハイレゾ・オーディオ入門
ハードもソフトもフル装備！市販機超えも！
大津 秀紀 …… 102
- 3大本格オーディオ出力を完備！ —— 102
- 定番オーディオ再生用ライブラリも完備！ —— 105

第8章 ラズベリー・パイでやってみよう！はじめてのオーディオ再生
Raspbian標準装備アプリaplayでハイレゾに挑戦！
大津 秀紀 …… 107
- aplayコマンドでUSBからのオーディオ出力に挑戦！ —— 107
- **column** オーディオ再生プログラミングの勘どころ —— 110

第9章 Linux用超定番サウンドI/OライブラリALSA入門
プロも御用達！音を出すときに必ず使う！
大津 秀紀 …… 111
- プログラムの製作を始める前に —— 112
- Linuxオーディオ再生プログラムの基本構造 —— 112
- 実験1：テスト音を生成して出力してみる —— 112
- 実験2：定番オーディオ再生用ライブラリも完備！ —— 116
- **column** 基本中の基本！WAVEファイルの構造 —— 117

Appendix 3 オーディオ再生の必須技術！クロック同期
ストリーム・データの音切れや音の不連続を回避する
大津 秀紀 …… 118
- 送信側と受信側のクロックはずれる —— 118
- クロックを同期する方法 —— 118

CONTENTS

column ラズベリー・パイの不便な点…I²Sマスタ・モードが使えない —— 119

Appendix 4 USB Audio Class 2.0に準拠！
24ビット／192kHzサンプリングUSB-DACセレクション 中田 宏 …………… 120

第3部 高性能LinuxボードBeagleBone Blackのオーディオ活用

第10章 高機能オーディオ再生ソフトMPD標準装備
**オーディオ専用LinuxディストリビューションVolumioを
BeagleBone Blackで試す** 宗像 尚郎 …………… 121
　　ハードウェアの構成 —— 121
　　準備 —— 123
　　Volumioの起動 —— 124
　　column 音楽再生用プログラムMPDを組み込み済み！
　　　　　　オーディオ専用Linuxディストリビューション「Volumio」 —— 122
　　column SDメモリー・カードの空きを使えるようにするには —— 124

第11章 音楽データのI/Oからデータベース作成まで！使わな損！
プロ並み高機能！音楽再生ソフトMPD入門 宗像 尚郎 …………… 127
　　主な特徴 —— 127
　　実験の準備 —— 128
　　MPDを動かしてみる —— 128
　　column 複数のアプリケーションからの音を合成したり優先度の管理を行うサウンド・サーバ —— 131

Appendix 5 Windowsパソコン／NAS／ウェブ・サーバ…音楽ファイルはどこでもOK！
ネットワーク・オーディオ再生に挑戦！ 宗像 尚郎 …………… 133
　　ネットワーク上の音楽ファイルを検索する方法 —— 133
　　ネットワーク上に音楽データを出力する方法 —— 134

第12章 200以上の機能ブロックを組み合わせて可能性は無限大！
画像も音声も！ストリーム処理プログラミングの素GStreamer 松原 克弥 …………… 136
　　GStreamerの特徴 —— 136
　　GStreamerで音楽再生！はじめの一歩 —— 138
　　column GStreamerをBeagleBone Blackにインストール —— 137
　　column GStreamerのバージョンとプラグインの質を要チェック！ —— 142

第13章 プラグインを並べるだけ！コマンド一発でサッと処理する舞台裏
ストリーム処理組み合わせ放題！GStreamerのしくみ 松原 克弥 …………… 143
　　処理プログラム「エレメント」の基礎知識 —— 143
　　エレメント間を流れるデータの素性を表す…ケーパビリティ —— 145

第14章 Pythonスクリプトと連携させて本格アプリケーションに挑戦！
GStreamerの応用例…倍速プレーヤを作る 松原 克弥 …………… 147
　　column 番外編その1…YouTubeビデオ・クリップの音楽を再生 —— 148
　　column 番外編その2…インターネット・ラジオを再生 —— 149
　　column 番外編その3…サウンド・エフェクトで自分好みの音に —— 150

Appendix 6 おなじみPCM, MP3からハイレゾ向けFLAC, DSDまで
メジャーなオーディオ符号化方式総まとめ 松原 克弥 …………… 151
　　オーディオやビデオはコンテナで一つのファイルに格納する —— 151

CONTENTS

音楽再生に使われる圧縮タイプのコーデック —— 151
音楽再生に使われる非圧縮タイプのコーデック —— 152
column コーデックやコンテナの確認に便利なLinuxコマンド…mediainfo —— 152
column 負荷の高い処理を分散することもできる —— 153

第4部 ラズベリー・パイと一緒に使える！USB-DACの自作に挑戦！

第15章 ハイエンド製品からアマチュア自作まで見かけるXMOSの中身
USBオーディオの定番プロセッサ xCORE入門 三好 健文 …… 154
xCOREがオーディオ処理に向く理由 —— 155
xCOREとは —— 157
Cベースのプログラミング言語XC超入門 —— 159
xCOREプログラミング事始め —— 161
デバッグ環境xCORE用GDB：xgdb —— 162
column USB Audio Class 2.0とは —— 156

第16章 USBストリーム通信と信号処理を並列動作
xCOREで作るエフェクタ内蔵USB-DAC 三好 健文 …… 164
実験で使ったハードウェア —— 165
xCOREがオーディオに向く理由 —— 165
xCOREでエフェクタづくりに挑戦！ —— 166

第17章 参考になるソースコードがたくさんあるmbedを活用
USB付きマイコン LPC4088で作るUSB-DAC 岡村 喜博 …… 171
USBオーディオDACのハードウェア構成 —— 171
ハードウェアの同期 —— 173
使用した四つのmbedライブラリ —— 173
mbedライブラリのカスタマイズ —— 174
実験！mbed本格USBオーディオ再生 —— 178
column アシンクロナス同期方式はハイレゾ・オーディオに最適 —— 179

第18章 24ビット/96kHzハイレゾに挑戦！ワンタッチ・ボード＆ライブラリをフル活用！
USB-DACに曲操作/音量操作機能を加える 岡村 喜博 …… 180
再生/停止や音量調節機能の付いたUSB-DACの製作 —— 180
ハードウェア —— 181
ソフトウェア —— 182
■ やること…ボタン操作をPCに伝える —— 182
■ USBデバイスにHIDクラスの機能を追加する —— 182
■ 実際のプログラム —— 183
USBマルチファンクション・デバイスを試すにはmbedが簡単 —— 183

第19章 オーディオ・ビデオ用3大ソフトウェアMPD, Kodi, SqueezeBOX
メジャー・ソフトを使用したディストリビューションのラズベリー・パイ対応状況
Takazine …… 185
三大ソフトウェアを使用したディストリビューション —— 185
ラズパイ4や5が発売されたら，ディストリビューションの更新を待つのが良策 —— 189

初出一覧 …… 190
著者略歴 …… 191

Introduction 1　Linuxボードでオーディオ再生！五つのメリット

Introduction 1

市販機器もビックリの24ビット/192kHzハイレゾ対応！スマホ操作もOK

Linuxボードでオーディオ再生！五つのメリット

宗像 尚郎

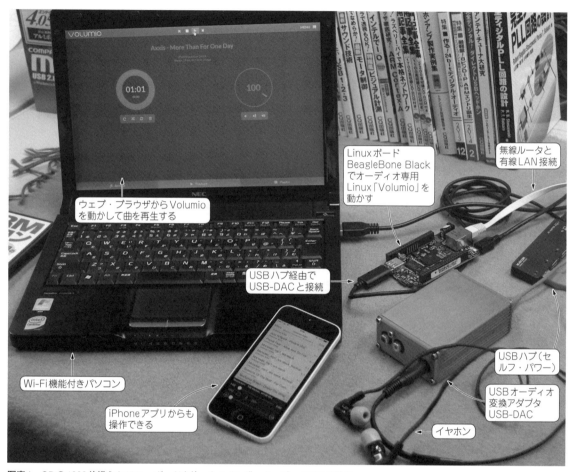

写真1　CDの1000倍滑らか！Linuxボードを使ったハイレゾ・オーディオ再生の世界

　従来，マイコンで音楽を再生するというと，SDメモリーカードに収録したWAVEファイルに格納された音声データ（PCMデータ）などをD-Aコンバータや PWM に出力するのがいいところでした．
　ところが，最近は劇的にようすが変わってきました．安価なLinuxボードでも，なんと製品レベルといってもいいくらいの本格的なオーディオ再生が楽しめます（**写真1**）．
(1) WAVEファイルやMP3ファイルだけじゃない！
　…LinuxならMPEG4，FLACなどさまざまな音楽ファイルを読み込んで音声データを出力できる

(2) 音楽ファイルはどこからでも！…LinuxならSDメモリーカードでもUSBメモリでもネットワーク経由でも音楽ファイルをもってこられる
(3) なんとCDの1000倍滑らかな音声データまで扱える！…CD品質（16ビット/44.1kHzサンプリング）どころか本格オーディオ向け高精細音声データ（24ビット/192kHz）も出力できる（Appendix 2）
(4) 本格オーディオ向け出力も完備！…アナログ信号用のオーディオ・ジャックだけじゃなく，本格オーディオで使われる I^2S/USB出力もOK！
　本書では，ラズベリー・パイ（**写真2**，p.13）などの

低価格Linuxボードによる本格オーディオ再生の世界を紹介します． (編集部)

メリット1：本格的なのに安い

パソコンや本格オーディオ機器と比べて，ラズベリー・パイやBeagleBone Blackなどは，けた違いに低価格です．しかも，市販のオーディオ機器ばりの機能をたくさん備えており，本格オーディオ再生専用といってもよいくらいです（図1）．

▶入門…ハイレゾとは

ハイレゾとは，音楽CDの品質（サンプリング周波数44.1kHz/量子化ビット数16ビット）よりも滑らか（高精細）なディジタル・オーディオ・データです．本章では次のような分解能のことを指します（ハイレゾの定義はAppendix 3参照）．

- 量子化ビット数24/サンプリング周波数96kHz
- 量子化ビット数24/サンプリング周波数192kHz

メリット2：ハイレゾ対応USB-オーディオ変換アダプタの標準ドライバが用意されている

パソコン用のチップセットに内蔵されたサウンド機能はハイレゾに対応していないので，USB-DACを組み合わせるのが一般的です．

USB-DACはUSB Audio Classというデバイス・クラスに準拠しています．Audio Classに対応したドライバがOSに組み込まれていれば，USB-DACをパソコンに接続するだけで利用できます（図1）．

USB Audio Classには1.0と2.0という二つの規格があります．1.0では量子化ビット数24，サンプリング周波数96kHzまでの対応となっており，2.0では量子化ビット数24，サンプリング周波数192kHzまでの対応となっています．

LinuxとMacには，USB Audio Class 2.0対応のドライバがデフォルトで用意されているので，ハイレゾ・オーディオ再生に適しています．

▶Windowsの問題点

Windowsはデフォルトで1.0対応のドライバしか提供されていません*1．このため，WindowsではUSB-DACのメーカが用意する専用のドライバをインストールしなければ利用できません．事情を反映してか，一部のUSB-DACはUSB Audio Classに準拠しない独自ドライバを提供しているケースもあります．

このようなUSB-DACをLinuxで利用するには，Linux用の独自ドライバが必要になります．USB-DACを選択するときには，Linuxでの動作実績を確認した方がよいでしょう．

メリット3：音楽ファイルが非常に扱いやすい！

Linux搭載の小型ボードには，さまざまなフォーマットに対応したファイル・システムが標準装備されていて，いろいろなメディアを利用することができます．OSなしやリアルタイムOSを使っている場合，これを実現するのは非常にたいへんです．

ハイレゾは，MP3などと比べるとデータ・サイズが大きいです．SDカードでは，保存できる曲数が限られてしまうので，HDDに音楽データを保存することもできます．Linuxはネットワーク通信も得意なので，ネットワーク接続のHDDを組み合わせることも可能です（図2）．

Windowsでも共有ディスクを利用すれば，ネットワーク接続のHDDを組み合わせることができますが，Linuxの方がフレキシブルに利用できます．

メリット4：実は必要な機能！スマホがリモコンの代わりになる

ハイレゾ・プレーヤは，次の二つができれば，少なくとも音が出せます．

- USB-DACの認識と設定
- 音楽データを保存している場所を正しくプレーヤに認識させる（マウントさせる）

実際に音楽を聴くためにはそれだけでなく，アルバムや楽曲の選択，演奏開始，停止，ボリュームの調整などの操作が必要です．

パソコンで再生するのであれば，キーボードやマウスを使ってモニタ画面上でこれらの操作ができます．

Linuxでは，MPD（Music Player Daemon）という

---

*1：2017年3月現在，Windows 10のアップデートで提供される予定だが時期は未定．

図1　ラズベリー・パイなどの低価格Linuxボードは本格オーディオ再生専用といっても過言ではない

Introduction 1　Linuxボードでオーディオ再生！五つのメリット

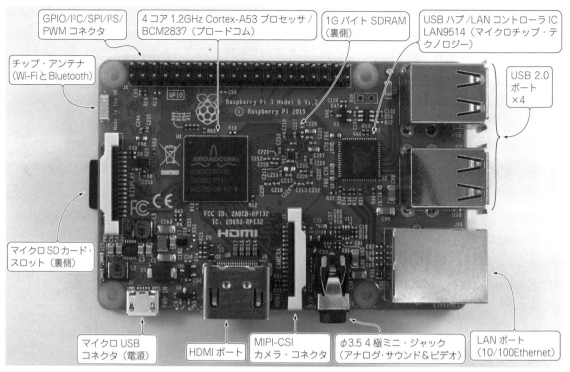

（a）ラズベリー・パイ 3 model B

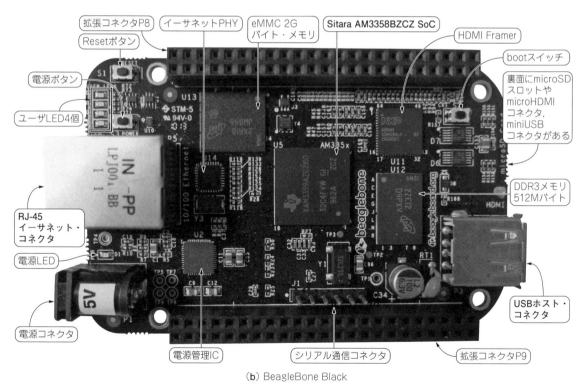

（b）BeagleBone Black

写真2　Linuxボードはハイレゾ・オーディオ再生向け機能が満載！

図2 Linuxはファイル・システム完備なうえさまざまなファイル・フォーマットに対応しているので，音楽ファイルの扱いが非常に簡単！

高機能オーディオ再生ソフトウェアを利用できます．

MPDはLinuxに搭載されているウェブ・サーバ機能を使ってGUI環境を提供することもできます．スマートフォンやタブレットのウェブ・ブラウザからアクセスして音楽サーバを遠隔操作できます．音楽データベース・サービスと連携することで，アルバムのジャケット写真をスマートフォンやタブレットの操作画面へ表示できます．あたかも携帯音楽プレーヤを操作しているような感覚で，選曲や再生ができます．

▶スマホ側の操作用アプリも用意されている

MPDをコントロールするにはクライアント側にもソフトウェアが必要になります．各種スマートフォン用のクライアント・アプリが用意されているので，自分のスマートフォンやタブレットを操作用のクライアント端末として利用できます．

さらに1：技術的ポテンシャルは∞!?　Linuxの勉強にもなる

Windowsは，カーネルやデバイス・ドライバの内部動作が公開されていません．もし問題にぶつかったときに，自分で研究や調査をしても解決する余地がほとんどありません．

Linuxは，その気になればよくも悪くもどんどん深い部分まで踏み込めます．また，ネットで自分と同じ問題にぶつかっている人を探したり，課題の解決方法を紹介しているページを見つけたりもできます．

それだけでなく，Linuxによるハイレゾ・プレーヤの構築を突き詰めていくと，Linuxカーネルの内部動作など技術的に深い部分にも触れるチャンスが広がります．ホビーとして考えたときには，のめり込んでいろいろ勉強する余地のあるものの方がうまくいったときの感激も大きいはずです．取り組みがいがあると思います．

さらに2：高機能なオーディオ再生ソフトウェアが用意されている

MPDとは，クライアント・サーバ型の音楽再生環境を構築するときのサーバ機能を受け持つオープンソース・プログラムです．Linuxだけではなく Windowsでも実行できるバイナリ・コードが提供されています．

MPDにあるのは，サウンド・カードの制御などの実際に音を出す機能だけではありません．アルバム情報を検索するためのデータベース管理，スマートフォンなどで実行されるクライアント・アプリケーションに対してGUIを提供する機能，ネットワーク上のストレージ・デバイスを利用するための機能などが統合されています．

比較的非力なハードウェアでも動くように，リソース消費を最小限に抑えているため，ARMプロセッサを搭載した組み込みボードでも動かせます．

現在，MPDはUbuntuなど多くのディストリビューションでサポートされています．ディストリビューションのメニューからバイナリ・パッケージをインストールできるので，簡単に試すこともできます．

さらに3：オーディオに最適！　ノイズが低い電源を選ぶことが可能

オーディオに最適なハードウェアとは何かを考えたとき，パソコンは多分最悪の環境でしょう．パソコンなど多くの機器に使われているスイッチング電源は，（効率という意味では優れているが）オーディオ的にはノイズの塊です．

また，CPUやGPUの動作クロックから発生する輻射もオーディオ機器にとってはノイズ源です．

Windowsと比較して，Linuxの方がノイズが少ないということはありません．ただし，Linuxの方がハードウェアの選択の自由度が高いので，真に必要な

column　CDより1000倍滑らか！高精細ハイレゾ・オーディオ時代がやってきた!?

パーソナル・オーディオ業界で最近にわかに話題となっているのがハイレゾリューション・オーディオ（略してハイレゾ）です．

まだ少数派ですが，電器店に専用のコーナができたりして，往年のオーディオ・ファン層も巻き込んで盛り上がっています．

● ハイレゾ音源が普及してきた理由…なんと！CDよりダウンロードの方が高精細！

ポータブル・プレーヤの普及により，音楽の購入方法も大きく変わりました（図A）．最近では，パソコンやスマートフォンから音楽データをダウンロードで購入するのが主流になり，大型CDショップもずいぶんと減ってしまいました．今では，CD1枚分を丸ごと購入するだけではなく，1曲単位で買ったり毎月固定料金制で何曲でも購入できるサービスもスタートしています．

レコード1枚分のデータをCD1枚に収めるために決めたのが，量子化ビット数16，サンプリング周波数44.1kHzという記録フォーマットです．サンプリング周波数を上げると，信号品質は良くなるものの，逆にデータ量は多くなります．現在では大容量で低価格のストレージ・デバイスが入手できるうえネットワークの回線速度も速くなったので，制約がなくなりました．

ハイレゾが成立した背景の一つには，このような環境が整備されたことも影響しています．

● ハイレゾ音源で使われる汎用ファイル・フォーマット

表Aに示すように，ハイレゾ音源のフォーマットはいくつか存在しています．CDの場合，規格が統一されているのでフォーマットを気にする必要はありませんが，ハイレゾ音源の場合，自分のプレーヤが対応しているフォーマットでないと再生できません．

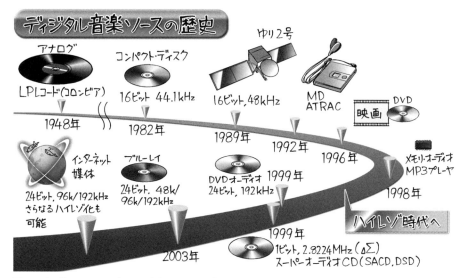

図A　ディジタル・オーディオの音楽ソースの歴史

表A　規格が統一されたCDと違ってハイレゾ音源にはさまざまなフォーマットがある
自分の持っているUSB-DACなどが対応しているフォーマットでないと再生できない

データ・フォーマット	サンプリング周波数	量子化ビット数	データ圧縮	主な用途
WAV（WAVE，RIFF Waveform Audio Format）	48kHz，96kHz，128kHz，192kHzなど	24ビットなど	なし	パソコンの音声データ
FLAC (Free Lossless Audio Codec)	48kHz，96kHz，128kHz，192kHzなど	24ビットなど	あり	ハイレゾ配信
DSD (Direct Stream Digital)	2.8MHz，5.6MHz	1ビット	なし	録音スタジオ，SACD

column　オーディオ専用Linuxの先駆け！x86プロセッサ向けVoyage MPD

　最近のハイレゾ・ブームで高機能オーディオ再生MPDが注目されるようになったきっかけとして，Voyage MPDがあります．

　VoyageとはDebianをベースに比較的非力なx86 CPU搭載の組み込みコンピュータ向けにパッケージを厳選したディストリビューションです．サポート対象のハードウェアには電源が小さく，高性能グラフィックスも付いていない組み込みボードが選ばれています．これが音楽再生にはむしろ最適な環境でした．

　Voyageをベースとして，MPDの実行に最適な環境を構築したディストリビューションがVoyage MPDです．DSDや量子化ビット数24，サンプリング周波数192kHzのハイレゾなど最先端のオーディオ仕様に対応すべくカーネルのチューニングが施されています．

　今までLinuxを触ったことがないオーディオ・マニアからも注目され，特に音質が良いとされた組み込みボードを個人輸入し，Linuxベースのハイレゾ・プレーヤを組み立てる人が現れました．現在は，ARM搭載の組み込みボードでハイレゾ再生プレーヤを作る試みがいろいろありますが，その多くはVoyage MPDをベースにしています．

　本書で紹介しているVolumioもハイレゾ再生に特化したディストリビューションです．そのベースとなったRaspyFiもラズベリー・パイ用のVoyage MPDを目指しています．ハイレゾ再生に最適なディストリビューションはVoyage MPDの周辺に集まっていると考えてよいでしょう．

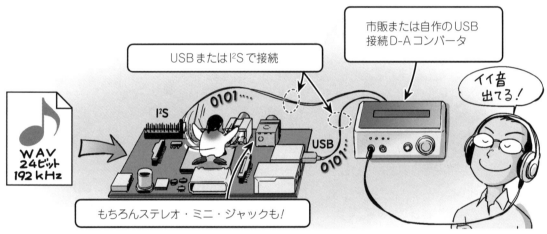

図3　さらに…オーディオの大敵である！ノイズが低い電源を選ぶことも可能

機能や性能だけを持ったボードを選択できることに大きな意味があります．Linuxを使うとCPUの選択の自由度も高くなります．究極を求めるのであれば，電池で駆動できる省電力ARMボードを使うとスイッチング電源が不要になります（**図3**）．

　また，オーディオ・プレーヤに3Dグラフィックス・エンジンは必要ないので，クロックや電源を供給しないようにできれば，それだけノイズの影響が少ないオーディオ再生環境を構築できます．

◆参考文献◆
(1) Music Player Daemon.
　　http://www.musicpd.org/
(2) Voyage Linux｜｜x86 Embedded Linux = Green computing｜.
　　http://linux.voyage.hk/
(3) RaspyFi - Pi never sounded so good!.
　　http://www.raspyfi.com/

むなかた・ひさお

Introduction 2　なんとCDの1000倍滑らか！ハイレゾの世界

24ビット/192kHzサンプリングでノイズ激減！

Takazine

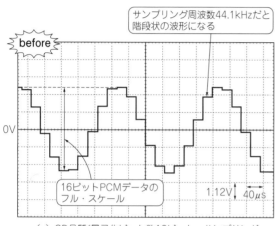

（a）CD品質（量子化ビット数16ビット，サンプリング周波数44.1kHz）

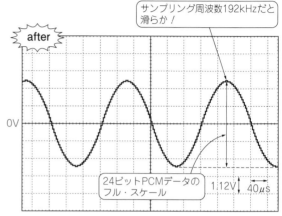

（b）今どきの高精細ハイレゾ（量子化ビット数24ビット，サンプリング周波数192kHz）

図1　ダウンロードで入手できる最近のハイレゾ音楽データはなんとCD品質の1000倍以上滑らか！（縦軸：1.12V/div，横軸：40μs/div）
収録データのようすが分かるように，内蔵オーバ・サンプリング・フィルタをオフにしたD-AコンバータにPCMデータを入力して，オシロスコープでACカップリング出力を観測した．ピアノの一番高い音（C8鍵盤）に相当する4.186kHzの信号で比較．この波形が出力されるわけではない

　16ビット/44.1kHzサンプリングというCD品質の音楽データだけでなく，24ビット/192kHzサンプリングなどの高精細ハイレゾ音楽データがラズベリー・パイなどの安価なLinuxボードでも再生できるようになっています．

　量子化ビット数で8ビット＝256倍，サンプリング周波数192kHz/44.1kHz＝約4.35倍，合わせてCD品質より1,000倍以上も高精細な音楽データが再生できるということです．

　本章では，量子化ビット数が増えたり，サンプリング周波数が高くなったりすることによる信号波形への影響を，簡単な実験で確認してみます．

（編集部）

波形でチェック！24ビット/192kHzハイレゾ信号の滑らかさ

　図1に示すのは，CD品質（量子化ビット数16ビット，サンプリング周波数44.1kHz）の信号波形とハイレゾ（量子化ビット数24ビット，サンプリング周波数192kHz）の信号波形です．ピアノの一番高い音（C8鍵盤）に相当する4.186kHzの信号で比較しました．このように音の周波数が高いとCDの信号波形では粗さが目立ちます．

量子化24ビットの威力

● その1：量子化ノイズが格段に小さい

　連続信号であるアナログ信号を量子化するには，有限の段階に近似します．8ビットでは256段階，16ビットだと65,536段階です．小数点以下を四捨五入するようなイメージです．四捨五入して切り捨てられたり切り上げられたりした部分は誤差になります．量子化の際に発生する誤差を量子化誤差と呼びます．量子化誤差は元のアナログ信号にはなかったもので，図2に示すように，LSB（最下位ビット）分の高さの三角波形ノイズとなって現れます．量子化誤差の高さはLSB（最下位ビット）と等しくなります．

　量子化誤差V_eは，次の式で表せます．

$$V_e = \frac{V_S}{2^M - 1} \quad \cdots\cdots (1)$$

ただし，V_e：量子化誤差[V_{P-P}]，M：量子化ビット数[ビット]，V_S：電圧[V_{RMS}]

　電圧が$2V_{RMS}$で量子化ビット数が16ビットのときの量子化誤差を計算すると，

$$V_e = \frac{2 \times \sqrt{2} \times 2}{2^{16} - 1} = 86\mu V_{P-P} \quad \cdots\cdots (2)$$

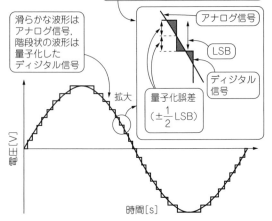

図2 量子化すると必ず量子化誤差が発生しノイズになる
量子化ビット数を大きくすると量子化ノイズが小さくなる

同様に量子化ビット数が24ビットのときの量子化誤差を計算すると，

$$V_e = \frac{2 \times \sqrt{2} \times 2}{2^{24}-1} = 0.34 \mu V_{P-P} \quad \cdots\cdots (3)$$

▶ 量子化誤差から量子化ノイズを求める

正弦波信号の量子化ノイズ V_{eRMS} は，量子化誤差 V_e の正弦波に対する分布を積分計算したものです．次の式で求められます．

$$V_{eRMS} = \frac{V_e}{\sqrt{12}} \quad \cdots\cdots\cdots\cdots\cdots\cdots\cdots (4)$$

ただし，V_{eRMS}：量子化ノイズ[V_{P-P}]

量子化ビット数が16ビットのときの量子化ノイズ V_{eRMS} は式(2)と式(4)から，

$$V_{eRMS} = \frac{86\mu}{\sqrt{12}} = 24.9 \mu V$$

量子化ビット数が24ビットのときの量子化ノイズ V_{eRMS} は式(3)と式(4)から，

$$V_{eRMS} = \frac{0.34\mu}{\sqrt{12}} = 0.10 \mu V$$

以上より，量子化ビット数が大きくなると，量子化ノイズ V_{eRMS} が小さくなることが分かります．しかし，1kΩの抵抗1本でも 0.57μV（抵抗体の温度25℃，帯域20kHzの場合）の熱雑音を発生するので（Column参照），A-D変換前の回路もD-A変換回路も24ビットの量子化ノイズより低く抑えるのがとても困難です．

● その2：音量の幅ダイナミック・レンジが広い

信号の最小値と最大値の比率をダイナミック・レンジと呼びます．大きい信号から小さい信号までをどれだけ表現できるかという指標です．ディジタル・オーディオ機器のアナログ出力（アンプの出力を除く）には，最大値が $2V_{RMS}$ という基準があるので，ダイナミック・レンジが大きいということは，ノイズ・レベルが小さいことを意味しています．どれだけノイズに埋もれず小さな信号を表現できるかという指標になります．

ディジタル信号のダイナミック・レンジ DR は次の式で表せます．

$$DR = 6.02 \times M + 1.78 [dB] \quad \cdots\cdots\cdots (5)$$

ただし，M：量子化ビット数[ビット]

量子化ビット数が16ビットのとき，ダイナミック・レンジを計算すると，

$$DR = 6.02 \times 16 + 1.78 \fallingdotseq 98 dB$$

量子化ビット数が24ビットのとき，ダイナミック・レンジを計算すると，

$$DR = 6.02 \times 24 + 1.78 \fallingdotseq 146 dB$$

量子化ビット数が大きくなると，ダイナミック・レンジも大きくなります．

低雑音OPアンプの雑音レベルは，−120dBから−130dB程度です．D-Aコンバータの精度も127dB程度が限界となっているので，量子化ビット数は24ビットもあれば十分といえます．

▶ ディジタル・オーディオの性能の指標はSN比よりダイナミック・レンジの方が実態に近い

D-Aコンバータは，入力信号があるとき，量子化ノイズの影響を受けます．入力信号がないときは量子化ノイズの影響を受けないため，半導体プロセス自身の熱雑音までノイズ・フロアが下がります．

EIAJ CP-2150により規定されているディジタル・オーディオ機器の測定方法では，SN比の測定に「0」信号を用います．これは「オーディオ信号処理回路が全く働いていない特殊な状況」を意味し，アナログ機器のSN比とは意味が異なります．一方，ダイナミック・レンジの測定は，−60dBの信号を入力してTHD＋Nを計測し，デシベル値に換算して60を加えた値としています．これは「音楽再生時に近い状態で，量子化ノイズを含めた全ノイズ量を計測している」といえます．

したがって，D-Aコンバータの性能の指標として，SN比よりダイナミック・レンジの方が実態に近いと考えられます．SN比はフル・スケール信号と無信号時の差をデシベルで表したものです．SN比もダイナミック・レンジも，計測には聴感補正と20kHzのLPFを入れて計測します．

192kHzのありがたみもちょっと確認

近年，CDの再生時に発生するリンギングが音質へ影響を及ぼしている可能性があるとの声が一部であ

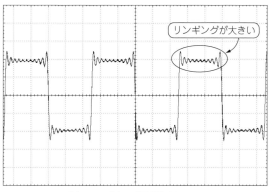
(a) サンプリング周波数44.1kHz

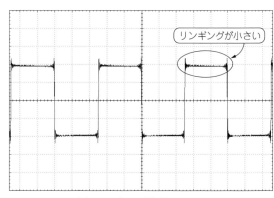
(b) サンプリング周波数192kHz

図3 ハイレゾならリンギングも小さい（縦軸：1V/div，横軸：200μs/div）
1kHzの方形波を再生したようす．サンプリング周波数192kHzでは，リンギングが高い周波数成分となり可聴帯域から離れる

がっています．特に，プリ・リンギングという，発音の直前に現れるリンギングは，実際の音にマスクされないので音質へ影響していると指摘されています．

図3に示すのは，1kHzの方形波をサンプリング周波数44.1kHzと192kHzで再生したときの波形です．サンプリング周波数44.1kHzでは大きなリンギングが発生しています．サンプリング周波数192kHzでは，リンギングがあるものの，非常に高い周波数成分となり可聴帯域から離れます．

● サンプリング周波数は高い方がよい…というのには賛否両論ある

可聴帯域を超える周波数の記録が必要であるかどうかには賛否両論があります．総務省が技術仕様を取りまとめている次世代TVフォーマットにおいて，映像は4K，8Kと増えていくのに対し，音声は「サンプリング周波数48kHz」と固定されています．ハイ・サンプリング化は，電波の周波数有効利用などの観点から現時点では提案に含めないとしています．

これまでの研究により，人の可聴帯域は約20kHzとされているので，論理的にハイ・サンプリングの利点を説明するのは難しいかもしれません．しかしながら，映画用サラウンド規格のドルビーやDTSはサンプリング周波数96kHzのフォーマットを正式に規格化していますし，JEITAや日本オーディオ協会，米国家電協会（CEA）もハイレゾを定義，策定しています．単なる流行やマニアの思い込みではなく一定の効果があると思います．

◆参考文献◆

(1) デジタルオーディオで押さえるべき基本 〜高分解能とハイサンプリングの意義とは〜，EDN，2012/5/21．
http://ednjapan.com/edn/articles/1205/21/news001.html
(2) ディジタル・オーディオ用DACのダイナミック特性テスト，日本テキサス・インスツルメンツ．
http://www.tij.co.jp/jp/lit/an/jaja016/jaja016.pdf
(3) 超高精細度テレビジョン放送システムに関する技術的条件，総務省．
http://www.soumu.go.jp/menu_news/s-news/01ryutsu08_02000095.html
(4) EIAJ CP-2150 ディジタルオーディオ機器の測定方法，一般社団法人 電子情報技術産業協会．

たかじん

---

column　電子回路の宿命！必ず熱雑音が発生する

電子回路には熱雑音（ジョンソン・ノイズとも呼ばれる）があり，抵抗1本でもノイズを発生します．熱雑音は，抵抗体内部の自由電子の不規則な熱振動（ブラウン運動）によって生じる雑音です．抵抗に生じる熱雑音の電圧V_nは次の式で表せます．

$$V_n = \sqrt{4 \times k_b \times T \times R \times \Delta f} \quad \cdots\cdots (A)$$

ただし，k_b：ボルツマン定数[J/K]，
T：抵抗体の温度[K]，Δf：帯域幅[Hz]，
R：抵抗値[Ω]

熱雑音は，抵抗値が高いほど，そして抵抗体の温度が高いほど大きくなります．熱雑音の周波数特性はホワイト・ノイズと呼ばれ，すべての周波数でフラットです．

column 意外と昔からやっている！ディジタル・オーディオの始まり

「音」は空気の振動です．その振動は連続の波でできています．マイクで拾った音も連続した波形で電圧振幅に変換されます．この連続信号のまま磁気テープに録音するしかありませんでした．しかし録音された磁気テープは非常に微小なアナログ信号であるのと，テープの走行ノイズ（ヒスノイズ）のため，録音再生システム全体において高SN比（信号と雑音の比率）を実現するのは困難でした．

そこで，マイクで拾った信号をマイク・アンプで増幅後，そのままディジタル化することで録音の高SN比を実現したのがディジタル録音です．一度ディジタル化したものはアナログ信号のように編集やダビングで劣化しないという利点もあります．

● 2大ディジタル化！ 離散化&量子化

図Aは，アナログ信号をディジタル化するときのイメージです．アナログ信号は，時間的にも振幅的にも連続した信号です．ディジタル化するには，まず一定間隔（サンプリング間隔）ごとに標本化を行います．次に振幅値も離散的な値に近似させます．これが量子化です．時間的にも振幅的にも離散化して数値化されたものがディジタル信号です．

ディジタル信号の要素は，標本化による周波数限界と量子化ビット数による分解能が主です．サンプリング定理により，サンプリング周波数の1/2（ナイキスト周波数と呼ぶ）までの信号を記録できます．CDのサンプリング周波数は44.1kHzですから，理論上は22.05kHzまでの信号を記録できます．人の可聴帯域もおおよそ20kHzといわれているので全帯域をカバーできます．また，CDの量子化ビット数は16ビットなので，2の16乗つまり65,536段階で振幅を表現でき，約98dBものダイナミック・レンジが得られます．

● CDの登場でディジタル・オーディオがブレークスルー！

ディジタル録音が徐々に浸透していった1970年代後半，ディジタル・レコードの標準化に向け，その方式が次の三つに絞られました．

①オランダのフィリップス社が提案したCD方式（レーザ読み取り）
②ドイツのテルデック社が提案したMD方式（接触振動読み取り．後の記録型MDとは別物）
③日本ビクターが提案したAHD方式（静電容量式）

そして1982年，フィリップスとソニーの共同開発によりCDが商品化され，ディジタル・オーディオ時代の幕が開けました．

CDが登場して誰もが手軽に音楽鑑賞ができるようになりました．ディスク表面の傷やホコリ，指紋による読み取りエラーは，ディジタル信号処理（CIRC，EFM）によって訂正され，ほとんどの場合においてビット・パーフェクトな再生ができます．ワウ・フラッタという再生速度の揺らぎも水晶振動子精度まで高められ，測定限界を超えています．慣性質量に頼ったワウ・フラッタ低減機能などを備えた巨大な再生装置は要らなくなりました．

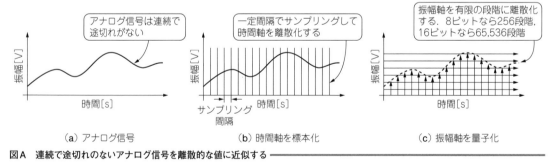

(a) アナログ信号　　(b) 時間軸を標本化　　(c) 振幅軸を量子化

図A　連続で途切れのないアナログ信号を離散的な値に近似する
CDの量子化ビット数は16ビットなので，振幅を65,536段階で表現できる．ダイナミック・レンジは約98dBである

Introduction 3　業界で解釈が異なる
実はあいまい！ ハイレゾの定義

Takazine

表1　ハイレゾの定義は実はあいまい
JEITAは最終的なフォーマットのみ定義．日本オーディオ協会は，録音時のマイクからデータ圧縮方式，スピーカの再生帯域まで信号の流れすべてを定義

(a) JEITAが定めたハイレゾの定義（2014年3月28日発表）

			量子化ビット数（ビット）			
			16	24	32	1
サンプリング周波数	PCM	32kHz	×	×	×	−
		44.1kHz	×	○	○	−
		48kHz	×	○	○	−
		88.2kHz	○	○	○	−
		96kHz	○	○	○	−
		172.6kHz	○	○	○	−
		192kHz	○	○	○	−
		384kHz	○	○	○	−
	DSD	2.8224MHz	−	−	−	−
		5.6448MHz	−	−	−	−

→ DSDは未定義

(b) 日本オーディオ協会が定めたハイレゾの定義（2014年6月12日発表）

			量子化ビット数（ビット）			
			16	24	32	1
サンプリング周波数	PCM	32kHz	×	×	×	−
		44.1kHz	×	×	×	−
		48kHz	×	×	×	−
		88.2kHz	×	×	×	−
		96kHz	×	○	○	−
		172.6kHz	×	○	○	−
		192kHz	×	○	○	−
		384kHz	×	○	○	−
	DSD	2.8224MHz	−	−	−	○
		5.6448MHz	−	−	−	○

→ DSDもハイレゾとして認める

　本書では，量子化ビット数24ビット，サンプリング周波数96kHz以上のPCMデータをハイレゾと定義します．

　2014年の3月にJEITA（電子情報技術産業協会）から，同じく6月には日本オーディオ協会から，それぞれハイレゾの定義が発表されました．これは，従来のオーディオとの違いを表す表現としてハイレゾ（ハイレゾリューション）対応のオーディオ機器が増えてきていることが背景にあります．今回の定義の発表は，マーケットで正しい理解が得られることを目的としているようです．

● 団体によって異なるハイレゾの定義

　JEITAはエレクトロニクス技術，電子機器，情報技術に関する業界団体です．

　日本オーディオ協会はオーディオとビジュアルにかかわる法人と個人によって構成される社団法人です．

　表1（a）に示すのはJEITAによるハイレゾの定義です．CDのフォーマット（量子化ビット数16ビット，サンプリング周波数44.1kHz）を超えるPCMデータをハイレゾとして認めています．

　表1（b）に示すのは，日本オーディオ協会によるハイレゾの定義です．オーディオ・データのフォーマットだけではなく，録音用マイクからデータ圧縮方式，スピーカに至るまですべてのオーディオ機器に対して定義しています．CDより広帯域で，録音現場から一般家庭に「より良い音楽を届ける」ことを目的としているようにも感じられます．

　次に示すハイレゾ音源が配信されています．

① ハイレゾで録音されたもの
② 過去に録音されたアナログ・マスタ・テープ（20kHz以上の高域を含む）からハイレゾでサンプリングし直したもの
③ CD用マスタ・テープからアップ・サンプリングしてハイレゾ化したもの

　どのように録音やサンプリングされたものなのか経緯を知ることができる場合が多いので，購入する際に，調べてみるのも楽しみのひとつだと思います．

◆参考文献◆
(1) ハイレゾオーディオの呼称について（周知），一般社団法人 電子情報技術産業協会．
(2) ハイレゾリューション・オーディオ（サウンド）の取り組み，一般社団法人 日本オーディオ協会．

たかじん

第1章 ラズパイ・オーディオ製作の楽しみ方

Linuxコンピュータのパワーを音楽再生にぜいたくに使う

Takazine

写真1 自作オーディオに革命！ラズベリー・パイの登場
ラズベリー・パイで192kHz, 24ビットのハイレゾ・ネットワーク・オーディオが簡単に作れる

写真2 パソコンとD-AコンバータやAVアンプをUSB接続する「PCオーディオ」はもう古い！？

の，基板の端子にはアサインされていませんでした．その後，大量生産されたmodel B rev2以降でサンプリング周波数192 kHz/24ビットまで対応可能なデバイス・ドライバとI^2S用の端子が追加されて状況が一変します（写真1）．

● PCオーディオ誕生

　PCの処理能力が向上し，インテルが提唱したHD Audio（ハイ・ディフィニション・オーディオ）に対応した音源チップが搭載されても，PCに本格的なオーディオ機器をつなぐことはありませんでした．PCはノイズが多くBGM程度の音楽再生ならまだしも，ハイファイ・オーディオにそぐわないと考えられていたからです．実際にHD Audioに対応したPCのオンボード・サウンド出力を自宅のオーディオ・セットにつないでも，満足できる音楽は聞こえてきませんでした．
　市販のD-AコンバータやAVアンプでUSB入力を備えた機種が登場して，PCからUSBを介してオーディオ機器に接続できるようになると，パソコンを使ったオーディオ＝「PCオーディオ」という新しいジャンルが確立されていきました（写真2）．

● 音楽再生専用機を作れるLinuxパソコン

　USB-Audioクラスが2.0になってもWindowsは積

自作オーディオはここまでキタ！

● 革命！ Application Specific Built-in Computer「ラズベリー・パイ」誕生

　2012年，35ドルのラズベリー・パイの登場で，Linuxボードが気軽に購入できるようになり，世界中で組み込みLinuxのユーザ人口が爆発的に増えました．
　それ以前にも小型のLinuxボードは産業用を中心にいくつかありました．例えば，シリコンリナックス社のCAT760や，アットマークテクノ社のArmadillo 500です．mpg123やmplayerなどの音楽ソフトウェアを使用してUSB D-Aコンバータから音楽が再生できました．しかし，価格と組み込みLinuxの導入の難しさから自作ファンにとって敷居が高いものでした．
　ラズベリー・パイの初期バージョン（model B ver1）は，I^2SポートがSoCチップ（BCM2835）上にあるもの

第1章 ラズパイ・オーディオ製作の楽しみ方

(a) Wi-Fi 無線ネットワーク対応

(b) 図(a)の基板を拡大

写真3 900MHzビルトイン・コンピュータ「ラズベリー・パイ」で音楽再生するのはマニアの間で既に人気
Wi-Fi経由で音楽データを取得してラズベリー・パイ2とSabreBerry+で再生中．スマホからもコントロールできる

極的には対応せず，USB機器を製造しているメーカのドライバを導入しなければなりません．ドライバもASIOやWASAPI，MME，DirectSoundなど複数の種類があって複雑です．

MacやLinuxは，USB-Audioクラス2.0に標準対応し，ハイレゾ対応のUSB機器が簡単に接続できるようになりました．Linuxでは必要のないプロセス(バック・グラウンドで実行しているプログラム)を停止でき，音楽再生専用システムに仕立て上げることができます．画面出力もない音楽再生専用マシンとして省電力PCにLinuxを入れるVoyage MPDというディストリビューションも登場しました．

七つの革命

❶ OSやファイル・システムの知識が要らない手軽さ

Linuxでのオーディオ再生は既に人気ソリューションとなっていたので，当然，ラズベリー・パイでも音楽再生するユーザがいました(**写真3**)．

Linux上で動作する音楽再生用ソフトウェア MPD (Music Player Daemon)をベースに，各種設定や再生コントロールなどすべてウェブ・ブラウザから行えるWEB-UIを実装したソフトウェアRaspyFiが登場します．Linuxの知識がなくともネットワーク・オーディオを構築できるようになったのです．

もともとラズベリー・パイは，SDカードにOSイメージごと転送して起動するというしくみのため，導入するのに開発用PCの準備やルート・ファイル・システムの構築をしなくても良いという敷居の低さがありました．

当時は空前の円高で，わずか3,000円の出費とUSB D-AコンバータやUSBスピーカがあれば誰でも気軽にネットワーク・オーディオを作り上げることができました．

とはいいつつ，組み込みLinuxという性格上，爆発的に広まったとはいえない状況がいまだに続いています．

図1はRaspyFiの発展版のRuneAudioのWEB-UI画面です．各種設定もLinuxコマンドを使わずに行えます．

❷ プレーヤも自前で作れる

これまで自作オーディオの王道とされてきたアンプ

第1部 ラズベリー・パイ2/3で高機能オーディオ装置を目指す！

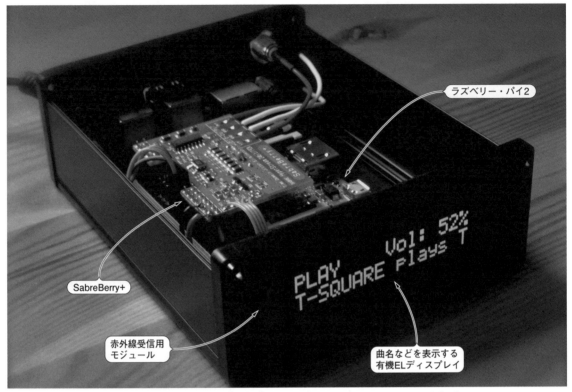

（a）前面のフロント・パネルに有機ELディスプレイと赤外線受信モジュールを付けた

図1 写真3に示したラズパイ・オーディオはWi-Fi接続したパソコンから操作できる
WEB-UIを搭載したRuneAudioの画面．各種設定もウェブ・ブラウザからできる

（b）中身

写真4 ラズベリー・パイ2とSabreBerry+，有機ELディスプレイで製作したネットワーク・プレーヤ
曲名などの表示や赤外線リモコン操作を追加して市販製品に近い使い心地を実現できる．カスタマイズの自由さはLinuxならでは

とスピーカのほかに，ついに再生機器であるプレーヤまでも自作でき，音の入口から出口まですべて自作でそろえられる時代がやってきました．

　ラズベリー・パイとVolumioやRuneAudioなどの音楽再生用ソフトウェア，そしてI²S接続のD-Aコンバータ基板があればネットワーク・オーディオ・プレーヤを作れます．

　費用はケースを含めても14,000円程度です．D-AコンバータICは7～8万円クラスのオーディオ製品や一部のプロ用機器にも採用されるものですから，音質的にもメーカ製品に引けをとりません．ソフトウェアにはリアルタイムLinuxを採用したlightMPDなども登場し，ますます目が離せません．

　もちろんLinuxですから拡張やカスタマイズなど枠

> **column　初代ラズベリー・パイのmodel Bの方が電源ノイズが小さい**
>
> 　初代ラズベリー・パイ model Bは，3.3 V電源，1.8 V電源の生成にリニア・レギュレータが採用され，コンピュータ・ボードなのにスイッチング・レギュレータがないという特殊な存在でした．実測でも3.3 V電源のノイズは聴感補正フィルタを入れるとわずか160 μVでした．スイッチング・レギュレータになったラズベリー・パイ1 model B＋以降の電源ノイズは，1.2 mVと大きくなっています．基板上の電源ノイズはオーディオ信号に重畳される他，クロックを生成しているPLLにも影響が及ぶ可能性があるので，低い方が望ましいというのは疑いの余地がありません．
>
> 　他の小型Linux基板に比べてラズベリー・パイにオーディオ用ソフトウェアが多いのはI²Sの出力が可能という理由以外に，この低ノイズな特性で高音質なオーディオ機器が製作できた，ということも関係していると思います．
>
> 　旧model Bを所有しているユーザには，ぜひ，オーディオ用として活用してもらいたいです．
>
> 〈Takazine〉

にはまらないところは，自作の世界に通じるものがあります．**写真4**は，有機ELディスプレイと赤外線リモコン受信モジュールをVolumioに追加したネットワーク・プレーヤの例です．このように配線もごく少量ですみます．

❸ ファンレス！ハードディスクレス！ソリッド・ステート！

　ラズベリー・パイで作るネットワーク・プレーヤは，CDプレーヤと違ってモータなどの可動部がなく，サーボ電流による電源ノイズの発生がありません．ただし，CPUがFLACファイルなどの伸長を行う瞬間などCPU使用率の変動があります．このCPU負荷変動が電源電流変動に直結するため，結果的にどちらが音質的に有利かというのは一概には言えません．

　モータの有無よりもレーザ・ピックアップの寿命から開放されるという意味では，ソリッド・ステート化のメリットは大いにあります．一般的なCD用レーザ・ピックアップの寿命は2,000〜5,000時間です．もし24時間連続再生し続けると3ヶ月半で2,500時間に達します．一日中音楽を鳴らしながら作業したいというような要求がある場合，CDよりソリッド・ステートな機器の方が安心です．

❹ 音楽データの入手方法が変わる

　ネットワーク・プレーヤやPCオーディオでは，ダウンロード購入した楽曲をそのまま聴けるのも大きなメリットです．日本では，まだまだCDの売り上げの方が多くを占めていますが，世界的に見ると2014年の売り上げはCDやレコードよりダウンロード販売が上回っています．近い将来，日本でもダウンロード販売が主流になる可能性もあります．

　実際にネットワーク・プレーヤとして使ってみると，CDディスクを棚から探し出して再生するより手間がかからず，使い勝手は上々でした．複数のアルバムを連続して再生できたり，プレイリストを自由に作成できる点は，iPodなど使ってきた世代にとっては，むしろ自然なことなのかもしれません．

　NAS（Network Attached Storage）を用意してネットワークをオーディオに接続するという部分さえ乗り越えられれば，新しいオーディオのあり方が見えてきます．

❺ 音源ソースの置き場所はいろいろ

　ネットワーク・オーディオ機器の音源データの保存場所は，NASが一般的です．ラズベリー・パイで作ったネットワーク・オーディオ・プレーヤも同様にNASに置いた音源データを再生しますが，USBメモリやUSB-HDDからも再生が可能なため，NASを所有していなくても十分楽しめます．

　音源データは手元にあるものだけがすべてではありません．インターネット上には多くのウェブ・ラジオ局があります．VolumioやRuneAudioでは標準で多数のウェブ・ラジオ局が登録されていて簡単に選択できます．LINN Radioなどとても高品質な録音のものを無料で放送しているので，一度聞いてみてください．驚くほどの音が流れてきます．

❻ プログラミング不要！クリックして設定するだけ

　ユーザはウェブ・ブラウザからラズベリー・パイにアクセスするだけで，MPDを操作できます．プログラミングする必要も，設定ファイルを編集する必要もありません．Linuxコマンドを打たないのでLinuxの知識も必要ありません．

　VolumioやRuneAudioは，Linux OSにMPDとMPDを動作させるためのソフトウェア一式，そしてWEB-UIまですべて入った音楽専用ソフトウェアです．開発者はディストリビューションと呼んでいます．

本来，MPDは，PLAYやSTOPなど再生コントロールをするのにMPDクライアント・ソフトという専用のソフトウェアが必要です．PC用のクライアント・ソフト，スマホ用のクライアント・ソフトなどいろいろあるのですが，VolumioやRuneAudioは一歩進んでいて，MPDクライアント・ソフトに相当する再生コントロール機能もWEB-UIに実装してラズベリー・パイ上のウェブ・サーバで公開しています．

❼ もちろんハイレゾも！

MPDは，あらゆる音声フォーマットに対応します．ざっと例を挙げると，MP3，AAC，FLAC，WAV，AIFF，DSDはもとよりvorbis，mp2，mp4，opus，mod，midiなど，マイナなフォーマットや映像付きのファイルにも対応しています．もちろん，FLACやWAVのハイレゾ音声にも対応しています．

I^2S接続D-Aコンバータで192 kHz，24ビットまでのFLACやWAVデータも問題なく再生できます．ただしラズベリー・パイでUSB D-Aコンバータを使用した場合，ハイレゾ・データを再生すると音飛びが発生するとの報告もあるので，シンプルなI^2S接続の方が有利のようです．

ラズベリー・パイ2の場合は，2.8 MHz，1ビットのDSD（Direct Stream Digital）データを192 kHz/24ビットのPCM（Pulse Code Modulation）へ変換しながら再生が可能です．lightMPDというディストリビューションを使用すると，5.6 MHz，1ビットのDSDも再生できます．

私の自作ラズパイ・オーディオを紹介！

● ハードウェアがあれば15分！

Linuxというだけで二の足を踏んでしまう人も拍子抜けするほどの簡単さです．

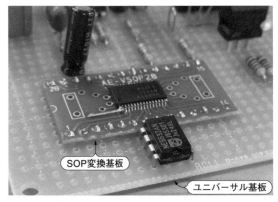

写真5　表面実装のICもSOP変換基板を使えばユニバーサル基板で自作できる
電子ボリューム「MUSES72320」をSOP変換基板に実装している例

ハードウェアの準備が終わったら，15～20分で構築できます．詳細はVolumioの本家サイト（https://volumio.org/）をご覧ください．

- Volumioイメージ・データをダウンロード（2分）
- SDカードへ転送（3分）
- I^2SへD-Aコンバータ基板からRCA端子へ配線（3分）
- ラズベリー・パイを起動（2分）
- I^2S D-Aコンバータ出力へ切り替え[注1]（3分）
- インターネット・ラジオで音出し確認[注1]（2分）

NASの登録はNAS側の公開ディレクトリ設定やユーザ名，パスワード設定があるので，すんなりつながる場合と少し試行錯誤する場合がありますが，Volumioを使用すればLinuxコマンドを打つことなくパソコンのブラウザからWEB-UIで設定できます．

● ラズベリー・パイとD-AコンバータICをつなぐ三つの方法

ラズベリー・パイのオンボードのアナログ出力は簡易PWM出力のため，ちょっとしたビープ音を鳴らすならよいのですが，本格的に音楽を楽しもうとすると品質に満足できません．ラズベリー・パイはI^2S信号を直接出力できるので，ダイレクトにD-AコンバータICを接続できます．ただし，マスタ・クロック（システム・クロック）出力がないため，テキサス・インスツルメンツのPCM510Xシリーズのように内部にPLLを内蔵したタイプだけが接続できます．

そのほか，USB Digital-Digitalコンバータを使ってUSBオーディオ信号をI^2S信号に変換する方法もあります．図2にD-AコンバータICまでの接続方法一覧を示します．図2(b)のようにXMOS基板やCombo384を使って，USBオーディオ信号をI^2S信号に変換してD-AコンバータICに接続できます．市販している多くのUSB Digital-Digitalコンバータは図2(c)のようにS/PDIFに変換しています．S/PDIF入力のD-Aコンバータを所有している場合は追加する機器が少なくて済みます．

● I^2S入力のD-Aコンバータ基板は自作できる

最近のICは表面実装のものが多いですが，写真5のようにSOP変換基板を使えば，ユニバーサル基板での自作も可能です．

無料の基板CADを駆使して，写真6のような独自の基板を作る手もあります．図3は今回使用したD-Aコンバータ基板（SabreBerry＋）のパターンの一部です．

注1：ブラウザから http://volumio.local にアクセスして設定・操作を行う．

第1章 ラズパイ・オーディオ製作の楽しみ方

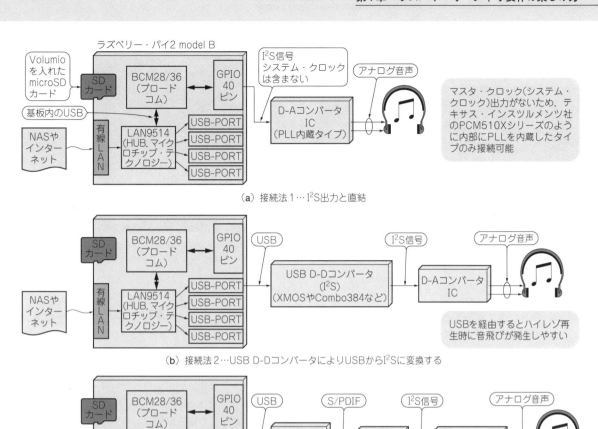

(a) 接続法1…I²S出力と直結

(b) 接続法2…USB D-DコンバータによりUSBからI²Sに変換する

(c) 接続法3…USB D-DコンバータによりUSBからS/PDIFに変換し，S/PDIFレシーバで受ける

図2 ラズベリー・パイとD-Aコンバータの接続方法

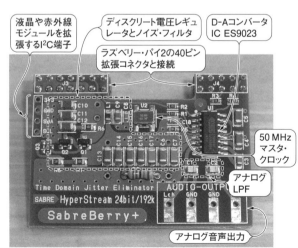

写真6 ラズベリー・パイにつなぐとインテリジェント・オーディオ・ステーションに！自作I²S D-Aコンバータ基板
192kHz/24ビット，ダイナミック・レンジ112dB，カップリング・コンデンサ・レス出力，ジッタ・エリミネータ回路搭載，非同期I²S入力（BCK：J3-12, LRCK：J4-5, Data：J4-10），50MHzマスタ・クロック発振器

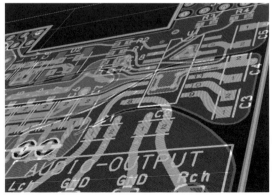

図3 多層のプリント基板が作れる無料CADもある
無料CAD CADLUS Xで写真6の基板を設計した

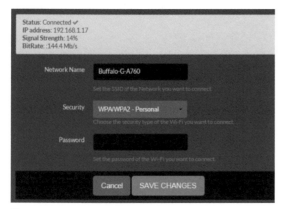

図4 VolumioのWi-Fi設定画面（WEB-UIの一部）
パソコンのブラウザからhttp://volumio.local にアクセスする．標準搭載している機能のすべてを設定できる

写真7 iPod touchからVolumioへAirPlayしているようす
保存されている音楽データをラズベリー・パイで再生できる

● Wi-Fiドングルをラズベリー・パイに挿すと，ワイヤレス・オーディオ機器に早変わり

　Volumioは標準でUSB接続のWi-Fiドングルにも対応しています．Wi-Fiドングルは選ぶ必要があります．Realtek RTL8192CUを使ったWi-Fiドングルは接続性が良く音切れしにくい上に，発熱や消費電力が少なくてお薦めです．

　設定は図4のようにWEB-UIから行います．Wi-Fi接続できると，写真7のようにiPhoneやiPod touch，iPad，iTunesをインストールしたパソコンからAirPlay対応機器として認識されます．Wi-Fi接続時でもNAS内の音楽データやインターネット・ラジオを有線LAN接続と同様に楽しめます．データ・レートの高い非圧縮の192 kHz，24ビットのハイレゾ・オーディオ信号もIEEE 802.11n接続なら音飛びせずに楽しめます（Interface誌2015年9月号を参照）．

● D-Aコンバータ出力をボリュームを介さずにアンプへ直結するメリットとデメリット

　図5にD-Aコンバータ出力をアンプへと接続する例を示します．アナログ・ボリュームを使った場合とディジタル・ボリュームを使った場合を，比較しています．前者を使うとD-Aコンバータはフルスケールで変換できるため最も分解能が高い状態で使用できます．

　後者はアナログ部品を減らせるコスト的なメリットがある反面，D-Aコンバータを最良の状態で使えないというデメリットがあります．後者も－10～－20 dB程度と少ない減衰量で使用するなら，犠牲になるD-Aコンバータのダイナミック・レンジも少ないので用途に応じて選択するとよいでしょう．

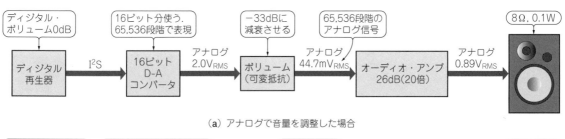

(a) アナログで音量を調整した場合

(b) ディジタルで音量を調整した場合

図5 ディジタル・ボリュームは最大（0 dB）にしてアナログ信号で音量を調節した方が高分解能で再生できる

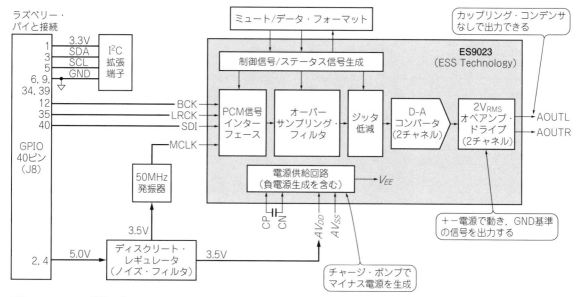

図6 SabreBerry+基板のブロック図
ディスクリート電源やI^2C拡張端子があるのが特徴．ES9023は内部でマイナス電源を生成しているため，アナログ出力にはカップリング・コンデンサが必要なくRCA端子へ接続できる

ラズベリー・パイ用D-Aコンバータ基板SabreBerry+の特徴

● ラズベリー・パイ2向け

写真6に示したのがSabreBerry+（セイバー・ベリー・プラス）です．ラズベリー・パイ2のほか，同じ拡張ピンを持つラズベリー・パイ model B+，ラズベリー・パイ model A+で使えます．

SabreBerry+は，ハイレゾ音源を高音質に再生するためだけではなく，赤外線リモコンやI^2C液晶／有機ELディスプレイ，第6章で紹介するカラー・グラフィック液晶を接続できるように考慮して設計しています．特徴は下記の通りです．

- D-AコンバータにはES9023（ESS Technology）を使用
- 192kHz 24ビットまでのハイレゾ対応
- ダイナミック・レンジ：112dB（実測）
- 非同期I^2S入力（マスタ・クロック入力不要）
- 50MHz高精度マスタ・クロック発振器搭載
- ディスクリート電源回路搭載
- 高音質フィルタ・コンデンサ搭載
- 最適化されたプリント・パターン
- I^2C拡張端子搭載
- 市販ケースにも入る超小型サイズ

● SabreBerry+のクロック事情

図6にSabreBerry+のブロック図を示します．SabreBerry+に使用したESS Technology社のD-AコンバータICは，マスタ・クロックがI^2S信号に対して非同期でも動作します．マスタ・クロックが出ないラズベリー・パイにはぴったりです．

情報が公開されていないため詳細は不明ですが，上位機種のES9018と同じく非同期サンプリング・コンバータ（ASRC）を搭載していると推測しています．

SabreBerry+には50MHzの低位相ノイズの高精度水晶発振器を搭載し，ES9023へマスタ・クロックとして供給しています．内部にはジッタ低減回路が搭載されているため，I^2S信号に多少のクロックぶれがあっても，その影響を低減して再生できるようです．

● SabreBerry+に搭載したディスクリート電源

D-Aコンバータは電源の影響を受けやすい回路の一つで，供給する電源がふらついたりノイズが乗っていたりすると，アナログ音声出力にも影響が出てしまいます．そのため，SabreBerry+の電源は少し気を使って，ディスクリート回路で3.5Vを生成しています．わざわざディスクリートで構成したのには以下の理由がありました．

- ES9023の出力を$2.0V_{RMS}$得るために3.5Vという中途半端な電圧が必要
- ラズベリー・パイを含んだ全体の構成をシンプルにするため電源をラズベリー・パイと共用したい
- 共用電源からのノイズを可能な限りカットしたい

複数種類のコンデンサと容量を用いたフィルタを含

第1部 ラズベリー・パイ2/3で高機能オーディオ装置を目指す！

機能	GPIO#	PIN番号		GPIO#	機能
	3.3V	1	2	5.0V	
SDA1	GPIO-2	3	4	5.0V	
SCL1	GPIO-3	5	6	GND	
	GPIO-4	7	8	GPIO-14	TXD
	GND	9	10	GPIO-15	RXD
	GPIO-17	11	12	GPIO-18	PCM_CLK/PWM0
	GPIO-27	13	14	GND	
	GPIO-22	15	16	GPIO-23	
	3.3V	17	18	GPIO-24	
SPI_MOSI	GPIO-10	19	20	GND	
SPI_MISO	GPIO-9	21	22	GPIO-25	
SPI_CLK	GPIO-11	23	24	GPIO-8	SPI_CE0_N
	GND	25	26	GPIO-7	SPI_CE1_N
I2C_ID EEPROM	ID_SD	27	28	ID-SC	I2C_ID EEPROM
	GPIO-5	29	30	GND	
	GPIO-6	31	32	GPIO-12	
	GPIO-13	33	34	GND	
PCM_FS/PWM1	GPIO-19	35	36	GPIO-16	
	GPIO-26	37	38	GPIO-20	PCM_DIN
	GND	39	40	GPIO-21	PCM_DOUT

SabreBerry+基板が避けているピン．拡張をするときはこのピンを使う

ラズベリー・パイ2，ラズベリー・パイ model B+，ラズベリー・パイ model A+のGPIOコネクタ J_8 を上から見たところ

図7 ラズベリー・パイ2，ラズベリー・パイ model B+，ラズベリー・パイ model A+ が持つ40 ピンのGPIO端子（J8）
汎用のGPIO端子のほか，UARTやSPI，I^2S，I^2C などの機能に切り替えられる端子がある

むレギュレータ回路を作り，広い帯域でノイズ低減を図りました．電源部だけで $10\mu F$，$2.2\mu F$，$1\mu F$，$0.01\mu F$ という容量のコンデンサを合計15個使っています．

結果的に，SabreBerry+基板のダイナミック・レンジは，ES9023のデータ・シートの値112dBに近い111.4dBが実測できました．ラズベリー・パイ本体の電源と共用していることを考えると，十分な効果があったと思います．

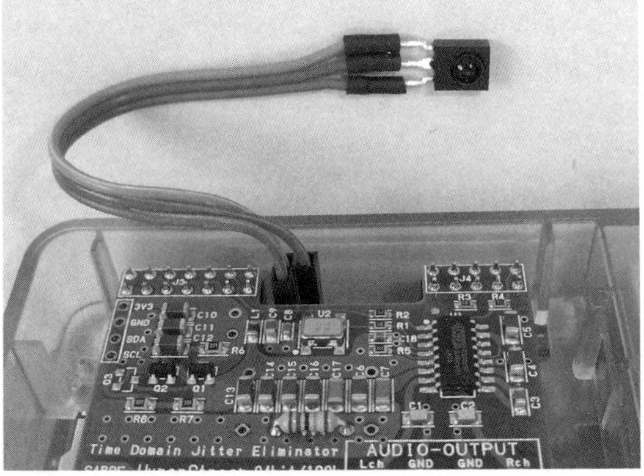

● SabreBerry+の拡張性

ラズベリー・パイ2，ラズベリー・パイmodel B+，ラズベリー・パイmodel A+が共通で持っている40ピンのGPIO端子は，図7に示すように，汎用的なIO端子と I^2S，I^2C，UART，SPIのように専用の機能を持たせられる端子とがあります．

DAC基板であるSabreBerry+は I^2S 信号を使います．その他の端子部分をなるべく空けておくことで別の機能を拡張しやすいようにしました．I^2C 端子については，I^2S 信号のPCM_CLKと近いため，基板上に電源端子を含む I^2C 拡張端子として用意して，他の I^2C デバイスを接続しやすくしています．15ピンから30ピンまでの部分を基板が避けているので，ケースに入れたときも高さを抑えた配線が可能となっています．**写真8**は赤外線受信モジュールを接続しているようすです．

有機ELディスプレイに曲名などを表示する

Volumioとラズベリー・パイで作ったネットワークプレーヤをさらにグレードアップしてみましょう．選曲やPLAY/STOPのために，いちいちパソコンやスマホから操作するのはオーディオ機器らしくありません．

操作はやっぱり赤外線リモコンが便利ですし，曲名や現在のボリューム値を表示させると，より市販のオーディオ機器らしくなります．ここまでグレードアップしたのが先の**写真4(a)**です．

写真8 赤外線受信モジュールを接続しているようす
未使用のGPIO端子部を避けて基板を作ってあるので，GPIOやSPI端子を使っても高さが増すことなく拡張できる

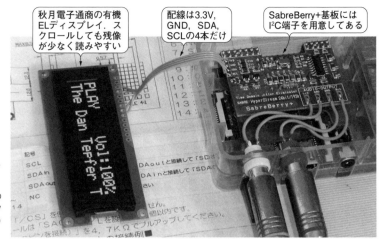

写真9
SabreBerry+基板から有機ELディスプレイに接続しているところ
電源を含めても4本だけで接続できるI^2Cタイプの有機ELディスプレイはとても便利．表示用のソフトウェアはPythonスクリプト（正味100行程度）で組んだ

● 有機ELディスプレイを接続して再生中の曲名などを表示する

ラズベリー・パイからI^2C信号を出してキャラクタ・ディスプレイに文字を表示します．曲名など長い文字を表示するには画面をスクロールさせなければならず，液晶ディスプレイだと残像があるので有機ELディスプレイが適しています．使用したのは，秋月電子通商のSO1602AWYB（16文字×2行）です．接続したのは，**写真9**のように電源を含めて4本だけです．SabreBerry+基板上にI^2C接続端子を用意してあるので，SO1602AWYBは簡単に接続できます．

表示ソフトウェアはラズベリー・パイが推奨している言語のPythonで作りました．以下のコマンドで有機ELディスプレイ表示用Pythonスクリプトを自動で実行させることができます．

① sshでvolumioが起動しているラズベリー・パイに接続する

ssh接続にはTera Termを使用しました．

```
host: volumio.local
user name: root
Passphrase: volumio
```

② I^2CポートをPythonから使用できるように設定する

ソフトウェアのインストール

```
apt-get update⏎
apt-get -y install python-smbus kakasi⏎
```

③ I^2Cドライバを組み込む

/etc/modules に下の2行を追記

```
i2c-bcm2708
i2c-dev
```

/boot/config.txt に下の1行を追記

```
dtparam=i2c_arm=on
```

④ 有機EL表示用のスクリプトをダウンロード

```
wget nw-electric.way-nifty.com/blog/
files/oled_ctrl2.py⏎    （1行で入力する）
```

⑤ スクリプトを自動起動するように設定する

/etc/rc.local の exit 0 の前の行に以下の1行を追加

```
/usr/bin/python2 /root/oled_ctrl2.py &
```

再起動する（強制的にfsckをかける）

```
shutdown -F -r now⏎
```

たったこれだけで，再起動後に曲名やボリューム値が表示されているはずです．ボリュームはVolumioのWEB-UIの「MENU」→「playback」から「Mixer type」を"software"とすることで有効になります．

● 有機EL表示用のPythonスクリプトの詳細

oled_ctrl2.pyはPythonスクリプトで作成しました．**リスト1**にプログラムの一部を示します．漢字かな変換ソフトの"kakasi"を使って，日本語のID3タグもカタカナに変換して表示しています．

1行目は再生状態を，2行目は曲名をスクロール表示しています．ボリュームは音量操作したときだけ約2秒間表示するようにしました．STOP時にはラズベリー・パイのIPアドレスを表示します．

赤外線リモコン機能を追加する

● 赤外線リモコン受信モジュールの接続方法

赤外線リモコンは940nm程度の赤外線で，キャリア周波数が38kHz〜40kHzの物が多いようです．受信モジュールは秋月電子通商で販売しているPL-IRM2161-XD1を使用しました．受信感度が高く電源電圧も2.4〜5Vと幅広いため，いつもこれを選定しています．接続方法を**図8**に示します．赤外線リモコンはGPIO端子の18ピン（GPIO-24）に接続しました．

受信モジュールのV_{CC}-GND端子間には，$0.1\mu F$程

リスト1　作成したI²C接続の有機ELディスプレイ表示用のoled_ctrl2.pyの一部

```
# initialize OLED                          ← 有機ELディスプレイを初期化
    def init(self):
        while self.retry > 0:
            try:
                self.bus.write_byte_data(self.addr,
                                         0, 0x0c) # Display ON
            except IOError:
                self.retry = self.retry -1
                time.sleep(0.5)
            else:
                return 0
        else:
            sys.exit()

# line1 send ascii data                    ← ディスプレイの1行目の
    def line1(self, str):                     表示用関数
        if str != self.old_line1:
            self.old_line1 = str
        else:
            return 0
        try:
            self.bus.write_byte_data(self.addr, 0,
                                     0x80)
            vv = map(ord, list(str))
            self.bus.write_i2c_block_data(self.addr,
                                          0x40, vv)
        except IOError:
            return -1                      ← ディスプレイの
                                              2行目の表示用
# line2 send ascii data and Scroll            関数．スクロー
    def line2(self, str, sp):                 ルするようにし
        try:                                  ている
            self.bus.write_byte_data(self.addr, 0,
                                     0xA0)
            self.maxlen = len(str) +MSTOP
            if sp < MSTOP:
                sp = 0
            else:
                sp = sp -MSTOP -1
            if self.maxlen > sp + 16:
                self.maxlen = sp + 16
            moji = str[sp:self.maxlen]
            moji = map(ord, moji)
            self.bus.write_i2c_block_data(self.addr,
                                          0x40, moji)
        except IOError:
            return -1
                                           ← MPDの状態を監視して
# Display Control                             表示させている関数
    def disp(self):
        # mpc command Send and Receive
        st = commands.getoutput('mpc | kakasi -Jk
                -Hk -Kk -Ea -s -i utf-8 -o sjis')
        line_list = st.splitlines()
                                           ← kakasiを使って日本語
        # stop                                をカタカナに変換
        if len(line_list) <= 1:
            if line_list[0].startswith(r"error:"):
                self.line1("Music          ")
                self.line2("  Player Daemon ",0)
                time.sleep(0.5)
                # return 0
            else:
                self.state = STOP

（中略）

def main():                                ← メイン関数
    oled = i2c()
    while True:                            ← メイン・ループ．0.25秒おきに
        oled.disp()                          oled.disp()を呼んでいる
        time.sleep(0.25)

if __name__ == '__main__':
    main()
```

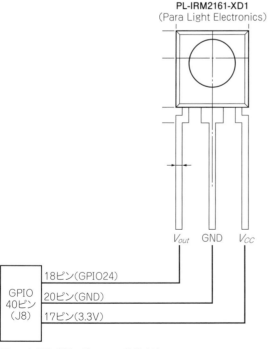

図8　赤外線受信モジュールの接続方法
ラズベリー・パイのGPIO端子18ピン（GPIO-24）に受信モジュールの信号端子を接続，17ピン（3.3V）と19ピン（GND）を受信モジュールの電源へ接続する

度のデカップリング・コンデンサを入れるべきですが，配線の都合上入れていません．ラズベリー・パイのGPIO端子から10cm程度配線を引き延ばしても，特に問題なく受信できました．

● 赤外線リモコンの受信ソフトウェア

　赤外線リモコンの受信はLircというソフトウェアで実現できます．Lircは高機能なリモコン送受信ソフトですが今回は受信機能だけを使います．少し設定方法が難しいので設定手順の概要を以下に示します．

1. LircのドライバをOSに組み込む
2. 好みの赤外線リモコンの信号を解析・記憶する
3. 受信したリモコン信号を実際の動作へ結び付ける

　このように設定が少し複雑で，ときどき記憶作業がうまくいかないこともありますが，その後の使い勝手の向上を考えると，ひと手間かけるだけのメリットは十分にあります．何度記憶させようとしても失敗するときは，別のリモコンで試すのがよいでしょう．
① lircのインストール

```
apt-get update
apt-get -y install lirc
```

第1章 ラズパイ・オーディオ製作の楽しみ方

```
root@volumio:~# irrecord -n -d /dev/lirc0 /etc/lirc/lircd.conf↵
irrecord -  application for recording IR-codes for usage with lirc
(中略)
Press RETURN to continue. ←  コマンドを入力
                              リターンを押す

Now start pressing buttons on your remote control.
(中略)
Press RETURN now to start recording. ← リターンを押すと解析を開始する．まずはリモコン
                                       のいろいろなボタンを1秒ずつ押していく
..............................................
Found const length: 107786
Please keep on pressing buttons like described above. ← そのまま1秒押しを続ける
..............................................
Space/pulse encoded remote control found. ← 無事に解析が完了するとこの表示が出る
Signal length is 67.
Found possible header: 8929 4546
Found trail pulse: 475         ← ここからは各ボタンを個別に記憶させていく．ボタン名称
Found repeat code: 8932 2317     を入力してリターンを押した後，対応ボタンを押す
Signals are space encoded.
Signal length is 32
Now enter the names for the buttons.

Please enter the name for the next button (press <ENTER> to finish recording)
PLAY↵ ← PLAYと入力した例．入力した後，リモコンでPLAYにしたいボタンを押す

Now hold down button "PLAY". ← 以下，記憶させたいだけ続けていく

Please enter the name for the next button (press <ENTER> to finish recording)
STOP↵ ← STOPと入力した例

Now hold down button "STOP".

Please enter the name for the next button (press <ENTER> to finish recording)
(中略)
                                       ← 名称を入力せずにリターンを押して終了
Please enter the name for the next button (press <ENTER> to finish recording)
Successfully written config file. ← 設定ファイル生成に成功
```

図9
irrecordで赤外線リモコンの信号を解析，記憶させる手順

② lircのドライバを組み込む
/boot/config.txt に下記の3行を追記する

```
dtoverlay=lirc-rpi
dtparam=gpio_out_pin=4
dtparam=gpio_in_pin=24
```

/etc/modules に下記の2行を追記する

```
lirc_dev
lirc_rpi
```

③ 再起動してドライバの確認
再起動します．

```
reboot↵
```

しばらく起動を待ってからsshでログインして，次のようにファイルを確認します．

```
lsmod | grep lirc↵

lirc_rpi      6480  0
lirc_dev      8181  1 lirc_rpi
rc_core      16932  1 lirc_dev
```

以上の三つのファイルが組み込まれていればOKです．次に，ハードウェアがつながって信号が取り込めているか確認します．

```
mode2 -d /dev/lirc0↵
```

ここでリモコンのボタンを押し，沢山の文字が出たらドライバの組み込みに成功しています．

```
pulse 8898
space 4465
pulse 586
space 529
pulse 557
   :
```

Ctrl＋Cで終了します．

④ リモコン信号の学習
次のコマンドを打って，リモコンのボタンを記憶させます（**図9**）．

```
irrecord -n -d /dev/lirc0 /etc/lirc/
                            lircd.conf↵
```

最初のステップでは信号の解析を行い，その後のステップで，リモコンのボタン一つ一つを記憶していきます．実際に使うボタンだけ（PLAY，STOP，NEXT，PREV，V-UP，V-DNなど）を記憶させます．

解析/記憶させた結果を記録したlircd.confは**リスト2**のようになります．

⑤ /etc/lirc/hardware.conf を編集して設定
下記の記述が必要です．

リスト2　赤外線リモコンの信号を記憶させた結果のファイル /etc/lirc/lircd.conf の内容

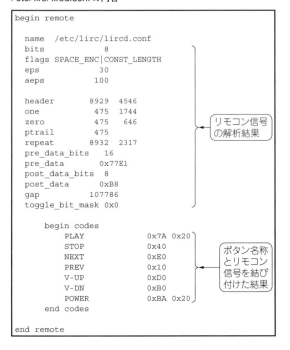

リスト3　リモコン信号を実動作に結び付ける設定を記述する /etc/lirc/lircrc の内容

記憶させたボタン名称（PLAY，STOPなど）が押されたときに発行するコマンドを指定している．poweroffも作っておくとシャットダウンがリモコンからできるようになる

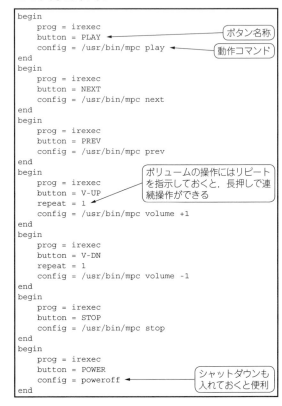

```
LIRCD_ARGS="--uinput"
DRIVER="default"
DEVICE="/dev/lirc0"
MODULES="lirc_rpi"
```

⑥ リモコン信号を受信したときの動作を設定する /etc/lirc/lircrc ファイルを作ります．サンプルをリスト3に示します．

⑦ lircを起動して動作を確認する

ここまで用意できたファイルは下記の三つです．
/etc/lirc/hardware.conf … ハードウェア設定
/etc/lirc/lircd.conf ……… 受信信号→ボタン名称
/etc/lirc/lircrc …………… ボタン名称→実コマンド

では早速，動作確認をしてみましょう．下記のコマンドで起動します．

/etc/init.d/lirc start↵

lircはインストールした時点で次回以降に自動で起動するようになっているので，自動起動させる設定は特に必要ありません．変更したい場合はsysv-rc-confで設定します．

● 実際に使ってみた感想

所有していた8種類のリモコンで試してみたところ，地デジTVリモコンなど，信号長がボタンによって違うようなものや，エアコン用リモコンなど押すたびに信号がトグルするものなどはうまく記憶できませんでした．何度か試してもirrecordが正常に完了しない

ときは，別のリモコンを使うようにした方がよいようです．

リモコン機能が付いて有機ELディスプレイがあると，ほとんど市販のプレーヤと遜色ない使用感が得られます．

MPDはパソコンやスマホなど，ネットワークを介した操作を基本としていますが，ここまでカスタマイズすると，もう別物のようです．自由に機能を付け加えられるのはLinux最大のメリットですから，皆さんもぜひ挑戦してみてください．

◆参考文献◆

(1) RPi Low-level peripherals
http://elinux.org/RPi_Low-level_peripherals
(2) ES9023 Product Brief http://www.esstech.com/PDF/ES9023_PB_101103.pdf
(3) LIRC - Linux Infrared Remote Control
http://www.lirc.org/

たかじん

第2章 初動1時間！ビルトイン・コンピュータ「ラズベリー・パイ」事始め

スマホで選曲！Wi-Fiネットワーク・オーディオ・プレーヤを作る

初動1時間！ビルトイン・コンピュータ「ラズベリー・パイ」事始め

島田 義人

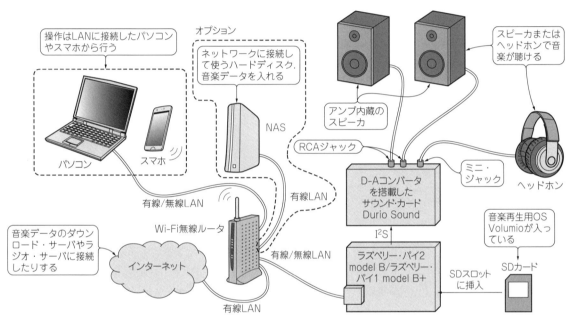

図1 1時間で完成！ラズベリー・パイ2で作るWi-Fiネットワーク・オーディオ・システム
音楽データの格納場所としてNASを使う場合は，Linuxコマンドを知らなくてもOK．NASを持っていない場合は，SDカードから音楽を再生することも可能だが，コマンドラインからの各種設定が必要になる

図1に示すラズベリー・パイを使ったネットワーク・オーディオの構築手順を解説します．

使用するのは，名刺サイズの小さなコンピュータ ラズベリー・パイ2です（写真1）．オーディオの操作はPCやスマートフォンなどからLANを介して行います．NAS（Network Attached Storage，ネットワークに接続して使用するハードディスク）に置いたオーディオのデータ（MP3，FLAC，ALAC，DSDファイルなど）を再生します．

OSは，専用チューンされたLinuxをベースにしたミュージック・サーバVolumioというフリーのソフトウェアを使います．Volumioはウェブ・ブラウザさえあれば，誰でも簡単に使えます．Linuxのコマンドをまったく知らなくとも動かせます．

ハードウェア構築編

要点① ラズベリー・パイ2，サウンド・カードDurio Soundを使ってネットワーク・プレーヤのハードウェアを構築する

■ 準備するもの

① Linuxプレーヤ基板…ラズベリー・パイ

ラズベリー・パイ2を使います．約5,000円で購入できます．ネットワークを使うためここではモデルB+を選びましたが，ラズベリー・パイ3でもかまいません．

② SDカード…高速に動作する種類を選ぶ

2GバイトのマイクロSDカードがあればソフトウェア（Volumio）が入ります．今回は少し容量に余裕を

第1部 ラズベリー・パイ2/3で高機能オーディオ装置を目指す!

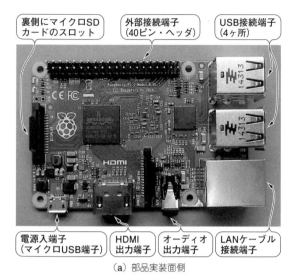

写真1 900MHz Linuxコンピュータ・ボード ラズベリー・パイ2を使う (Raspberry Pi2, 約5,000円)

みて8Gバイトを選びました．それ以上の32Gバイトであっても OK です．NOOBS (New Out Of the Box Software) と呼ばれるラズベリー・パイのOSインストール用のソフトウェアが最初から入っているSDカードも販売されていますが，ここでは必要ありません．SDカードはClass10を推奨します．起動がClass4より約1.5倍ほど速いようです．

③ 32ビット，384kHzサウンド・カード Durio Sound PRO

ハイレゾ音源をラズベリー・パイで再生できるサウンド・カード Durio Sound PRO (写真2) を使います．

Durio Soundのボードは，ちょうどラズベリー・パイと同じ大きさで，上にスタックして使います．

Durio Sound PROの音源再生の心臓部であるICチップには，10万円弱の上中級クラスのD-Aコンバータにも使われている PCM5102 (テキサス・インスツルメンツ，TI社) が搭載されています．通常，CDは16ビット/44.1 kHzですが，Durio Sound PROは24ビット/192 kHz，さらに32ビット/384 kHzまで再生可能です．ファイル形式は，MP3, FLAC, WAV, AAC, ALACのほか，DSDファイルにも対応しています．

Durio Sound PROは，ラズベリー・パイの外部接続端子 (40ピン) を介してI^2S通信で動きます．電源 (+5 V) は外部接続端子を介して供給されますが，サウンド・カード上には低ノイズの電源回路も搭載していて，独立した外部のACまたはDCアダプタを使うことで，D-AコンバータICにより奇麗な電力を供給できます．

アナログ音声はϕ3.5 mmミニ・ジャックと二つのRCAジャックに出力します．コンデンサや抵抗，金

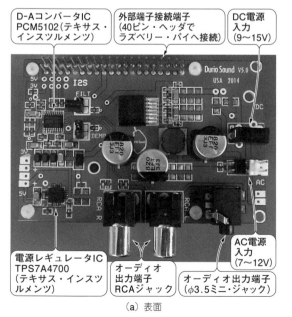

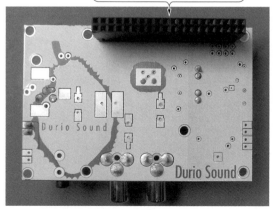

写真2 32ビット，384kHzまでのディジタル音源を再生できるサウンド・カードを使う (Durio Sound PRO, 約12,000円)

④ 電源にはUSB-ACアダプタが便利

ラズベリー・パイはマイクロUSBタイプのケーブルを接続して電源を供給します．電源の定格電圧はDC 5V，定格電流は2A以上流せるUSB-ACアダプタが必要です．スマートフォンなどに使われているUSB急速充電用のACアダプタが使えます．基板には電源スイッチが付いていないので，ケーブルの抜き挿し，もしくはアダプタ側で対応します．

⑤ LANケーブルでネットワークに接続する

ラズベリー・パイにLANケーブルを接続してネットワークにつなぎます．できれば，1000BASE-Tといったギガ・ビットでも安定したネットワーク環境を実現できる「カテゴリ6」に準拠したLANケーブルを推奨します．

⑥ 楽曲データを蓄積して共有するNAS

ネットワークの普及とともに，ここ10年ほどデータの保存先として急速に普及してきたのがNASです．NASとは，要するにネットワークに接続して使うハードディスクです．テラ・バイト級の容量が手軽に保存でき，複数メンバでの共有も容易です．法人ではもちろん，家庭用としての導入も増えつつあります．

⑦ ネットワーク間を接続するにはWi-Fi無線ルータが便利

ネットワーク間を相互接続する通信機器としてルータが必要です．Wi-Fi無線ルータを使えば，電波が届く場所ならパソコンやタブレットなどのネットワーク対応機器が，家中どこでも無線の電波でインターネット接続できるようになります．

⑧ ラズベリー・パイのモニタ画面として地デジTVが活用できる

ラズベリー・パイのモニタ画面の出力にはHDMI端子が使われています．HDMI端子は，地デジTVなどに標準で採用されています．映像だけでなく音も合わせて入出力できます．一昔前のパソコンのモニタはHDMI端子のない機種がほとんどです．家庭に最も普及している地デジTVをラズベリー・パイのモニタ画面として使いましょう．

⑨ 楽曲を音として鳴らすアンプ内蔵スピーカ

スピーカにはアンプ内蔵タイプを使いました．サウンド・カード(Durio Sound PRO)には二つのRCA端子とφ3.5mmミニ・ジャックが付いています(写真3)．接続先のオーディオ機器に合わせて，どちらかのジャックを選択します．

⑩ USB対応のマウスとキーボード

ラズベリー・パイの入力機器には，一般的にUSB対応のマウスとキーボードが必要です．しかし，ミュージック・サーバ(Volumio)を使ってウェブ・ブラウザで動作する環境であれば，パソコンからリモートで操作することができます．したがって，キーボードとマウスは必ずしも要りません．

ソフトウェア構築編

要点② 無償ソフトウェアVolumioをSDカードにインストールして，ラズベリー・パイ2に装着．その後は，PCのウェブ・ブラウザからすべての設定や操作が可能になる

■ オーディオ・プレーヤの構築の流れ

ラズベリー・パイやサウンド・カードなど使用機器がそろったところで，オーディオ・プレーヤ構築のおもな流れを図2に示します．

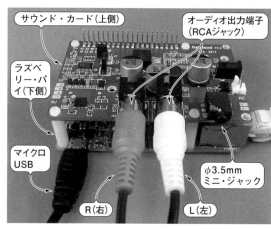

写真3 ラズベリー・パイ2とDurio Sound PROを接続したようす
二つのRCA端子とφ3.5mmミニ・ジャックが付いており，接続先のオーディオ機器に合わせてどちらかを選択する

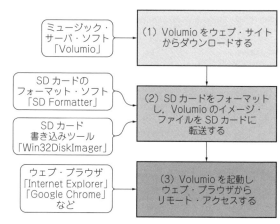

図2 オーディオ・プレーヤ構築に必要なソフトウェアと手順
これだけの簡単な手順でウェブの操作画面が見えるようになる．あとはVolumioのメニューからサウンド・カードの認識設定やNASの音楽ライブラリ登録などを行う

(1) ミュージック・サーバVolumioをウェブ・サイトからダウンロードする
(2) SDカードをフォーマットし，Volumioのイメージ・ファイルをSDカードに転送する
(3) Volumioを起動し，ウェブ・ブラウザからリモート・アクセスする

これだけの手順でウェブの操作画面が見えるようになり，とりあえずラズベリー・パイだけでもインターネット・ラジオ「WEBRADIO」を楽しめます．あとは，Volumioのメニュー画面をクリック操作するだけでサウンド・カードを認識させたり，NASの音楽ライブラリを登録したりして，高品質なサウンドを聞くことができるようになります．

■ Step 1…Volumioをインストールする

● インストール・ファイルのダウンロード

図3(a)に示すように，次のVolumioの公式サイトを開きます．

https://volumio.org/

トップ・ページから「GET STARTED」のページ[図3(b)]へ移行します．ここから「Volumio」をダウンロードします．ダウンロードの手順は，まず「Raspberry Pi」が選択されていることを確認してから[Download]をクリックします．しばらくすると，zipファイルがダウンロードされます．zipファイルを解凍するとimgファイルができます．

● SDカードの書き込みツールをPCにインストールする

SDカードへデータを書き込むためには，「Win32 DiskImager」というツールを使います．下記のサイト(図4)から入手できます．

http://sourceforge.net/projects/win32diskimager/

このページで[Download]を選択すると，次のインストール・ファイルがダウンロードされます．

Win32DiskImager-0.9.5-install.exe
（2017年1月時点）

ダウンロードしたインストール・ファイルを実行すると，セットアップ画面が開きます．ライセンス条項を読んで許諾するとインストールが完了します．

● VolumioのimgファイルをSDカードに書き込む

「Win32DiskImager」フォルダの中にある「Win32 DiskImager.exe」を実行します．

図5に示すように，フォルダ・アイコンを選択し，Volumioのimgファイルを指定します．フォルダ・アイコン右のデバイスは，書き込むSDカードのドライ

(a) Volumioのウェブ・ページの画面例
https://www.volumio.org/

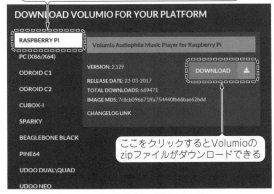

(b) GET STARTEDのページ

ここから「Volumio」をダウンロードする．ダウンロード・ファイル名：volumio-2.129-2017-03-23-pi.img，バージョン：2.129(2017年3月時点)

図3 音楽再生用ソフトウェア「Volumio」をダウンロードする

図4 SDカードへデータを書き込むツールを入手する
「Win32DiskImager」のダウンロード・サイトの画面例
http://sourceforge.net/projects/win32diskimager/

図5 SDカードへの書き込みツール「Win32DiskImager」の動作画面例

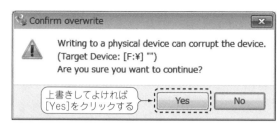

図6 SDカードのドライブ名の確認メッセージ

図8 WindowsのコマンドプロンプトからVolumioのIPアドレスを調べる方法

図7 volumioをインストールして最初に起動したときのメイン画面（Windows PCのウェブ・ブラウザから見たvolumioの画面例）

ブを指定します．［Write］ボタンで書き込みを開始したあと，ドライブ名の確認メッセージ（図6）が表示されます．書き込みをするSDカードのドライブ名を確認して，よければ［Yes］を選択します．書き込み成功のメッセージが表示されたら［OK］をクリックして完了です．

■ Step 2…Volumioを立ち上げる

図7はVolumioをインストールして最初に起動したときのメイン画面例です．同一のLAN上につないだVolumioを起動しておき，Windows PCなどのウェブ・ブラウザから，

http://volumio/

または，

http://volumio.local/

にアクセスすると見ることができます．ラズベリー・パイの電源を投入してから起動するまで1分くらいかかるので，少し待ってからアクセスしてみましょう．

PCの環境によってアクセスできないときは，IPアドレス（http://192.168.**.**/）を直接指定してもよいでしょう．IPアドレスは図8に示すように，Windowsの「コマンドプロンプト」から，「ping volumio」と入力しても調べることができます．毎回ラズベリー・パイを使うときは，お気に入り（ブックマーク）に登録しておくと便利です．

Volumioではラズベリー・パイのHDMI端子にモニ

図9 Volumioのメニューのリスト構成

タ（地デジTVなど）を接続する必要はありません．接続した場合は，Volumioの起動のようすや起動が完了したようすを画面を通して確認できます．

■ Step 3…サウンド・カードを
　　　　　 ラズベリー・パイに認識させる

メイン画面（図7）の右上の「MENU」から，サウンド・カードの設定を始めます．「MENU」をクリックしてVolumioのメニュー・リスト（図9）を開いてみましょう．

「MENU」から［System］をクリックすると，図10のようにI²Sドライバのセッティング画面が開きます．I²S対応のDACカードを使うときは「Hifiberry」を選択します．

次に［APPLY］をクリックして，変更したドライバの設定をラズベリー・パイに転送します（図11）．

第1部 ラズベリー・パイ2/3で高機能オーディオ装置を目指す!

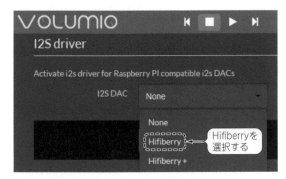

図10 I²Sドライバのセッティング画面例
I²S対応のDACカードのときは[Hifiberry]を選択する

図11 I²Sドライバのセッティング画面例
[APPLY]をクリックして変更したドライバの設定をラズベリー・パイに転送する

図12 再起動を要求するメッセージ
変更したドライバの設定を有効にする場合は,ラズベリー・パイを再起動しなければならない

このとき,再起動を要求するメッセージが画面右上に表示されます(**図12**).この段階ではまだサウンド・カード(Durio Sound PRO)は認識されていません.変更したドライバの設定を有効にするときは,ラズベリー・パイを再起動する必要があります.

「MENU」から[Turn off]を選択すると,Volumioの終了操作と再起動の操作画面(**図13**)が開きます.ここで[REBOOT]をクリックしてラズベリー・パイを再起動させましょう.

■ Step 4…オーディオ信号の出力先を設定する

「MENU」から[Playback]をクリックすると,MPD Configuration画面(**図14**)が開きます.ここでオーデ

図13 Volumioの終了操作と再起動の操作画面例
[REBOOT]をクリックしてラズベリー・パイを再起動させる

図14 オーディオ信号の出力先のセッティング画面例
I²S対応のDACカードを使うときは,Audio Outputプルダウン・メニューから[sndrpihifiberry]を選択する

ィオ信号の出力先を設定します.

初期設定では,「Audio Output」の設定欄が「ALSA」となっていて,オーディオ信号がラズベリー・パイのボード上の端子から出力されるしくみになっています.I²S対応のサウンド・カードを使うときは,プルダウン・メニューから「sndrpihifiberry」を選択して,オーディオ信号の出力先を変更します.

■ Step 5…楽曲ライブラリを登録する

最初に起動したときはライブラリが空っぽなので,「MENU」から登録します.

「Library」をクリックすると,**図15**に示すDB Sources画面(データベースの登録画面)が開きます.Volumioではウェブ・ブラウザ上からNASの登録が簡単に設定できます.一般的にラズベリー・パイのソフトウェアはエディタなどを使って設定しますが,Linuxに慣れていない人にとっては,とっても敷居が高いものでした.

「NAS mounts」ではNASや共有フォルダの登録ができます.まずは[+ ADD NEW MOUNT]をクリックしてNASを追加登録してみましょう.**図16**の例のように,NASの設定情報やWindowsの共有フォルダを指定して[SAVE MOUNT]を押すとマウント完了です.マウントに成功すると,**図17**のように緑色のチェック・マークが付きます.うまく接続できていないときには赤い「×」が付きます.ディレクトリやユーザ名,パスワードは大文字と小文字を識別するので正確に入力しましょう.

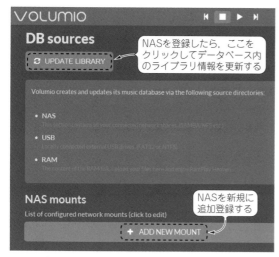

図15 データベースの登録画面例
ネットワークに接続されたNASをラズベリー・パイに認識させ，利用可能な状態にする

図17 NASが追加されたデータベースの登録画面例
これでラズベリー・パイにNASが認識されて，利用可能な状態になっている

図16 NASのセッティング画面例
IPアドレス，ディレクトリ構成，ユーザ名，パスワードなどNASのネットワーク情報を設定する

「DB sources」ではデータベースの更新ができます．USBメモリを変えたときや曲を追加した場合など，[UPDATE LIBRARY]をクリックしないと変更情報が反映されません．更新中は画面右上にメッセージが表示されます．メッセージが消えるまで，そのまましばらく待ちましょう．

USBメモリを別ポートにつなぎ変えたときは認識しないことがあります．このようなときは，ラズベリー・パイの再起動が必要です．

■ Step 6…音楽を鳴らしてみる

● データベースを選択する

Volumioの画面左下の[Browse]ボタンをクリックしてみましょう．

Browseウインドウ(図18)ではデータベースから再生する曲の選択ができます．データベースには「NAS」，「WEBRADIO」，「RAMPLAY」，「USB」の4種類があります．ここから自分の環境に合ったデータベースを選択しましょう．

▶NAS…LANに接続されたNASの公開フォルダ．階層構造になっていて，クリックするとフォルダの中身を見るような感じで楽曲を探せる．楽曲データの閲覧画面(図19)には，ファイル名，演奏時間などのリストが表示される

▶WEBRADIO…インターネット・ラジオの登録チャネル．ハイレゾ音楽をいろいろ聞いてみたいという人には便利．320kbpsで配信されているチャネルもあり，びっくりするほど良い音が試聴できる

▶RAMPLAY…ラズベリー・パイのメモリ領域．利用できるメモリ・サイズは256Mバイトと小さく，しかもRAMなので電源を切るとすぐにデータが消える．しかし，ネットワークを介さずデータ転送に掛かる負荷がほとんどないため，品質的には最も優れたハイレゾ再生の環境である

▶USB…USBに接続したストレージ(USBメモリやUSBで接続したHDDなど)．NASがない場合はUSBメモリに楽曲データを入れても再生できる

● データベースから再生してみよう

1曲ずつ登録もできますが，ここではフォルダごとプレイ・リストに登録してみます．登録したいフォルダを表示している状態で，画面右端の四角いボタンを

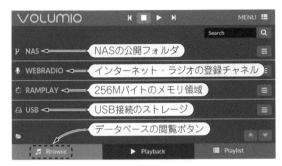

図18 データベースの閲覧画面

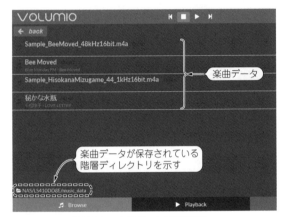

図19 NASに格納された楽曲データの閲覧画面

図20 プレイリストへ登録するショートカット・メニューの表示

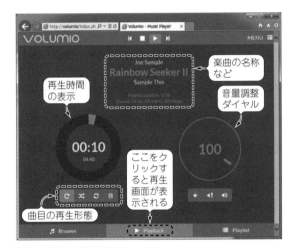

図21 再生画面の表示例

押すと，図20のようなショートカット・メニューが出ます．メニューには次のような種類があります．

▶ Add…プレイ・リストへ追加する
▶ Add and Play…プレイ・リストへの追加と再生を開始する
▶ Add, Replace and Play…今までのプレイ・リストを破棄し，新規にプレイ・リストを登録して再生を開始する
▶ Update this folder…フォルダ内のデータベースを更新する

ここでは，「Add, Replace and Play」を選択してみます．クリックするとプレイ・リストが登録され，同時に再生を開始します．画面右下の [Playlist] をクリックすると，登録された楽曲の一覧が表示されます（図19参照）．また，中央下の [Playback] をクリックすると再生画面（図21）が見えます．この画面では楽曲名表示や音量調整が行えます．また，リピート，ランダム，シングル・リピート，消去ボタンもあります．

● 電源を切る前にREBOOT（再起動）を実行する

そのまま電源を抜いてしまうと，プレイ・リストに登録した曲が保存されません．いったんREBOOT（図13参照）を実行することでプレイ・リストが記憶され

ます．

● Volume Control mixer

「menu」-「Playback」の「Volume Control mixer」の設定項目では，音量の調整方法を選択します．項目名にミキサと名が付いているので，音を混ぜるものかと思ってしまいますが，ボリューム設定のことです．スピーカ・アンプなど外部機器で音量調整ができる場合は「Hardware」を選択します．「Software」を選択すると，再生画面（図21参照）の音量調整ダイヤルで音量が操作できるようになりますが，音質に多少の影響が出るようです．

応用…SDカードから音楽再生する

要点③ SDカードの空きエリアを活用するには，少しだけLinuxのコマンド操作が必要．キーボードやモニタがなくても，PCからリモート操作すればよい

■ SDカード内の空きエリアを楽曲データの保存領域として機能させる方法

SDカードに楽曲データを保存して再生することができれば，複雑で階層が深いTCP/IPを介さずにデータを取得できるので，圧倒的に低負荷で音楽再生が実現できます．

ラズベリー・パイのメモリ領域「RAMPLAY」を使った音楽再生は，品質面では最も優れていると言われています．しかし，メモリ・サイズが256Mバイトと小さく，しかもRAMなので電源を切るとすぐにデータが消えてしまいます．そこで，SDカード内の空きエリアを楽曲データの保存領域として機能させる方法を紹介します．SDカードをNASの代用品として使っちゃいましょう．

● Volumio以外の空きエリアに割り当てが必要

Volumioは，SDカードに約1.5Gバイトほどのイメージ・ファイルを転送して使うようになっています．ここではSDカードに8Gバイトを使いましたが，それ以上の32GバイトのSDカードも使えます．しかし，余った領域はパーティションすらなく，そのままの状態では使えません．Windowsの管理ツールなどで空き領域をFAT32フォーマットできれば簡単でしたがダメでした．そこで，Linuxコマンドを使いながら空き領域を有効にする手順を説明します．

● Linuxコマンドの入出力はPC上から遠隔操作するのが便利

ラズベリー・パイにLinuxコマンドを打ち込むには，一般的な入力デバイスとしてUSBキーボードやマウスが必要です．また，画面を表示させるにはモニタが必要です．最近のディジタルTVにはHDMI入力端子が標準で装備されているのでTV画面をモニタ代わりに使うこともできます．しかし，ラズベリー・パイがネットワークに接続されているのであれば，PCを使ってリモート操作をするのが手っ取り早いでしょう．

● 定番のSSH通信ソフトTera Termを入手する

PCからラズベリー・パイを遠隔操作するためには，SSH通信用ソフトが必要です．SSHとはSecure Shell（セキュア・シェル）の略で，リモート・コンピュータとの通信規格のことです．ここでは通信ソフトの定番である「Tera Tarm」を使いました．下記のウェブ・ページから入手できます．

http://ttssh2.sourceforge.jp/

ここから実行形式（.exe）の最新版のファイルをダウンロードします．

teraterm-4.94.exe
（2017年3月時点のバージョンはVer.4.94）

● Tera Termのインストール

ダウンロードした実行ファイルをクリックすると，セットアップ・ウィザードが開きます．使用許諾に同意したうえでインストールを実行すると，コンポーネントの選択画面が開きます．コンポーネントには，「標準」，「フル」，「コンパクト」，「カスタム」の4種類があります．ここでは「標準インストール」を選択します．

あとは画面の指示に従って［次へ］をクリックして進んでいくと，インストールが完了します．

● VolumioのIPアドレスを事前に調べておく

Tera Termを使う前に通信相手であるラズベリー・パイ（Volumio）のIPアドレスを知っておく必要があります．IPアドレスを知る方法はいろいろあるので，ここでいくつか紹介します．

(1) Windowsのエクスプローラから「ネットワーク」を開き，「Volumio:root」を右クリックして「プロパティ」を開く
(2) VolumioのWEB-UIから「MENU」-「NETWORK」を開く
(3) Windowsの「アクセサリ」から「コマンドプロンプト」を開き，「＞ping volumio」とコマンドを打つ

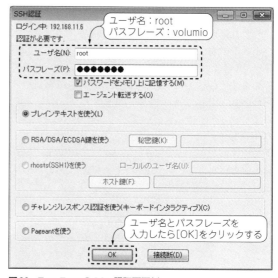

図22 TeraTermのSSH認証画面例
ラズベリー・パイと通信を始めるには，ユーザ名「root」と，パスフレーズ「volumio」の入力が必要

第1部 ラズベリー・パイ2/3で高機能オーディオ装置を目指す！

図23 SSH通信に成功したときのTeraTermの画面例
ラズベリー・パイとのSSH通信に成功すると「volumio」の文字が表示される

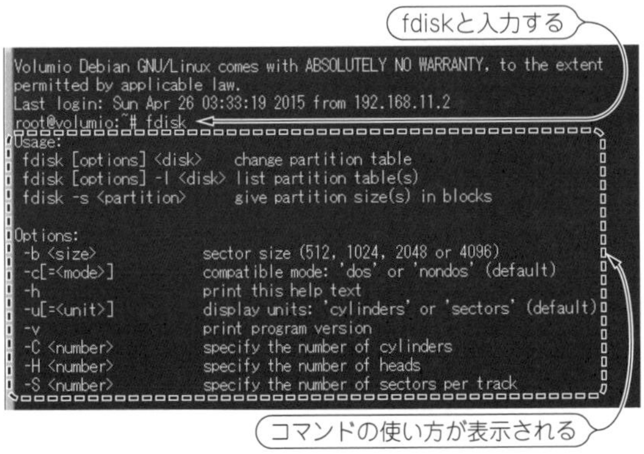

図25 fdiskコマンドにスペースとデバイス名「/dev/mmcblk0」を入力する
プロンプトが「Command (m for help):」に変わる

図24 fdiskコマンドを入力したときの画面例
単にコマンドだけを入力すると，オプションを含めた使い方が表示される

図26 fdiskコマンドのヘルプ・メニューの表示例
プロンプト「Command (m for help):」に「m」を入力するとfdiskコマンドのメニューの一覧表が表示される

● ラズベリー・パイとネットワーク通信を開始する

インストールしたTera Termを起動すると，「新しい接続」の画面が開きます．または，Tera Termのメニューの「ファイル」から「新しい接続」をクリックしても新しい接続の画面を開くことができます．

ホストの欄に「IPアドレス」を入力したら，[OK]をクリックしてみましょう．その他の設定はデフォルトのままでOKです．接続を開始するとSSH認証の画面（図22）が開きます．ラズベリー・パイには一応セキュリティが掛けられています．ユーザ名に「root」，パスフレーズに「volumio」を入力します．[OK]をクリックしたら，しばらく待ちましょう．Tera Termの入出力画面に「volumio」の文字が表示されたら（図23），リモート通信は成功です．

● いよいよLinuxの世界に突入！

Tera Termを介してリモート通信が可能となったところで，ラズベリー・パイの操作を始めていきましょう．Tera Termの入出力画面の最後の行に，「root@volumio:~#」との表示があります（図23参照）．ここが最初にラズベリー・パイを制御する入口です．制御

するには「Linuxのコマンド」の入力が必要です．

Linuxのコマンドを本格的にマスタしようと思えば，1冊の分厚いリファレンス集ぐらいのボリュームがあります．ここでは手順の説明で出てくる必要なコマンドに絞って解説します．

● SDカードの中身はガラガラの状態

ここでは，SDカード内の空きエリアを楽曲データの保存領域として機能させようとしています．そこで，まず最初にSDカードがどのような状態になっているのかを調べていきましょう．

SDカードの状態を調べるコマンドは「fdisk」です．「root@volumio:~#」のプロンプトに続いて，まずは「fdisk」と入力してみましょう．すると，図24に示すように，fdiskコマンドの使い方（Usage）が表示されます．

fdiskとはディスク領域を分割して複数のパーティションを作成/編集できるコマンドです．一般的な使い方は，fdiskコマンドに続けて，ディスク（ここではSDカード）を指定する必要があることが分かります．

図25に示すように，「fdisk」の後にスペースを入力

第2章 初動1時間！ビルトイン・コンピュータ「ラズベリー・パイ」事始め

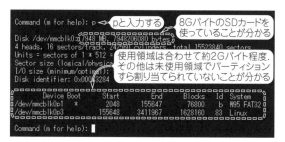

図27 SDカードのパーティションの表示例
プロンプト「Command (m for help):」に「p」を入力するとSDカードのパーティション状況が表示される

図28 新しいパーティションを追加する
プロンプト「Command (m for help):」に「n」を入力すると新たにパーティションを追加できる．プロンプトが「Select (defolt p):」に変わる

図29 追加のパーティションのナンバを設定する
プロンプト「Select (defolt p):」に「p」を入力すると追加のパーティションのナンバが表示される．プロンプトが「Partition number (1-4, default 2):」に変わる

図30 ここでは4番目にパーティションを追加する
プロンプト「Partition number (1-4, default 2):」に「4」を入力すると4番目のパーティションが追加される

図31 追加したパーティションの最初のセクタを設定する
そのままEnterキーを入力するとセクタはデフォルト値の設定になる

図32 追加したパーティションの最後にセクタを設定する
そのままEnterキーを入力してデフォルト値を設定する

し，続けて「/dev/mmcblk0」と入力してみましょう．すると，プロンプトが「Command (m for help):」に変わりました．プロンプトの表示にもあるように，ヘルプ表示を意味する「m」を試しに入力してみると，コマンド・メニューの一覧（図26）が見られます．メニューの一覧から「p」がパーティションの内容を表示することが分かります．

そこで，プロンプト「Command (m for help):」に「p」を入力してみましょう．図27に示すように，SDカードのパーティションの状況が表示されました．8GバイトのSDカードを使っていますが，使用領域は合わせて約2Gバイト程度です．その他の領域は未使用で，パーティションすら割り当てられていない状態です．

● SDカード内に新しいパーティションを追加する

プロンプト「Command (m for help):」に続いて「n」を入力すると，新たにパーティションを追加できます（図28）．このとき，プロンプトが「Select (defolt p):」に変わります．

次に，追加のパーティションのナンバを設定します．プロンプト「Select (defolt p):」に「p」を入力すると，

図33 再びSDカードのパーティションを表示してみる
プロンプト「Command (m for help):」に「p」を入力するとSDカードのパーティション状況が表示される

追加のパーティションのナンバが表示されます（図29）．このとき，「プロンプトが「Partition number (1-4, default 2):」に変わります．

ここで4番目にパーティションを追加します．プロンプト「Partition number (1-4, default 2):」に「4」を入力すると，4番目のパーティションが追加されます（図30）．追加したパーティションの最初のセクタ（図31）や最後のセクタ（図32）を設定できますが，ここはそのままEnterキーを入力して，デフォルト値の設定とします．プライマリで4番目のパーティション

45

```
Command (m for help): t
Partition number (1-4):
```

tと入力する

図34　パーティションのIDを変更する
プロンプト「Command (m for help):」に「t」を入力するとパーティションをフォーマット変更できる．プロンプトが「Partition number (1-4):」に変わる

```
Partition number (1-4): 4
Hex code (type L to list codes):
```

4と入力する

図35　4番目のパーティションをフォーマットする
プロンプトが「Hex code (type to list codes):」になる

```
Hex code (type L to list codes): c
Changed system type of partition 4 to c (W95 FAT32 (LBA))

Command (m for help):
```

cと入力する

図36　パーティションをFAT32フォーマットに変更する

```
Command (m for help): w
The partition table has been altered!

Calling ioctl() to re-read partition table.

WARNING: Re-reading the partition table failed with error 16: Device or
 resource busy.
The kernel still uses the old table. The new table will be used at
the next reboot or after you run partprobe(8) or kpartx(8)

WARNING: If you have created or modified any DOS 6.x
partitions, please see the fdisk manual page for additional
information.
Syncing disks.
root@volumio:~#
```

wと入力する

図37　設定値を書き込んで保存してから終了する

として残りすべての領域を割り当てました．

再びSDカードのパーティションを表示してみましょう(図33)．プロンプト「Command (m for help):」に「p」を入力すると，SDカードのパーティション状況が表示されます．未使用であった領域に4番目のパーティションが割り当てられたことが分かります．

● 追加した新しいパーティションをフォーマットする

プロンプト「Command (m for help):」に「t」を入力すると，パーティションをフォーマットできます(図34)．このとき，プロンプトが「Partition number (1-4):」に変わります．ここでは，4番目のパーティションをフォーマットします(図35)．プロンプトが「Hex code (type to list codes):」になります．ここでは「c」と入力してパーティションのフォーマット形式をFAT32フォーマットに変更します(図36)．設定値を書き込んだら「w」と入力して，設定値を一度保存します(図37)．設定が終了したら「reboot」と入力して，一度ラズベリー・パイを再起動しておきましょう(図38)．再起動したあとでファイル・システムの作成コマンド(mkfsコマンド)を入力したらフォーマットが完了します(図39)．

```
root@volumio:~# reboot

Broadcast message from root@volumio (pts/0) (Sun Apr 26 04:07:48 2015):

The system is going down for reboot NOW!
root@volumio:~#
```

rebootと入力する

図38　設定が終了したら一度ラズベリー・パイを再起動する

mkfsコマンドを入力する

```
root@volumio:~# mkfs.vfat -v -F 32 /dev/mmcblk0p4
mkfs.vfat 3.0.13 (30 Jun 2012)
/dev/mmcblk0p4 has 4 heads and 16 sectors per track,
logical sector size is 512,
using 0xf8 media descriptor, with 12111872 sectors;
file system has 2 32-bit FATs and 8 sectors per cluster.
FAT size is 11808 sectors, and provides 1511028 clusters.
There are 32 reserved sectors.
Volume ID is 46bbc2a7, no volume label.
root@volumio:~#
```

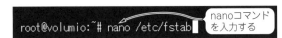

図39　再起動したあとでmkfsコマンドを入力する

```
root@volumio:~# nano /etc/fstab
```

nanoコマンドを入力する

図40　nanoコマンドを実行する

● 起動時に自動でSDカードの領域がマウントされるように設定しよう

Volumioのデータベースの更新などが必要なこともあり，USBメモリを挿したときにマウントする場所へ共有します．

まず，nanoコマンド(図40)を実行して/etc/fstabファイルを開きます．fstabファイルは6行あります．5～6行目の間に4番目のパーティションの記述を追加します(図41)．ちなみにfstabのシステム・パーティションの記述を書き換えたりすると起動しなくなりますので注意してください．最後に，nanoの画面下にあるコマンド・メニューから「Ctrl＋O」キーで編

```
  /etc/fstab: static file system information.
#
#/dev/mmcblk0p3 / ? ? ? ? ? ? ? ? ext4 ? ?noatime,discard,data=writeback,journal_$
/dev/mmcblk0p3 /                 ext4    noatime,nouser_xattr,errors=remount-ro 0$
/dev/mmcblk0p1  /boot          vfat    utf8,user,rw,umask=111,dmask=000         $
/dev/mmcblk0p4  /mnt/USB  vfat  utf8  0  0
Ramdisk   /run/shm          tmpfs   defaults,size=256M,noexec,nodev,nosuid      $
```

4番目のパーティションの記述を追加

図41　4番目のパーティションの記述を追加する

第2章 初動1時間！ ビルトイン・コンピュータ「ラズベリー・パイ」事始め

図42 nanoの画面下にあるコマンド・メニュー
「Ctrl＋O」キーで編集した内容を書き込み保存する

図43 設定が終了したら最後にもう一度ラズベリー・パイを再起動する

図44 sambaを再起動する
これでネットワークを通じてファイルが共有できるようになる

集した内容を書き込み保存します（**図42**）．

設定が終了したら最後にもう一度ラズベリー・パイを再起動します（**図43**）．最後にsambaを起動すると，ネットワークを通じてSDカードがNASのようにファイルを共有できるようになります（**図44**）．

● これでSDカードがNASのように使える！

Windowsのエクスプローラからネットワークを選択し，¥¥volumio¥shareと入力するとディレクトリが開けます．そこへ楽曲をドラッグ＆ドロップで入れま

す．フォルダ階層ごと入れてもデータベースは認識します．テラ・バイト級のNASと比較すれば容量は微々たるものですが，これでSDカードがNASと同じように共有サーバとしても使えるようになります．

＊　＊　＊

今回は，ラズベリー・パイ2，ミュージック・サーバとしてVolumio，サウンド・カードとしてDurio Sound PROを使用しました．**表1**に示すようにラズベリー・パイにはいろいろなバージョンがあります．**表2**〜**表3**に示すように，ほかのソフトウェアやサウンド・カードも利用できます．

しまだ・よしひと

表1 ラズベリー・パイの種類とスペック一覧表
CPUコアがARM1176JZF-Sのものをラズベリー・パイ1，ARM Cortex−A7のものをラズベリー・パイ2とする

（今回使用したボード）

model名		ラズベリー・パイ1				ラズベリー・パイ2
		model A	model A+	model B	model B+	model B
SoC		Broadcom BCM2835				Broadcom BCM2836
CPUコア		700MHz，ARM1176JZF-S，1コア				900MHz，ARM Cortex-A7，4コア
RAM容量		256 Mバイト		512 Mバイト		1 Gバイト
GPU		Broadcom VideoCore IV，OpenGL ES2.0（24 GFLOPS） 1080p 30fps H.264/MPEG-4 AVC High Profileデコーダ，MPEG-2，VC-1対応				
ストレージ（メモリ・カード・スロット）		SD/MMC/SDIO	microSD	SD/MMC/SDIO		microSD
外部端子（拡張I/O）	ピン・ヘッダ	26ピン（GPIO×17ポート/I²C/SPI/UART）	40ピン（GPIO×26ポート/I²C/SPI/UART/I²S）	26ピン（GPIO×17ポート/I²C/SPI/UART）		40ピン（GPIO×26ポート/I²C/SPI/UART/I²S）
	スルー・ホール	8ピン（GPIO×4ポート/I²S）	なし	8ピン（GPIO×4ポート/I²S）		なし
ネットワーク（RJ45）		なし		10/100Mbpsイーサネット1ポート		
USB 2.0		1ポート		2ポート		4ポート
映像入力		MIPIカメラ・インターフェース（CSI）				
音声入力		I²S				
映像出力	アナログ	コンポジットRCA	3.5mmジャック（4極）	コンポジットRCA		3.5mmジャック（4極）
	ディジタル	HDMI バージョン1.3および1.4（Type Aメス）				
音声出力	アナログ	3.5mmジャック（3極）	3.5mmジャック（4極）	3.5mmジャック（3極）		3.5mmジャック（4極）
	ディジタル	I²S				
電源電圧		5V（microUSBコネクタ，またはGPIO端子より電源供給）				
電源電流（消費電力）		300mA（1.5W）	200mA（1W）	700mA（3.5W）	600mA（3.0W）	900mA（4.5〜5.5W）
質量		45 g	23 g	45 g		45 g
大きさ（突起を除く）		85.6 × 54.0mm	65.0 × 56.5 mm	85.6 × 54.0 mm		85.6 × 56.5 mm
参考価格		3,700 円	3,800 円	4,600 円	4,700 円	5,100 円

表2 おもなミュージック・サーバの種類一覧

ソフトウェア名	バージョン(2017年3月時点)	特徴	開発元のWebページ(ダウンロード・ファイルの入手先)
RaspyFi	Ver. 1.0	現在のバージョン1.0以降は,開発が中止されてVolumioへ移行している	http://www.raspyfi.com/ (http://sourceforge.jp/projects/sfnet_raspyfi/)
Volumio	Ver. 2.129	ほとんどのミュージック・ファイルをサポートしており,使い勝手がよく,安定度が抜群によい.現在,ミュージック・サーバの定番である	http://volumio.org/ (http://volumio.org/get-started/)
RuneAudio	Ver. 0.3-β	現在開発中でβ版として提供されている.メイン画面は色合いが違うがほとんどVolumioと同じ	http://www.runeaudio.com/ (http://www.runeaudio.com/download/)
piCorePlayer	Ver. 3.02	SqueezeBOX(ロジテックが販売したネットワーク・オーディオ機器)にあったミュージック・サーバ機能をラズベリー・パイ用に実装.パラメータをコマンドで指定する必要があり上級者向け	http://sites.google.com/site/picoreplayer/ (http://sites.google.com/site/picoreplayer/home/download)
RaspBMC	–	XBMC(XBox Media Center)と呼ばれるテレビに接続するタイプのメディア・プレーヤで,オーディオよりも映像志向に向く	http://www.raspbmc.com/ (http://osmc.tv/download/)

表3 おもなサウンド・カードの種類一覧

サウンド・カード名	ラズベリー・パイ対応モデル	特徴	メーカ名	主な入手先	参考価格
IrBerryDAC	model A, B	TI社製DACのPCM5102Aを搭載.PICマイコンを搭載していて赤外線リモコンでも操作できる.DIP部品のはんだ付けが必要	Takazine氏(受託販売による)	SWITCH SCIENCE http://www.switch-science.com/	9,720円
Wolfson Audio Card	model A, B	Wolfson社製のオーディオ・プロセッサWM5102を搭載.オンボード上にマイクロホンを実装	Farnell Element 14	SWITCH SCIENCE http://www.switch-science.com/	4,860円
Raspberry Pi model A/B用DACカード RBD-02	model A, B	TI社のPCM5102Aを搭載.RCAコネクタ実装	LINUXCOM ネットショップ	LINUXCOM ネットショップ http://linuxcom.shop-pro.jp/	3,700円
HiFi DAC PiCobber	model A, B	TI社製DACのPCM5102Aを搭載.RCAコネクタ実装	GREEKROO TECHNOLOGIES	GREEKROO TECHNOLOGIES http://www.geekroo.com.au/	US$41.99
SabreBerry+	model A+, B+, Pi 2	ESS社製CODECのES9023Pを搭載.オーディオ用端子は未実装	Takazine氏(受託販売による)	SWITCH SCIENCE http://www.switch-science.com/	6,480円
Durio Sound BASIC	model A+, B+, Pi 2	TI社製DACのPCM5102Aを搭載.RCAコネクタおよび3.5mmジャック実装	Durio Sound	SWITCH SCIENCE http://www.switch-science.com/	7,020円
Durio Sound PRO	model A+, B+, Pi 2	TI社製DACのPCM5102Aを搭載.低ノイズの電源回路を搭載しており,AC入力電圧7～12V,DC入力電圧9～15Vで動作.RCAコネクタおよび3.5mmジャック実装	Durio Sound	SWITCH SCIENCE http://www.switch-science.com/	11,664円
Pi-DAC+ Hat for Raspberry Pi	model A+, B+, Pi 2	TI社製DACのPCM5122,および高品質ヘッドホン・アンプのTPA6133Aを搭載.Phono/RCAコネクタを実装	IQaudIO	Amazon http://www.amazon.co.jp/	15,000円
HiFiBerry AMP+	model A+, B+, Pi 2	TI社製DACのPCM5102Aを搭載.ボード上にD級ステレオ・パワー・アンプを搭載.25W出力の4Ωスピーカに対応	HiFiBerry	Amazon http://www.amazon.co.jp/	20,000円
Cirrus Logic Audio Card	model A+, B+, Pi 2	Wolfson社製のオーディオ・プロセッサWM5102を搭載.オンボード上にD級ステレオ・アンプを搭載	Cirrus Logic	Amazon http://www.amazon.co.jp/	15,000円
HiFiBerry DAC +	model A+, B+, Pi 2	TI社製DACのPCM5102Aを搭載.RCAコネクタや3.5mmジャックを実装	HiFiBerry	HiFiBerry http://www.hifiberry.com/	US$34.90
HiFi DAC PiCobber–Raspberry Pi 2 & B+	model A+, B+, Pi 2	TI社製DACのPCM5122を実装.RCAコネクタを実装	GREEKROO TECHNOLOGIES	GREEKROO TECHNOLOGIES http://www.geekroo.com.au/	US$47.99
Raspberry Pi model A+/B+用DACカード RBD-02+	model A+, B+, Pi 2	TI社製DACのPCM5102Aを搭載.RCAコネクタを実装	LINUXCOM ネットショップ	LINUXCOM ネットショップ http://linuxcom.shop-pro.jp/	4,000円
AKI.DAC-U2704 REV.C	model A, A+, B, B+, Pi 2	TI社製DACのPCM2704を実装.USB接続のD-Aコンバータ・キット.部品のはんだ付けが必要	秋月電子通商	秋月電子通商 http://akizukidenshi.com/	1,700円
MM-5102	model A, A+, B, B+, Pi 2	TI社製DACのPCM5102Aを搭載.300mil幅の20ピンDIPと同等サイズで,ICソケットやブレッドボードに装着して使用も可	Sunhayato	サンハヤト http://www.sunhayato.co.jp/	2,400円

第3章 DSD256＆32bit×384kHz対応！Wi-Fiハイパー・ポータブル・プレーヤ

全マニア注目のESS製D-Aコンバータでハイレゾ再生

Takazine/河瀬 聡

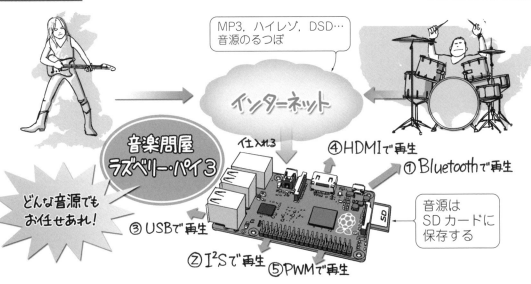

図1 Wi-Fi機能を備えたラズベリー・パイ3はインターネット音楽問屋
どんな音源でも世界中から仕入れてくれるだけでなく，いろんな再生装置に合ったデータ形式で出力してくれる

インターネット上には，ストリーミング・サービスや無料公開しているプロの演奏など，星の数ほどの音源があります．音源ファイルの種類も，MP3からハイレゾPCM (Pulse Code Modulation)，DSD (Direct Stream Digital) までさまざまです．

図1に示すように，ラズベリー・パイ3はWi-Fi機能を持っているので，すぐにWebにつながります．世界中の音源を聴くことなど朝飯前です．USB，I²S，PWM，HDMI，Bluetoothなど，多くの再生方式にも対応しています．CPUのクロック周波数も1.2GHzに上がり，11.2MHzのDSDも再生できるようになりました．大容量ストレージのSDカードも備えているので何千曲という音源を保存することもできます．まさに，パーフェクトなミュージック・ステーションです．

本章では，多くのマニアが注目するESS Technology製のオーディオ用D-Aコンバータ (I²Sインターフェース) をラズベリー・パイ3につないでWi-Fiミニコンポ (写真1) を製作します．〈編集部〉

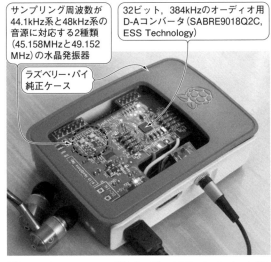

写真1 ESS Technology製のオーディオ用D-Aコンバータ (I²Sインターフェース) を搭載した拡張基板でラズベリー・パイ Wi-Fiオーディオを製作
32ビット×384kHzや11.2MHz DSDも再生可能なWi-Fiポータブル・ネットワーク・プレーヤ

世界クラスの音楽問屋「ラズベリー・パイ3」の再生パフォーマンス

■ いろんな再生装置にあったデータを提供できる

① Bluetooth無線で再生

ラズベリー・パイ2までの音声出力は，PWM，USB，I^2S，HDMIの4系統でした．ラズベリー・パイ3ではBluetoothも利用できます（図2）．

Bluetoothチップがオーディオ信号を転送するときは，A2DP（Advanced Audio Distribution Profile）と呼ばれるモードで信号を処理します．Bluetoothの転送速度は，最大でも約1Mbpsと速くないので，A2DP処理には音声の圧縮コーディングが含まれています．

A2DPの圧縮コーデックにAACやaptXがありますが，ラズベリー・パイで利用できるのは，ライセンスが不要なSBC（SubBand Codec）だけです．SBCは，Bluetooth SIG（Special Interest Group）が定めた標準的な圧縮コーデックで，ほぼすべてのBluetoothスピーカと接続できます．

② 標準ディジタル・オーディオ・インターフェースI^2Sで再生

図3に示すのはI^2SインターフェースをもつD-Aコンバータ拡張基板との接続例です．

I^2S（Inter-IC Sound）は，ディジタル・オーディオ信号をシリアル伝送するためのデファクト・スタンダード規格で，多くのオーディオ用D-Aコンバータが備えています．

ラズベリー・パイは，初代からI^2Sインターフェースをもっています．ただし，システム・クロック（MCLK）の出力がないため，接続できるD-AコンバータはPCM5102A（テキサス・インスツルメンツ）やCS4350（シーラス・ロジック）などのPLLを内蔵したものや非同期SRC（Sampling Rate Converter）を搭載したES9023（ESS Technology）などに限られます．

現在，ラズベリー・パイと直結できるD-Aコンバータ拡張基板は，世界で30～40種類ほど売られています．そのほとんどがハイレゾ対応です．

③ USBで再生

USBオーディオ・クラス1とクラス2に対応したD-Aコンバータ（Digital to Analog Converter）やUSB DDC（Digital To Digital Converter）を接続すれば音楽を再生できます（図4）．

USBオーディオ・クラスのオーディオ信号の転送は，シンクロナス転送，アシンクロナス転送，アダプティブ転送があります．従来はアダプティブ転送が多く使われました．最近，D-Aコンバータ側のクロックを基準（マスタ）にできるアシンクロナス転送をサポートする機器が増えています．もちろんハイレゾ信号にも対応しています．

USBオーディオ・クラス2なら，176.4kHz，24ビットのPCMに偽装して送るDoP（DSD Audio over PCM Frames）フォーマットを利用して，DSD信号を送

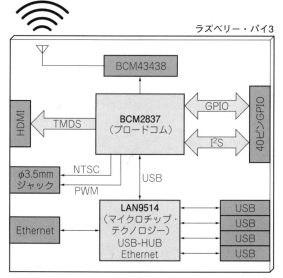

図2 ラズベリー・パイ3の再生チャネル① Bluetooth無線

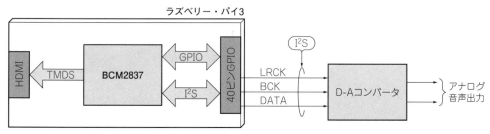

図3 ラズベリー・パイ3の再生チャネル② 世界標準のオーディオ・シリアル・インターフェースI^2S

第3章 DSD256 & 32bit×384kHz対応！Wi-Fiハイパー・ポータブル・プレーヤ

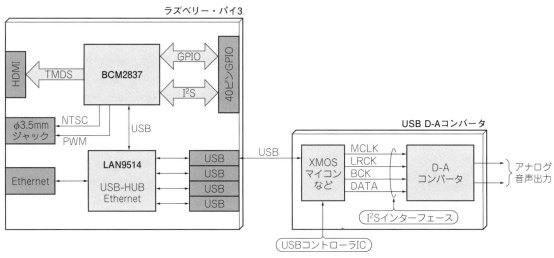

図4　ラズベリー・パイ3の再生チャネル③　USB

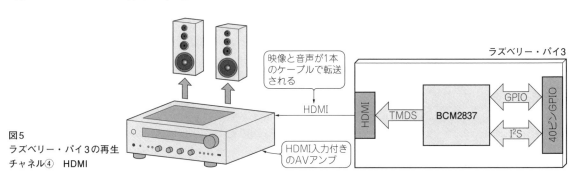

図5　ラズベリー・パイ3の再生チャネル④　HDMI

ことができます．
　最近のUSB D-Aコンバータはヘッドホン・アンプも備えています．

④HDMIで再生

　現在の公式OS Raspbianには，192 kHz，32ビットまでの音声再生に対応するHDMIドライバが組み込まれています．

　HDMIでマルチ・チャネル出力できることを利用して，8チャネルのソフトウェア・チャネル・ディバイダのプログラムを作り，4ウェイ×2のマルチ・アンプ・システムを作った人もいます（天の川オーディオ研究室 http://audio2.amanogawa.info/）．

　テレビやパソコン用モニタのHDMI入力の多くは，2チャネル，48 kHzが上限です．

　ハイレゾ再生やマルチ・チャネル再生にはHDMI入力付きのAVアンプが必要です．**図5**に示すのは，4ウェイ・スピーカを接続した例です．

⑤アナログ出力（PWM）で再生

　ラズベリー・パイ上のSoCは，PWM回路を内蔵しています．

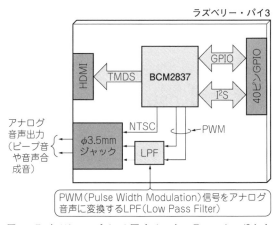

図6　ラズベリー・パイ3の再生チャネル⑤　アナログ出力（PWM）

　図6に示すように，ラズベリー・パイ3のオーディオ出力端子にアンプ内蔵の小型スピーカを接続すると，音楽を再生できます．タイプB＋以降，ノイズが低減されてAMラジオ以上の品質（SN比 50 dB程度）で再生できるようになりましたが，本格的なオーディオとして使うには物足りません．

51

■ 1ビット・ディジタル・オーディオ DSDの高品質音源（11 MHz）も再生できる

● 周波数の高い1ビットの粗密波でできている

図7に示すように，DSD（Direct Stream Digital）信号はPDM（Pulse Density Modulation）1ビットの疎密波です．LPF（Low Pass Filter）を通すだけでアナログ音声に戻すことができます．

サンプリング周波数はとても高く，DSD64は，44.1 kHz PCMの64倍の約2.8 MHzです．5.6 MHzや11.2 MHzのDSD音源もあり，周波数が高い音源を再生するためには，それなりに高性能なCPUが必要です．

● 1.2 GHzのラズベリー・パイ3なら1ビット×11.2 MHzのDSD音源も再生できる

ラズベリー・パイ3のCPUはCortex-A53で，1.2GHzの高いクロック周波数で動作できます．

1世代前のラズベリー・パイ2は，DSD64（2.8 MHz）を再生するのが精いっぱいでした．ラズベリー・パイ3は，DSDフォーマットのディジタル音源をPCM（Pulse Code Modulation）フォーマットに変換しながら，DSD256（11.2 MHz）まで音切れすることなく再生できます．

DSD音源は，MPD（Music Player Daemon）というアプリケーション・ソフトウェアを使ってPCMへ変換しながら再生します．MPDは，ラズベリー・パイの標準OSであるRaspbian OSとapt-getを利用して次のように記述すればインストールできます．

```
sudo apt-get install mpd
```

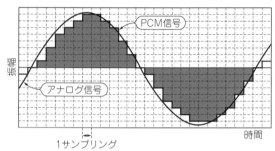

(a) アナログ信号とPCMディジタル・オーディオ信号

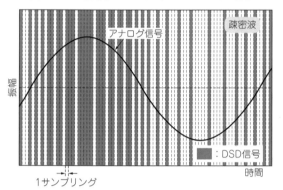

(b) アナログ信号とDSDディジタル・オーディオ信号

図7 二つのディジタル・オーディオ信号 PCMとDSD
現在のほとんどのディジタル・オーディオ信号が採用しているのはPCM（Pulse Code Modulation）．ラズベリー・パイ3はクロック周波数が1.2 GHzに上がり，サンプリング周波数が11.2 MHzと高い1ビット・ディジタル・オーディオ信号（DSD：Direct Stream Digital）を再生できるようにもなった．CDのサンプリング周波数は44.1 kHz，振幅のステップ数は65536のPCM．DSDはサンプリング周波数2.8 MHz，振幅ステップ数は0か1の2値

---

column　DSDデータはCD音源から作れる

DSDデータは，CDなどのPCM音源を変換して作ることができます．次の三つの変換ソフトウェアがあります．

 (1) Hi-Res Editor（TASCAM）：11.2 MHzまで（フリー）
 (2) DSD_Converter_v1.0.0.9：11.2 MHzまで（フリー）
 (3) AudioGate4（コルグ）：5.6 MHzまで（対応するコルグ製USB D-Aコンバータを接続）

DSDデータはファイル・サイズが大きいためストレージやネットワークに重い負荷がかかります．CD音源をむやみにDSDへ変換することはお勧めしません．DSDフォーマットで録音された楽曲データを再生するのが一番です．

60分のアルバムで各フォーマットのデータ容量を比較すると，表Aのようになります．

〈Takazine〉

表A　ディジタル・オーディオ・フォーマットとデータ量（60分のアルバムで比較）
DSD音源は容量が大きい

データ形式	60分のデータ容量
CD（44.1 kHz，16ビットWAV）	約640 Mバイト
MP3（320 kbps）とAAC（320 kbps）	約144 Mバイト
2.8 MHz DSD	約2.5 Gバイト
11.2 MHz DSD	約10.2 Gバイト

第3章 DSD256 & 32bit×384kHz対応！Wi-Fiハイパー・ポータブル・プレーヤ

▶DSD256の再生方法

/etc/mpd.configに次のコードを追記して，soxリサンプラを指定します．

samplerate_converter "soxr very high"

次に，/boot/config.txtに次のコードを追記して，CPUクロックを1.2GHzに固定します．

force_turbo = 1

製作① 384kHz/32ビット D-Aコンバータ拡張基板

ラズベリー・パイ3用のオーディオ拡張基板を製作しました．写真2に基板の外観を示します．この拡張基板にSabreBerry32(セイバーベリー32と呼ぶ)と命名しました．

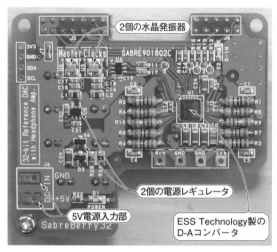

(a) 表面

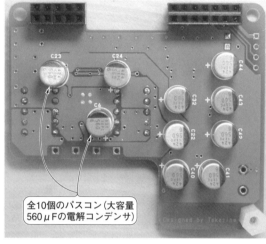

(b) 裏面

写真2 ラズベリー・パイ3と組み合わせるオーディオ用D-Aコンバータ拡張基板を製作
ESS Technology製のD-Aコンバータ(32ビット，384kHz)を搭載．開発：new_western_elec

---

column　ラズベリー・パイから雑音が？オーディオ・ミニプラグは慎重に選ぶ

図Aに示すのは，φ3.5mmのオーディオ・ミニプラグの端子に割り付けられている信号の説明です．4極タイプはビデオ信号が追加されたものや，iPhone，Androidスマートフォンなどマイク・コントロール信号が追加されたもの，バランス型ヘッドホン用などがあります．

ラズベリー・パイのφ3.5mmジャックには，NTSC/PALコンポジット・ビデオ信号も出力されています．ここに3極のステレオ・プラグを挿すと，大きなノイズが聞こえます．一部の液晶テレビに付録されている外部入力用の4極ビデオ信号入り配線は，(b)のVideoとグラウンドが逆の場合もあります(東芝レグザなど)．〈Takazine〉

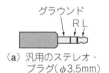

図A　φ3.5mmのオーディオ・ミニプラグを選ぶときは慎重に

ハードウェア

● 仕様

製作した拡張基板の回路を図8に示します.

スペックは次のとおりです. オーディオ・アナライザ VP-7722A（パナソニック）で測定しました. カッコ内はカタログ・スペックです.

- ダイナミック・レンジ：119.5 dB（121 dB）
- $THD+N$：0.00047 %（115 dB）

▶定評のあるESS社製D-Aコンバータを採用

世界のマニアが注目している米国ESS Technology社のD-AコンバータSABRE9018Q2Cを搭載しています. 384 kHz, 32ビット対応品で, ディジタル・フィルタをパスすると, 1544 kHz, 32ビットまで再生できます. モバイル向けなので, ヘッドホンを直接駆動できるアンプを内蔵しています. 次のような特徴があります.

- I^2C制御インターフェース
- ダイナミック・レンジ：121 dB

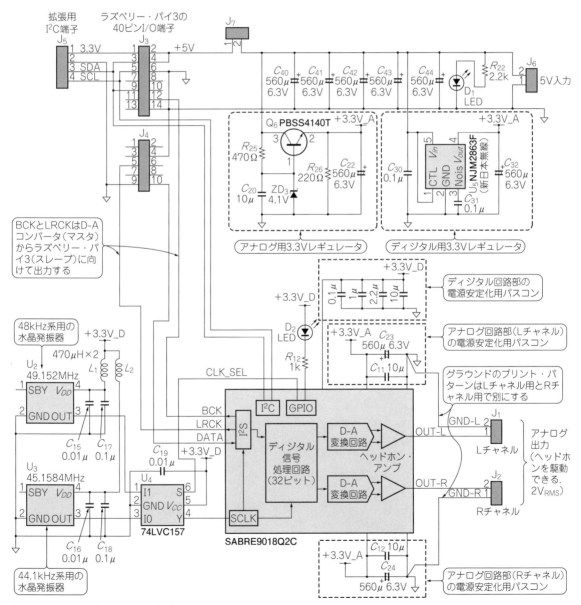

図8 ラズベリー・パイ用のD-Aコンバータ拡張基板を製作
ESS Technology製のオーディオ用D-AコンバータSABRE9018Q2C（384 kHz, 32ビット）を搭載

- $THD+N$：115 dB
- 32ビット・ハードウェア・ボリューム内蔵（SABRE9018Q2Cの機能）
- 2次/3次ひずみ低減プロセッシング（SABRE9018Q2Cの機能）

● ラズベリー・パイをスレーブでクロック駆動する

本基板は，水晶発振器（NZ2520SD，日本電波工業）を2個搭載しています．

(1) 44.1 kHz系（45.1584 MHz）：
　　　　　　44.1 kHz，88.2 kHz，176.4 kHz
(2) 48 kHz系（49.152 MHz）：
　　　　　　48 kHz，96 kHz，192 kHz

音源のサンプリング周波数は44.1 kHzから192 kHzまでさまざまで，音源に合わせて次の二つの水晶発振器を切り換えます（74LVC157でスイッチ）．入力できるディジタル・オーディオ信号は，最大サンプリング周波数192 kHz，分解能32ビットです．これはラズベリー・パイによる制約です．

本基板は，ラズベリー・パイ3をスレーブで動かしています．Linuxのオーディオ・ドライバで，ラズベリー・パイ3をI²Sのスレーブに設定し，D-Aコンバータ基板上のクロックに同期させています．

D-AコンバータSABRE9018Q2Cはマスタにもスレーブにもできます．マスタで動かすとクロック基準が一つになるので，D-Aコンバータ内PLLの位相の乱れや非同期サンプリング・レート・コンバータの影響を小さくできます．図9に示すのは，拡張基板をI²Sのクロック・マスタにするときと，クロック・スレーブにするときの接続です．

● 電源にこだわり

次の二つのリニア電源を搭載しました．

(1) ディジタル回路用の低ノイズLDOレギュレータ（NJM2863F，新日本無線）
(2) アナログ回路用のディスクリート・レギュレータ

(2)のトランジスタには，コレクタ電流1 A，h_{FE} = 300〜900のトランジスタ（NXPセミコンダクターズ）を使用しています．

〈Takazine〉

column　ESS Technology製 D-Aコンバータの詳細を知りたいなら

ESS Technology社は，データシートを一般に公開していません．入手するためには，秘密保持契約NDA（Non-Disclosure Agreement）を結ぶ必要があります．　　〈編集部〉

■ 問い合わせ先　グローバル電子㈱

https://www.gec-tokyo.co.jp/

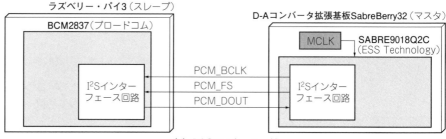

(a) DACマスタ・モード

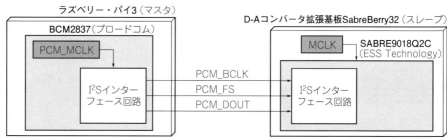

(b) DACスレーブ・モード

図9 製作した拡張基板SabreBerry32は水晶発振器を2個搭載していて，ラズベリー・パイをスレーブでクロック駆動できる

デバイス・ドライバの制作

■ OSやデバイス・ドライバの関係を整理

● 音楽再生担当はLinuxカーネル内の専用ドライバ

ALSA(Advanced Linux Sound Architecture)

図10に示すのは，音楽再生時に利用するアプリケーションやソフトウェア・モジュールの関係です．

▶ユーザ空間とカーネル空間

Linux OSは，使用中のアプリケーションに不具合が生じて停止しても，ほかのアプリケーションに影響がでないように，次の二つの領域に分けて動きます．

- アプリケーションを動作させるユーザ空間
- Linuxの基本機能を実行するカーネル空間（複数アプリケーションの同時動作機能，デバイス制御を行う機能，ファイル入出力機能など）

▶外付けD-Aコンバータ用のデバイス・ドライバ

音声アプリケーションは，ユーザ空間で動作するALSAのライブラリを利用します．

ALSAシステムは，オーディオを再生するときに利用される音声処理アーキテクチャで，外付けD-AコンバータICの動作を制御するドライバや音声データを転送するDMA(Direct Memory Access)ドライバで構成されています．各種のD-Aコンバータに共通する設定作業を一つのデバイス・ドライバで共有するしくみももっています．Linuxが標準で装備する音声再生関連の機能は，このALSAだけです．ALSAはLinuxカーネルの一部なので，遅延が少なく信号の劣化が少ないです．

通常，ALSAを利用する音楽再生アプリケーションは，直接カーネル・モードのALSAドライバを使わないでユーザ空間で動作する(asoundlib)インターフェース・ライブラリを利用します．asoundlibは，サンプリング・レート変換やミキシング処理をします．

▶自作のデバイス・ドライバ

外付けのD-AコンバータICで音声を出力するときは，カーネル空間に音声データを読み込むソフトウェア（ドライバやローダブル・カーネル・オブジェクト）を自作する必要があります．拡張基板SabreBerry32用に制作したデバイス・ドライバは，カーネル空間にあるALSAの機能を利用します．

デバイス・ドライバは，次の2種類必要です．

(1) D-Aコンバータ拡張基板を制御するデバイス・ドライバ
(2) D-AコンバータICを制御するデバイス・ドライバ

同じD-Aコンバータを使っていても，基板が違ったらデバイス・ドライバは新規に作り直す必要があります．(2)のデバイス・ドライバは，D-Aコンバータが同じなら流用できます．D-AコンバータICを制御する部分とD-Aコンバータ拡張基板固有の部分を分けて作ります．

■ ESS社D-Aコンバータ用 ALSAデバイス・ドライバの制作[3]

● 自作した五つのソース・ファイル

(1) D-Aコンバータ拡張基板SabreBerry32用のオーディオ・デバイス・ドライバsabreberry32.koのソース・ファイル：sabreberry32.c

sabreberry32.koは，SabreBerry32のI^2S信号のフォーマットを指定したり，起動時にD-Aコンバータ側をマスタにしたりスレーブにしたりするデバイス・ドライバです．D-AコンバータICを初期化する処理もします．

(2) D-AコンバータIC SABRE9018Q2Cコーデック・ドライバ(sabre9018Q2c.ko)のソース・ファイル：

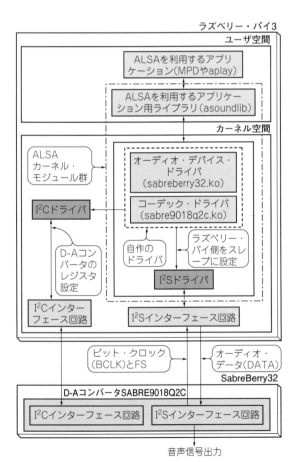

図10 音楽再生時に利用するアプリケーションやソフトウェア・モジュール

sabre9018q2c.c

　sabre9018q2c.koは，D-AコンバータICのI²Sフォーマットに対応しているかどうかを判断したり，不正な制御レジスタにアクセスしていないかどうかを判断します．

(3) D-AコンバータIC SABRE9018Q2C用のドライバ・ヘッダ・ファイル：sabre9018q2c.h

(4) D-Aコンバータ拡張基板 SabreBerry32用のデバイス・ツリー・ブロブ(sabreberry32.dtbo)のソース・ファイル：sabreberry32-overlay.dts

　sabreberry32.dtboは，OS起動時にカーネルが読み込むべきデバイス・ドライバや，D-AコンバータのI²Cデバイス・アドレスを指定します．

　ラズベリー・パイに電源を投入すると，Linuxより前にブートローダが動き出し，設定ファイル"/boot/config.txt"を読み込みます．このファイルには，LinuxがSabreBerry32を認識するための設定が追加されています．デバイス・ドライバに対して，D-Aコンバータをマスタにするかスレーブにするかを決める引数（パラメータ）を指定できます．

　OS起動時に読み込まれる設定ファイル"/boot/config.txt"に次のように記述すれば，D-Aコンバータをクロック・マスタにしたり，ラズベリー・パイをクロック・マスタにしたりできます．

> (a) D-Aコンバータをマスタにしたいとき
>   dtoverlay = sabreberry32
> (b) D-Aコンバータ側をスレーブにしたいとき
>   dtoverlay = sabreberry32,slave

(5) ドライバのビルドやインストール用のファイル：Makefile

　カーネル・ソース（またはカーネル・ヘッダ・ファイル）があれば，開発したデバイス・ドライバ部だけをビルドできます．必要な部分だけビルドするために，Makefileを流用できます．

　Raspbianでは"rpi-source"というツールを使って，動作中のカーネルに対応したカーネル・ソースが自動的に得られます．rpi-sourceを配布したり，インストールする方法を知りたいときは，次のURLを参照してください．

> https://github.com/notro/rpi-source/wiki

---

column　製作したD-Aコンバータ基板のノウハウはプリント基板にある

　図Bに示すのは，製作したD-Aコンバータ拡張基板SabreBerry32のCADデータです．

　分解能の高いD-Aコンバータ基板を作るときは，信号の流し方と電源とグランドの配線の引き回し方が重要です．

　100 dBを超えるD-Aコンバータでは，わずかなノイズにも敏感に反応します．ディジタル回路のグラウンドをベタ面にするとノイズが小さくなります．しかしアナログ回路のグラウンドを同じグラウンド面に接続すると，ディジタル系のノイズを拾うことがあります．

　ディジタル・グラウンドとアナログ・グラウンドは分離して配線し，デカップリング・コンデンサでノイズを低減したポイントの近くで両者を接続します．

　図Bの基板では，アナログ部の左右チャネル用の電源端子の直近にデカップリング・コンデンサ（アルミ固体電解）を配置して，右チャネルと左チャネルの独立性を高めています．

　アナログ回路部分の配線は可能な限り短くして，直下にあるラズベリー・パイのノイズの影響を受けにくくしました．クロック信号やディジタル信号の配線はクロスせずに最短で接続しました．

　電源を安定化する大容量デカップリング・コンデンサは，D-Aコンバータから10 mm以内という至近距離に置きました．電源から供給した電流は，必ずグラウンドから戻ってくるので，電源パターンとグラウンド・パターンの長さを1対1に近い比率にして，並行に配線しています．面積を食う電解コンデンサはすべて，裏面に配置して回路をコンパクトにまとめました．　　　　　　　〈Takazine〉

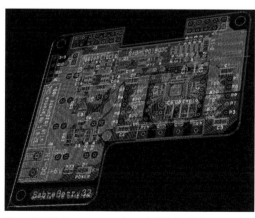

図B　分解能高いD-Aコンバータを搭載する基板は，信号の流し方や電源，グランドの配線の引き回しに気を使う

第1部 ラズベリー・パイ2/3で高機能オーディオ装置を目指す！

リスト1 デバイス・ドライバだけをビルドしたりインストールしたりできるMakefileのソース・コード

```
KERNEL_SRC = /lib/modules/$(shell uname -r)/source
BUILD_DIR := $(shell pwd)
DTC_DIR = /lib/modules/$(shell uname -r)/build/scripts/dtc/
VERBOSE = 0

OBJS     = sabre9018q2c.o sabreberry32.o     ← 拡張子が.oのファイルを指定する

obj-m := $(OBJS)

all:
	make -C $(KERNEL_SRC) SUBDIRS=$(BUILD_DIR) KBUILD_VERBOSE=$(VERBOSE) modules

clean:
	make -C $(KERNEL_SRC) SUBDIRS=$(BUILD_DIR) clean
	rm -f sabreberry32.dtbo

dtbs:                                        ← デバイス・ツリー・オーバーレイの
	$(DTC_DIR)/dtc -@ -H epapr -I dts -O dtb -o sabreberry32.dtbo  sabreberry32-overlay.dts   ソース・ファイルを指定する

modules_install:
	cp sabre9018q2c.ko /lib/modules/$(shell uname -r)/kernel/sound/soc/codecs/
	cp sabreberry32.ko /lib/modules/$(shell uname -r)/kernel/sound/soc/bcm/
	depmod -a

install_dtb:
	cp sabreberry32.dtbo /boot/overlays/
```

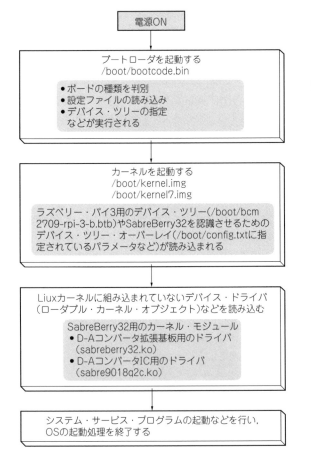

図11 D-Aコンバータ拡張基板（SabreBerry32）用のデバイス・ドライバとデバイス・ツリー・オーバーレイ・ファイルの関係と起動プロセス

　カーネル・ソースの取得とデバイス・ドライバのビルドには，bcコマンドが必要です．コンソール上で次のコマンドを実行して，Raspbianにインストールします．

```
$ sudo apt-get install bc
```

　デバイス・ドライバは，ラズベリー・パイ3上でビルドできます（セルフ・コンパイルと言う）．
　Linuxカーネルが備えているmakeビルド・ツールを使います．Makefileがあれば，カーネル本体のビルドが不要なので，10秒でデバイス・ドライバのビルドが完了します．リスト1にMakefileの抜粋を示します．
　Makefileやデバイス・ドライバのソースコードがあるディレクトリで，次に示すコマンドを実行すると，デバイス・ドライバのビルド，デバイス・ツリー・オーバーレイのコンパイル，OSへのインストールが完了します．

```
$ make
$ make dtbs
$ sudo make module_install
$ sudo make install_dtb
$ sudo reboot
```

　OSを再起動すると，正常にOSにデバイス・ドライバがロードされて，SabreBerry32を認識します．確認するときは，次のコマンドをコンソールで実行します．

```
$ aplay -l
```

図12
自作のALSAドライバで出力した192 kHz，32ビットのI²S通信波形
制作したデバイス・ドライバがD-Aコンバータ拡張基板SabreBerry32を動かしていることが確認できる

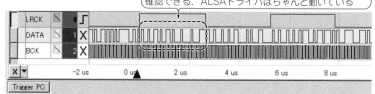

● OSの起動

図11に，D-Aコンバータ拡張基板(SabreBerry32)用のデバイス・ドライバとデバイス・ツリー・オーバーレイ・ファイルの関係と起動プロセスを示します．

カーネルを起動するときに，/boot/config.txtで指定したデバイス・ツリーを読み込んでドライバをロードします．

● 制作したデバイス・ドライバの動作確認

図12に示すのは，本器用に制作したALSAドライ

---

column　ラズベリー・パイ3のWi-Fiでハイレゾ・データを受信しながら連続再生してみた

転送速度が遅いと言われているラズベリー・パイ3のオンボードWi-Fiで，ハイレゾ音源を再生できるかテストしてみました．再生アプリケーションにはRuneAudio v0.4を使いました．

図Cに接続を示します．NASとWi-Fiアクセス・ポイント間はGigabit Ethernetで，Wi-Fiは帯域20MHzのIEEE802.11nです．アクセス・ポイントとラズベリー・パイ3は同じ部屋にあり，両者の距離は約3mです．

結果を表Bに示します．192 kHz，24ビットのWAVファイルも問題なく再生できました．

以上から，ラズベリー・パイ3のWi-Fiでも問題なくハイレゾ音源を再生できることが分かりました．もちろん通信距離が大きくなったときはその限りではありません．5.6 MHzのDSDは，RuneAudio v0.4だと有線LANを使っても音飛びが激しく，有線LANとラズベリー・パイ3のオンボードWi-Fiに優劣はありませんでした． 〈Takazine〉

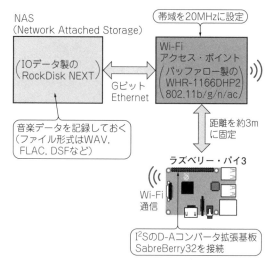

図C　ラズベリー・パイ3のWi-Fiでハイレゾ音源を読み込みながら連続再生を試みた

表B　ラズベリー・パイ3のWi-Fiは転送速度が遅いと言われているが，192 kHz，24ビットのWAVファイル(9.2 Mbps)まで問題なく再生できる

音楽データ・フォーマット	データ・レート	結果 オンボードWi-Fi	結果 有線LAN
44.1 kHz，16ビットWAV	1.4 Mbps	○	○
MP3またはAAC	0.32 Mbps	○	○
44.1 kHz，16ビットFLAC ALAC	0.7～1.0 Mbps	○	○
96 kHz/24ビットFLAC	3～4 Mbps	○	○
96 kHz/24ビットWAV	6.4 Mbps	○	○
192 kHz/24ビットFLAC	4～6 Mbps	○	○
192 kHz/24ビットWAV	9.2 Mbps	○	○
2.8 MHz DSD DSF	5.6 Mbps	○	○
5.6 MHz DSD DSF	11.2 Mbps	×	×

○：音飛びなく再生できる　×：常に音飛びする

RuneAudioだと有線LANとの違いはなかった

バで出力した192kHz,32ビットのI²Sインターフェースの通信波形です.

32ビット分の信号がしっかりと出力されています.16ビットや24ビットのLSB以降の空白部分のデータは,HレベルまたはLレベルに固定されて動いていません.　〈河瀬 聡〉

製作②
Wi-Fiポータブル・プレーヤ
～エネループ4本で5時間連続再生～

● 仕様

D-Aコンバータ拡張基板SabreBerry32とラズベリー・パイ3を組み合わせてWi-Fiポータブル・プレーヤ(写真3)を製作しました.図13に信号の流れを示します.

音楽データはラズベリー・パイ3のSDカードに収めます.スマートフォン(Wi-Fiを利用)で選曲や再生,停止,音量調整を行います.

● 肝は電源回路

電源は単3型のエネループ4本です.エネループはニッケル水素蓄電池なので,公称電圧が1.2Vです.満充電直後は約1.45V,放電時は0.9Vです.4本直列にすると,3.6～6Vの範囲で変動します.

そこで昇降圧型のDC-DCコンバータを使って,放電時～満充電時まで,安定した5Vをラズベリー・パイを供給します.2Aを出力できる昇降圧DC-DCコンバータIC TPS63060(テキサス・インスツルメンツ)を搭載したモジュール(ストロベリー・リナックス)を利用しました.TPS63060は,入力電圧が12～2.5Vで,その入力電圧に関係なく出力を8～2.5Vへと変換できます.最大電流は2A,効率も90％以上あります.

図14に,音楽(96 kHz,24ビット FLACファイル)

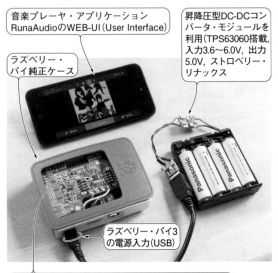

写真3　Wi-Fiポータブル・プレーヤを製作
ラズベリー・パイ3とD-Aコンバータ拡張基板(SabreBerry32)をバッテリ電源で動かす

---

column ラズベリー・パイ3に搭載されたWi-Fi/BluetoothワンチップとSoC(BCM2837)のインターフェース

ラズベリー・パイ3に搭載されているWi-Fi/BluetoothのワンチップIC BCM43438(ブロードコム)は,スマートフォンに使われているものです.

このBCM43438とSoC(BCM2837)は,SDIOインターフェース(Wi-Fi用)とUARTインターフェース(Bluetooth)で接続されています(図D).SDIOインターフェースのバス・クロックを約25MHzと仮定すると,Wi-Fiの転送速度の上限は約10Mバイト/sです.Bluetoothの転送速度の上限は約50Kバイト/sです.実際の転送速度はこれより遅くなります.

ラズベリー・パイ3では,Wi-FiとBluetoothは一つのアンテナを共有しているため,両方を同時に動かすと転送速度が落ちます.Bluetoothを使うときは,Wi-Fiを止めて,音飛びの可能性を小さくするとよいでしょう.　〈河瀬 聡〉

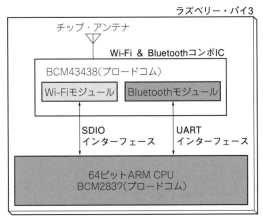

図D　ラズベリー・パイ3に実装されているWi-Fi/Bluetoothワンチップ(BCM43438)とSoC(BCM2837)のインターフェースの通信速度はどのくらい?

第3章 DSD256 & 32bit×384kHz対応！ Wi-Fiハイパー・ポータブル・プレーヤ

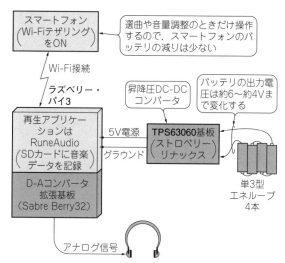

図13 製作したWi-Fiポータブル・プレーヤの信号の流れ
D-AコンバータSabreBerry32とラズベリー・パイ3を組み合わせてバッテリ電源で駆動した

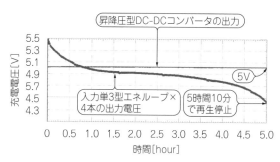

図14 製作したバッテリ電源（エネループ4本と昇降圧型DC-DCコンバータ）で、Wi-Fiポータブル・プレーヤを5時間10分、連続動作させることができた

```
#force_turbo = 1
arm_freq = 600
gpu_freq = 150

core_freq = 150
h264_freq = 150
isp_freq = 150
v3d_freq = 150
```

を連続再生しながら測った放電特性です．5時間10分で再生が止まりました．

● クロック周波数を低く抑えて消費電力を小さくする

96 kHz，24ビットのFLACファイルを再生するには，CPUクロックは最高周波数で動いている必要はありません．/boot/config.txtに次のコマンドを追加してクロックを600 MHzに下げます．消費電流は360 mA程度まで減ります．

使っていないBluetoothをディセーブルにしたり，AirplayやUPnPなどのサービスを止めるともう少し動作時間が伸びるでしょう．

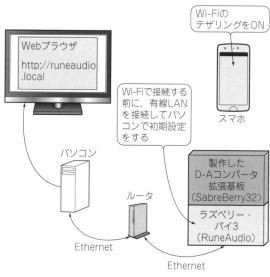

図15 ラズベリー・パイ3とスマートフォンをWi-Fiで接続する方法①
人気の音楽再生ソフトウェアRuneAudioがおすすめ

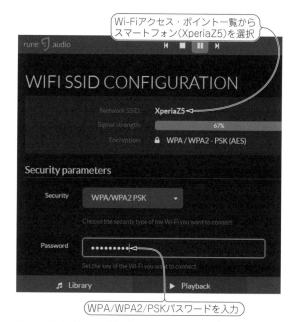

図16 ラズベリー・パイ3とスマートフォンをWi-Fiで接続する方法②
スマートフォンのテザリングをONにしておく．Wi-Fiアクセス・ポイント一覧が表示されたら，スマートフォンを選んでWPA/WPA2 PSKパスワードを入力する

● ラズベリー・パイ3とスマートフォンをWi-Fiで接続する方法

ラズベリー・パイ3にインストールしたのは，人気の音楽再生ソフトウェアRuneAudioです．人気の理由の一つはWi-Fi設定が簡単だからです．

ラズベリー・パイ3とスマートフォンをWi-Fiで接続するときは，図15に示すように，有線LANでラズベリー・パイ3とパソコンを接続して，パソコンのブラウザでRuneAudioのWEB-UIを開きます．URLは，http://runeaudio.localです．

スマートフォンのテザリングをONにしておくとWi-Fiアクセス・ポイント候補一覧にスマートフォンが表示されます．スマートフォンを選んでWPA/WPA2 PSKパスワードを入力します（図16）．以降は，起動時に自動的に接続してくれます．RuneAudioのIPアドレスを固定しておくと，スマートフォンからRuneAudioのWEB-UI（User Interface）にアクセスするとき迷わなくなります．

SDカードに音楽データを転送するときは，WinSCPというソフトウェアを使います．転送先のディレクトリは，/mnt/MPD/LocalStorageです．ここに音楽データを入れると曲を認識します．USBメモリに音楽データを入れてもOKです．〈Takazine〉

製作③ Bluetoothオーディオ・レシーバの製作
～ウォークマンやスマートフォンでワイヤレス再生～

Bluetooth対応のウォークマンやスマートフォンから，SabreBerry32に音源を転送して再生する方法を紹介します．図17に接続を示します．BluetoothのA2DPプロファイルを利用します．

■ 接続手順① ラズベリー・パイ3のBluetooth機能を使えるようにする

（1）最新版のOSとLinuxカーネルを使う

ラズベリー・パイ3で新規に追加されたWi-FiとBluetoothを利用するためには，2016年5月10日に公開されたRaspbian OSを使う必要があります．Linuxカーネルのバージョンも，"4.4.y"に変更されました．

（2）PulseAudio Volume Controlをインストールする

Bluetooth音声デバイスがA2DPで接続されていることを確認できるソフトウェアPulseAudio Volume Controlをインストールします．PulseAudio Volume Controlを使用すると，PulseAudioの動作をGUIアプリケーションで確認したり，設定を変更したりできます．

コンソールから次のコマンドを実行して，"PulseAudio Volume Control"をインストールします．

```
$ sudo apt-get install pavucontrol
```

Raspbianのデスクトップ・メニューの中から，［Sound & Video］-［PulseAudio Volume Control］を実行すると，PulseAudio Volume Controlを動かせるようになります．

PulseAudio Volume Controlが動いていないときは，デスクトップ上部のパネルから"Volume Control（ALSA）"アプレットを削除します．その後，OSを再起動するか，コンソールで次のコマンドを実行してPulseAudioを起動します．

```
$ pulseaudio --start
```

（3）ESS D-Aコンバータ・シールド SabreBerry32を設定する

Bluetoothで正常に音声が出力されていることを確認します．

D-Aコンバータ拡張基板SabreBerry32をラズベリー・パイ3に接続します．OS起動時の設定ファイル"/boot/config.txt"には次のコマンドを追加します．OSを起動すると，I²Cが有効になり"SabreBerry32"が認識されます．

```
dtparam = i2c_arm = on
dtoverlay = sabreberry32
```

OSを再起動します．コンソールから次のコマンドを実行すると，OSが認識したALSA音声デバイスの一覧が表示されます．"SabreBerry32DAC"が認識されていることを確認します．

```
$ aplay -l
```

（4）ラズベリー・パイのWi-Fiを無効にする

Wi-FiとBluetoothを同時に使うと音が途切れるの

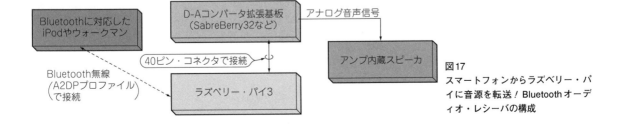

図17
スマートフォンからラズベリー・パイに音源を転送！ Bluetoothオーディオ・レシーバの構成

で，内蔵Wi-Fiを無効にします．無効にするには，読み込ませないデバイス・ドライバを指定するファイル"/etc/modprobe.d/raspi-blacklist.conf"に次の内容を追加します．

```
# Wi-Fi
blacklist brcmfmac
blacklist brcmutil
```

内蔵Bluetoothを無効にすると，Wi-Fiの送受信性能が高まります．"/boot/config.txt"に次の内容を追加すると無効にできます．

```
# Internal Bluetooth
dtoverlay = pi3-disable-bt
```

■ 接続手順② スマホやBluetoothプレーヤと接続

（1）デスクトップ上部のBluetoothアイコンを左クリックして表示される"Add Device..."をクリックします．Add New Deviceダイアログからペアリングを行う機器を選択して，[Pair]ボタンを押します．するとペアリング処理が行われます．
（2）[Menu]-[Sound & Video]-[PulseAudio Volume Control]を起動します．[Configuration]タブのbcm2835 ALSAをOff，snd_rpi_hifiberry_dacをAnalog Stereo Outputにします．
（3）Bluetooth搭載プレーヤとラズベリー・パイ3を接続したときに，デバイス名が"High Fidelity

---

column　DAC/ADC/Bluetooth/WiFiとALSAをつなぐ変換インターフェース・ソフトウェア PulseAudio

PulseAudioは，A-DコンバータやBluetooth，Wi-Fiで受信した音声信号データをPCMデータに変換したり，逆にPCMデータをBluetoothやWi-Fiに対応した音声信号データに変換したりするソフトウェアです．ALSAとD-AコンバータやA-Dコンバータをつなぎます．

図Eに示すように，Bluetoothの音楽再生プロファイルA2DP（Advanced Audio Distribution Profile）で出力される音声データは，いったんBlueZでPCMデータに変換されてPulseAudioに送られます．PulseAudioは，このPCMデータをALSAに送ります．そしてようやくD-Aコンバータで音になります．

PulseAudioは，複数の再生アプリケーションの音声を合成するときにも利用されます．また，ある再生アプリケーションの出力信号を別の録音アプリケーションに入力するときにも利用できます．PulseAudioにプラグインを登録すれば，ネットワーク経由でLinuxからWindowsに音声を中継することもできます．　　　　　　　　　〈河瀬 聡〉

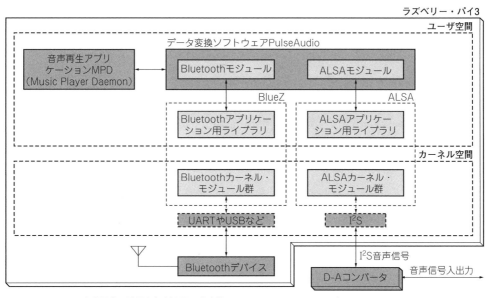

図E　Bluetoothの音声再生に重要な役割を果たす変換インターフェース・ソフトウェアPulseAudio
DAC/ADC/Bluetooth/Wi-Fiの音声データとALSAをつなぐ役割がある

Capture（A2DP Source）"になっていることを確認します。

(4) 再生する音源ファイルがクリップして音割れを感じるときは，PulseAudioの"Input Devices"のボリュームを90％ほどに絞ります．PulseAudioが動いていないと音声は出ません．デスクトップ上部のパネルから"Volume Control（ALSA）"アプレットを削除してPulseAudioを動作させます．"PulseAudio Volume Control"を使って出力デバイスを選びます．

〈河瀬 聡〉

たかじん／かわせ・さとる

◆参考文献◆

(1) ALSA projectホームページ
http://www.alsa-project.org/main/index.php/Main_Page
(2) THE LATEST UPDATE TO RASPBIAN
https://www.raspberrypi.org/blog/another-update-raspbian/
(3) 本章で紹介したESS D-Aコンバータを搭載したSabreBerry32拡張ボードのサポートページ
http://nw-electric.way-nifty.com/blog/sb32j.html

> デバイス・ドライバのインストール方法などが紹介されている．本サポート・ページからコンパイル済みのデバイス・ドライバをダウンロードし，同梱のインストール・スクリプトを実行すると，音楽再生用OS Volumioを利用できるようになる

**column　ボイス・コイルをディジタル駆動！
完全ディジタルUSBヘッドホンをラズパイにつないでみた**

写真Aに示すのは，片チャネル当たり3個のボイス・コイルを搭載したダイレクトUSBヘッドホン（DNHR001TGKIT，CQ出版社）です．以前より興味がありました．

PCMデータをパワー・スイッチにシャッフル分配する信号処理回路，そしてUSBオーディオ回路などを内蔵するワンチップIC Dnote7Uを内蔵しています．

ラズベリー・パイ3に接続すると，USBを挿しただけで認識されました．専用ドライバのインストールなど面倒な作業は必要ありませんでした．

USB接続ならではの手軽さと，アナログ・ヘッドホンとは違った再生音が楽しめます．Dnote7Uはサンプリング周波数48kHzと96kHzだけに対応しています．SoXリサンプラを96kHz，24ビットに設定するとよいでしょう．　　〈Takazine〉

写真A　3個のボイス・コイルをディジタルで直接駆動する変わり種のUSBヘッドホンを試してみた

Appendix 1

ステレオ・データを送るのに便利な三線式!

オーディオ用D-Aコンバータの定番インターフェースI²S入門

Takazine

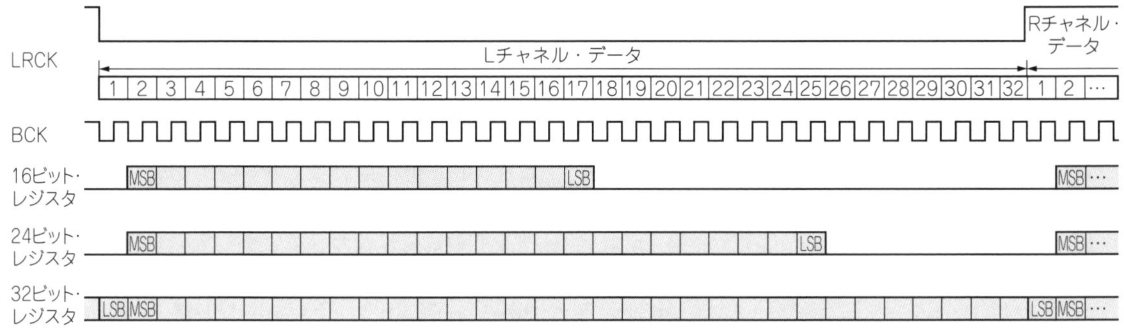

図1 I²S (inter-IC sound) で使う信号…オーディオ・データ通信の基本である三線式

オーディオ用D-AコンバータやA-Dコンバータのデータ転送に使われる信号は，三線式のシリアル・データが一般的です．D-AコンバータICの入力フォーマットには数種類を選択できることが多いですが，そのほとんどは，I²Sに対応しています．

基礎知識

図1に三線式シリアル・データのタイミング・チャートを示します．I²S (inter-IC sound) は，ワード・セレクト (LRCK) に対してデータのMSBが1クロック分遅れているのが最大の特徴です．ハードウェア・ロジック内部でデータをラッチしやすくするために1クロック分遅らせているとされています．

三線式シリアル・データの信号名と機能を説明します．

- LRCK (L/Rクロック)：データ・ラッチとL/Rを識別する信号です．I²Sではワード・セレクトと呼ぶこともあります．MSBファースト前詰め，MSBファースト後詰めでは，この信号が"H"のときLチャネル．I²Sでは，"H"のときRチャネルです．
- BCK (ビット・クロック)：シリアル・データを1ビットずつラッチするクロック信号です．立ち上がりエッジでラッチします．現在はサンプリング周波数の64倍が使われることが多いようです．16ビット・データの時は，サンプリング周波数の32倍や48倍を使うこともあります．
- DATA (データ)：データは，表1に示す2の補数 (2's complement) という符号付き信号になっています．これは，ハードウェアが故障してデータすべてが'0'もしくは'1'になってしまったときに，大きな信号がD-Aコンバータから出力されないようにするためです．LチャネルとRチャネルが交互に送られます．

● I²SをD-A変換するにはマスタ・クロックが必要

D-AコンバータICへデータを送るデバイスは，CDプレーヤのDSP (Digital Servo Processor：信号処理プロセッサを内蔵したサーボ・プロセッサ)，オーディオ機器間のディジタル転送信号であるS/PDIF (Sony Philips Digital Interface) を受信するDAI

表1 I²Sのデータ表現は2の補数

8ビットの2進数	符号なし整数	2の補数表現による符号付き整数
0111 1111	127	127
0111 1110	126	126
⋮	⋮	⋮
0000 0010	2	2
0000 0001	1	1
0000 0000	0	0
1111 1111	255	−1
1111 1110	254	−2
⋮	⋮	⋮
1000 0010	130	−126
1000 0001	129	−127
1000 0000	128	−128

もし，故障でデータがすべて'1'になったとしても，大きな信号が出ない

column I²Sと名前は似ているが全く別物！…I²C

名称が似ていて混同しやすいI²SとI²Cは，どちらもシリアル通信のフォーマットですが，全く異なる性質を持っています．

I²S（Inter-IC Sound）は，オランダのフィリップスが提唱したディジタル・オーディオ信号のフォーマットです．信号は三線のシリアル・データです．データは一方通行で，転送速度は，44.1kHz 16ビットのとき約1.4Mbps，192kHz 32ビットでは12.288 Mbpsになります．

I²C（Inter-Integrated Circuit）も同じくオランダのフィリップス社が提唱したシリアル通信フォーマットです．正式名称はI²C-BUSです．こちらは二線式，双方向通信です．速度は，100kbps，400kbps（ファースト・モード）が多いようです．信号はSCLとSDAの2本です．図Aに示すように，プル・アップ抵抗がバス上に一つずつあり，接続されたデバイスはオープン・コレクタ，もしくはオープン・ドレインで"L"に落とすことで通信します．当初はテレビ用のICによく使われており，制御用マイコンからチューナICやセレクタIC，ボリュームICなどの設定に使われていました．少ない配線でシンプルな通信であるため，パソコン内部のDRAM設定（SPD）や，HDMIの機器間通信，EEPROM，センサ用などの低速A-D変換，ちょっと身近なところではWiiリモコンの拡張コネクタ通信など，様々な機器に応用，派生しています．昨今のマイコンではI²C-BUSに対応していないものがないというほど普及し，汎用シリアル通信と呼べるほどになりました．

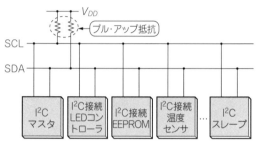

図A　I²C-BUSは2本の配線だけで複数のスレーブ・デバイスと接続して双方向通信ができる
複数のマスタ・デバイスをバスに接続可能にするため衝突検知と調停機能を備える

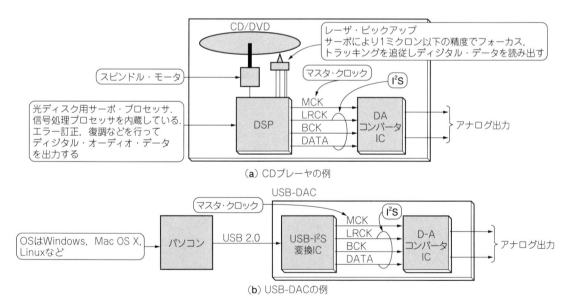

図2　一般的なD-AコンバータICはマスタ・クロックを必要とする

（Digital Audio Interface）レシーバIC，そしてUSBからディジタル・オーディオ信号へ変換するUSB-I²S変換ICなどがあります．図2に例を示します．

多くのD-AコンバータICには，オーバ・サンプリング・ディジタル・フィルタが内蔵されています．その動作にはマスタ・クロックが必要です．マスタ・クロック（システム・クロック）はサンプリング周波数の192倍や256倍などの周波数が必要です．対応する

column　I²Sが主流になった理由

　三線式シリアル・データは，データの入力方法によって，MSBファースト後詰め，MSBファースト前詰め，I²Sに分類できます．

　図Bに示すように，ディジタル・データはMSBの位置を合わせないとD-AコンバータICから正しい出力が得られません．MSBの位置が変わらないフォーマット（I²SとMSBファースト前詰め）とMSBの位置が変わるフォーマット（MSBファースト後詰め）の違いを示しています．

　MSBファースト後詰めは，量子化ビット数が16ビットのとき左に16ビット分シフト，量子化ビット数が24ビットのとき左に8ビット分シフトすることで32ビットと同じ位置にMSBを移動します．入力される量子化ビット数に合わせてD-AコンバータICの設定が必要になります．三線式シリアル・データでは，量子化ビット数を伝える信号がないため，送られてくるデータの量子化ビット数が変更される場合は，MSBファースト前詰め，またはI²Sが適しています．

▶MSBの位置が常に固定なI²Sが主流となった

　従来，CDプレーヤなどではD-AコンバータICに入力する量子化ビット数は16ビットと固定だったので，さまざまなフォーマットが使われていました．近年，ハイレゾ音源の登場により，D-AコンバータICに入力される量子化ビット数も16，24，32ビットと多様化しているため，MSBの位置が常に固定であるI²Sが主流になっています．

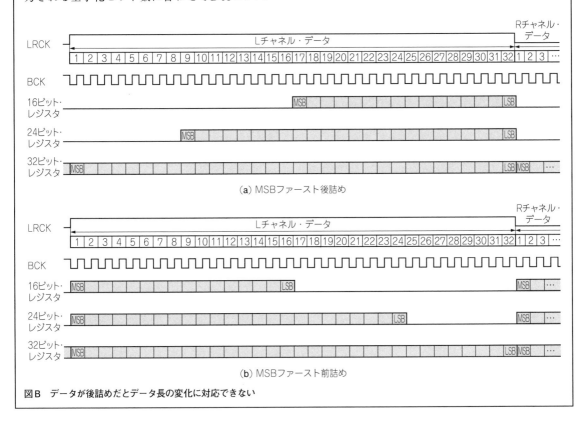

図B　データが後詰めだとデータ長の変化に対応できない

サンプリング周波数によっても変わります．使用するD-AコンバータICのデータシートを確認する必要があります．

● オーディオ信号でも進む高速化

　マスタ・クロックの周波数は，サンプリング周波数44.1kHzの256倍だと11.2896MHz，384倍だと16.9344MHzと高いため，機器の内部配線に気を使う必要があります．ハイレゾ対応となると，さらに高い周波数になります．

　一般のCDプレーヤでも，光ディスク用サーボ・プロセッサから出力されるI²Sなど三線シリアル・オーディオ・データの配線は可能な限り短くします．機器内のレイアウト制約で15cm，20cmと離れた基板へ配

column すぐ試せる！ハイレゾ音源配信サイト

ハイレゾ音源の配信サイトは，会員登録をするとサンプルとしてダウンロードできる場合がほとんどです．表Aに，会員登録せずともハイレゾ音源をダウンロードできるサイトをいくつか紹介します．

表A 会員登録しなくてもダウンロードできるハイレゾ音源配信サイト
ハイレゾ音源の優位性を示せるように，CDクオリティの音源もダウンロードできるようにしていることが多い

サイト名	URL	概要
2L（ノルウェーのレコード会社）	http://www.2l.no/hires/	24ビット/96kHzや24ビット/192kHzのFLACファイルとDSD2.8M，DSD5.6M，DSD5.1chなどもダウンロードできる
LessLoss（アメリカのオーディオ・メーカ）	http://www.lessloss.com/highresolution-audiophile-recordingsc-68.html	96kHz/24ビットのWAVファイルをダウンロードできる
SONY	http://helpguide.sony.net/high-res/sample1/v1/ja/index.html	16ビット/48kHzのAACと24ビット/96kHzのFLACファイルをダウンロードできる
CQ出版社	http://toragi.cqpub.co.jp/tabid/547/Default.aspx	24ビット/96kHzや24ビット/192kHzのWAVまたはAIFFファイルをダウンロードできる

線する場合は，シールド線を使うなどして，不要輻射を減らす対策が必要です．また，マスタ・クロックを含めた四本の信号ラインに対してGND線は1本ではなく複数本用意します．信号ラインをGND線でサンドイッチするように配置した平行線で伝えることで，シールド線を使わなくても不要輻射と信号線同士のクロストークを低減できます．

I²S信号を機器間で伝送する方法として，HDMI端子とHDMIケーブルを使って接続するものが出てきています．HDMIは，LVDSという低電圧で高速の差動信号へ変換してから転送するので，数メートルの距離を転送できるようです．しかし，S/PDIFやAES/EBUのように規格化されているものではありません．したがって，メーカ間などで互換性がないばかりでなく，ディスプレイ用途の本来のHDMIを間違って接続してしまった場合の故障や不具合が発生するなど問題点があります．

たかじん

Appendix 2

ラズパイ用D-AコンバータをI²Sのマスタ側として動作させる

SabreBerry32を制御するオリジナル専用デバイス・ドライバの作り方

河瀬 聡

ラズベリー・パイ用オーディオ拡張基板SabreBerry32に使用しているD-AコンバータICのSABRE9018Q2Cをマスタ・モードで動作させるには，I²C経由でレジスタの設定を変更します．それには，専用デバイス・ドライバが必要です．

ドライバの機能としては，
① OS上から通常のオーディオ・デバイスとして認識されること，
② OS起動時にSABRE9018Q2Cのレジスタの初期設定を行うこと，
③ OS上からSABRE9018Q2C内蔵ボリューム調整機能を使用して音量調整が可能なこと
がポイントです．

この機能を実現するためには，Raspbianに含まれているドライバでは対応できません．SabreBerry32を制御するための専用ドライバを自作する必要があります．

ドライバのビルド方法

● カーネル・モジュールの作成ならカーネル本体のビルドは不要

動作している（動作させたい）カーネルに対応したカーネル・ソースのヘッダ・ファイルがあれば，カーネル・モジュールのビルドが可能です．そのほかGCCなどのCコンパイラが必要になります．

Ubuntuなどの一般的なパソコン用Linuxでは，カーネルのヘッダ・ファイルやビルドに必要なコマンド・プログラムは，下記のコマンドでインストールできます．

```
sudo apt-get install linux-headers-$(uname -r)
sudo apt-get install kernel-devel
```

ところがRaspbianでは，同じ方法でインストールできるパッケージが用意されていません．

ラズベリー・パイ用のデバイス・ドライバの制作には，"rpi-source"をインストールして使用します．そのため，セルフ・ビルドが必要です．"rpi-source"は，動作中のRaspbianに合わせてカーネル・ソースをダウンロードするソフトウェアです．

● 実行中のカーネルをビルドしたGCCのバージョンを確認

カーネル・モジュールのビルドに使うコンパイラには，カーネル本体をビルドしたGCCと同じバージョンが必要です．次のコマンドを実行すると，カーネルをビルドしたGCCのバージョンが確認できます．

```
cat /proc/version
```

例えば2017年8月時点でのRaspbianでは，

```
Linux version 4.9.43-v7+ (dc4@dc4-
XPS13-9333) (gcc version 4.9.3
(crosstool-NG crosstool-ng-1.22.0-
88-g8460611) ) #1026 SMP Wed Aug 16
22:35:51 BST 2017
```

のように出力されます．

Linuxカーネルのバージョン番号，カーネルがビルドされた時間などの他に，ビルドに使用されたGCCのバージョン番号（上記の表示ではGCC-4.9系）やコンパイルに使用されたビルド環境が分かります．

ラズベリー・パイのホームページからダウンロードしたRaspbianや，"rpi-update"で公式のカーネルなどをバージョンアップした場合には，

```
https://github.com/raspberrypi/
tools
```

で提供されている標準のクロス環境でビルドしたときと同じになります．

● 必要ならばカーネルのビルドに使われたバージョンのGCCをインストールする

最新のRaspbianでは，インストールされているGCCのバージョンは4.9系になっています．GCC-4.8系でビルドが必要な場合には，デフォルトで使用されるような設定変更を行います．

1. GCC-4.9系のインストールを行います．

```
sudo apt-get install gcc-4.9 g++-4.9
```

2. GCC-4.9系が優勢的に使用されるように設定します．

```
sudo update-alternatives --install
/usr/bin/gcc gcc /usr/bin/gcc-4.9 50
sudo update-alternatives --install
/usr/bin/gcc gcc /usr/bin/gcc-6 20
```

```
sudo update-alternatives --install
/usr/bin/g++ g++ /usr/bin/g++-4.9 50
sudo update-alternatives --install
/usr/bin/g++ g++ /usr/bin/g++-6 20
```

3. GCCのバージョンを切り換える場合は,
```
sudo update-alternatives --config gcc
```
コマンドを使用して優先度を変更します.
4. GCCのバージョンが4.9.xであることを
```
gcc -version
```
を実行して,確認します.

● カーネル・ソースの取得方法

```
https://github.com/notro/rpi-source/
wiki
```
に"rpi-source"の説明やインストール方法,カーネル・モジュールのビルド例などが記載されています.

"rpi-source"は,自動的に動作中のRaspbianのカーネル・バージョンを調べて,対応するカーネル・ソースを取得するツールです(Raspbian以外のディストリビューションでも,ファームウェアがRaspbianと同じバージョンが使用されていれば使用可能).

/lib/modules/$(shell uname -r)/ディレクトリにダウンロードしたカーネル・ソースへのシンボリック・リンク"source"と"build"を作成します.

"rpi-source"のインストールは次のコマンドをコンソールから実行します.

```
sudo wget https://raw.
githubusercontent.com/notro/rpi-
source/master/rpi-source -O /usr/
bin/rpi-source && sudo chmod +x /
usr/bin/rpi-source && /usr/bin/rpi-
source -q --tag-update
```
(実際のコマンドは折り返しなしの1行)

例えば,
```
sudo rpi-source -d .
```
のように実行すると,カレント・ディレクトリにカーネル・ソースの圧縮ファイルをダウンロードして展開します.展開したディレクトリに"linux"という名前

のシンボリック・シンクを作成します.

● デバイス・ツリー・コンパイラ(dtc)のインストール

Raspbianでは,
```
sudo apt-get install device-tree-
compiler
```
コマンドを実行してインストールします.

rpi-sourceを使用してカーネル・ソースをインストールした場合,インストール先の"linux/scripts/dtc"ディレクトリにdtc実行ファイルがコンパイルされます.パッケージでdtcをインストールした場合は,dtbファイルの内容を可読性テキストで出力できるツールの"fdtdump"コマンドも一緒にインストールされるので便利です.

例えば,
```
fdtdump /boot/bcm2709-rpi-2-b.dtb
```
コマンドを実行すれば,ラズベリー・パイ2のデバイス・ツリーを確認できます.

同様に/boot/overlaysディレクトリに保存されているデバイス・ツリー・オーバーレイのdtbファイルも確認できます.

● カーネル・モジュールのビルド

カーネル・モジュールのビルドには,Makefileが必要です.

リスト1にMakefileの一部を示します.重要なのは,"obj-m := $(OBJS)"というカーネル・モジュールとしてビルドするオブジェクト・ファイルを指定する部分です."obj-m :="で指定されていなければ,カーネル・モジュールにはなりません.

makeコマンドを実行すると,makeの引数"SUBDIRS"で指定したカレント・ディレクトリのソースコードをカーネル・モジュールにビルドします.その際,オプションの"-C"で指定されたディレクトリ内のMakefileにあるルールを使用します.

"VERBOSE"を"1"にすると,ビルド中に実行されるコマンドなどが詳細に表示されます(ビルド時のデ

リスト1 Makefileファイル ～カーネル・モジュールをコンパイルするために必要な部分

```
KERNEL_SRC = /lib/modules/$(shell uname -r)/source
BUILD_DIR := $(shell pwd)
VERBOSE = 0

OBJS     = sabre9018q2c.o sabreberry32.o    カーネル・モジュールとしてビルドするファイルを指定する.
obj-m := $(OBJS)                             ソースコードの"*.c"を"*.o"にしたファイル名を指定する

all:
        make -C $(KERNEL_SRC) SUBDIRS=$(BUILD_DIR) KBUILD_VERBOSE=$(VERBOSE) modules
```

Appendix 2　SabreBerry32を制御するオリジナル専用デバイス・ドライバの作り方

> **column　デバイス・ツリー (Device Tree) とは**
>
> 　組み込み用ARMプロセッサのSoCを使用したLinuxでは，互換性のある同じCPUを使用していても，メモリ・マップやペリフェラル（メモリ，GPU，GPIO，I²C，I²Sなど）は異なる場合が多いです．
> 　そのため，Linuxのカーネルは，各SoCで共通な部分と，SoCで異なる部分に分けています．ペリフェラルなどによる違いは，デバイス・ツリーというしくみで吸収します．
> 　デバイス・ツリーには，メモリやペリフェラルのアドレス配置に関する情報や，ペリフェラルに必要なカーネル・モジュール（ドライバ）が記述されます．

> **column　デバイス・ツリー・オーバーレイ (Device Tree Overlay) とは**
>
> 　ラズベリー・パイ用OSのRaspbianには/boot/ディレクトリ内に各ボード専用のデバイス・ツリーが用意されています（拡張子が".dtbo"のファイル）．Raspbianが起動するときに読み込む設定ファイル/boot/config.txtの内容を変更することで，カーネル・モジュールに動作パラメータを渡すことも可能です．
> 　SabreBerry32用ドライバでは，ラズベリー・パイ標準のデバイス・ツリーを利用します．ただし，デバイス・ツリーを書き換えるのではありません．デバイス・ツリーにペリフェラルの追加指示を出すためのファイルを追加することで，Raspbianが自動的にSabreBerry32用のドライバを読み込むようにしています．
> 　このしくみは，デバイス・ツリー・オーバーレイ(Device Tree Overlay)と呼ばれています．
> https://www.raspberrypi.org/documentation/configuration/device-tree.md
> 　デバイス・ツリー・オーバーレイというしくみは，BeagleBone Blackでも使用されています．BeagleBone Blackではデバイス・ツリー・オーバーレイ用のソースコードを簡単に作成できるツールが用意されています．

バッグ用）．

● デバイス・ツリー・オーバーレイ用のデバイス・ツリー・ブロブの作成

　デバイス・ツリー・ブロブの作成は，

```
dtc -@ -I dts -O dtb -o sabreberry32-overlay.dtbo sabreberry32-overlay.dts
```

コマンドで行います．
　オプション"-I"で入力される形式がデバイス・ツリー・ソース(DTS)，オプション"-O"で出力される形式がデバイス・ツリー・ブロブ(DTB)，"-o"で出力ファイル名"sabrebery32-overlay.dtbo"を指定します．
　逆に，"-I"オプションと"-O"オプションを反対にするとDTBからDTSを生成することも可能です．"fdtdump"コマンドでも可能ですが，出力されるDTSの内容に多少の差があります（ファイル形式の細かい情報がコメントで出力されるなど）．

ドライバのソースコード

● デバイス・ツリー・オーバーレイ用のソースコード

　リスト2に"sabreberry32-overlay.dts"ファイルの内容を示します．
　"sabreberry32-overlay.dts"は，SabreBerry32で使用するカーネル・モジュールの追加を指定します．同時にI²Cバスに接続しているD-AコンバータICのアドレスを指定します．
　ファイル構成は大まかに次のようになります．
　　"compatible = "brcm,bcm2708";"
ラズベリー・パイのデバイス・ツリー・オーバーレイ用のファイルには必須です．
　　"fragment@0"
　"compatible = "takazine,sabreberry32";"の記述は，"takazine,sabreberry32"という名前で定義されているオーディオ・デバイス（<&sound>

リスト2 "sabreberry32-overlay.dts" ファイル ～すべての内容

```
// Definitions for SabreBerry32
/dts-v1/;
/plugin/;

/ {
        compatible = "brcm,bcm2708";

        fragment@0 {
                target = <&sound>;
                __overlay__ {
                        compatible = "takazine,sabreberry32";
                        i2s-controller = <&i2s>;
                        status = "okay";
                };
        };

        fragment@1 {
                target = <&i2s>;
                __overlay__ {
                        status = "okay";
                };
        };

        fragment@2 {
                target = <&i2c1>;
                __overlay__ {
                        #address-cells = <1>;
                        #size-cells = <0>;
                        status = "okay";

                        sabre9018q2c@48 {
                                #sound-dai-cells = <0>;
                                compatible = "ess,sabre9018q2c";
                                reg = <0x48>;
                                status = "okay";
                        };
                };
        };
};
```

（"compatible = "takazine,sabreberry32"" の注釈）オーディオ・デバイスとして使用されるカーネル・モジュールの別名 "sabreberry32.c" の中で定義する

（"sabre9018q2c@48" の注釈）I²Cデバイスを識別する名前（"sabre9018q2c.c" の中で定義する）＋「@」＋I²Cアドレス

（"compatible = "ess,sabre9018q2c"" の注釈）コーデック・デバイスとして使用されるカーネル・モジュールの別名 "sabre9018q2c.c" の中で定義する

（"reg = <0x48>" の注釈）コーデック・デバイスのI²Cデバイス・アドレス

のカーネル・モジュールをOS起動時に読み込ませる指定です．

"fragment@1"

I²S "<&i2s>" を使用することを指定します．

"fragment@2"

I²C1 "<&i2c1>" バスのアドレス（0x48）に，D-AコンバータICを接続することを指定します．

"compatible = "ess,sabre9018q2c";" と記述して，"ess,sabre9018q2c" という名前で定義されているカーネル・モジュール "DAI（Digital Audio Interface）" をOS起動時に読み込ませる指定です．

"sabre9018q2c@48" ノードの記述は，ID名 "sabre9018q2c" を持つI²Cデバイスが，0x48のI²Cアドレスに存在することを表しています．

デバイス・ツリー・オーバーレイでD-AコンバータICのI²Cアドレスを指定すると，カーネル・モジュールではI²Cアドレスを指定するような汎用性のないソースコードを書く必要がなくなります．

● カーネル・モジュールの考え方

▶ ALSA（Advanced Linux Sound Architecture）オーディオ・ドライバ

Raspbianではオーディオ・デバイスはALSAが標準です．ALSAにより，大まかなカーネル・モジュールの作り方はオーディオ・デバイスによらず共通です．オリジナルのデバイス・ドライバを作りたい場合は，他のデバイス・ドライバが参考になるでしょう．

最近のデバイス・ドライバのソースを見ると，省電力機能を実装する処理が必要になるため，一見しただけでは複雑な印象を受けます．ラズベリー・パイでは，オーディオ・デバイスの省電力機能 "DAPM（Dynamic Audio Power Management）" を使わないため，Raspbianのカーネル・ソースに含まれているコーデックなどの読解は比較的簡単です．

Raspbianのカーネル・ソースに含まれているオーディオ・デバイスで一番単純なものは，PCM5102Aを使用した "HiFiBerry DAC" です．ソースコードは次の場所にあります（カーネル・ソースのルートを "linux" としたとき）．

linux/sound/soc/bcm/hifiberry_dac.c
（HiFiBerry DACオーディオ・デバイス）
linux/sound/soc/codecs/pcm5102a.c
（PCM5102Aコーデック・デバイス）

▶ライセンス定義

Sabreberry32用ドライバでは，カーネル・モジュールに，

```
MODULE_DESCRIPTION("ASoC SABRE
9018Q2C codec driver");
MODULE_AUTHOR("Satoru Kawase <xxx@
xxx.xxx>");
MODULE_LICENSE("GPL");
```

など，モジュールの説明，作者，ライセンス種別を指定するためのマクロをソースコードに記述しています．これは，カーネル・モジュールのライセンスがGPLやMITのようなオープン・ソースであるか，そうでないかを区別するために必要です．

カーネル・モジュールでは外部に公開する必要のない関数や変数はすべて"static"にします．公開したい関数や変数がある場合には，EXPORT_SYMBOL_GPL()マクロを使用して，シンボル名をソースコードに追加します（指定したシンボルはGPLに準拠した関数）．

● カーネル・モジュールのヘッダ・ファイル（sabre9018q2c.h）

D-AコンバータICのレジスタ番号を定義するラベルや制御レジスタのビット・マスク用ラベルなどを定義したヘッダ・ファイルです．"sabre9018q2c.c"や"sabreberry32.c"からインクルードされて使用します．

カーネルはC言語やアセンブラのみで作成されているため，カーネルに読み込まれるカーネル・モジュールはすべてC言語だけで記述します．このヘッダ・ファイルでC++言語用ヘッダやシンボルなどのインクルードは行わないように注意してください．

● カーネル・モジュールその1（sabre9018q2c.c）

D-AコンバータICをI²Cバスに接続したとき，D-AコンバータIC内部のレジスタを制御できるコーデック・デバイスとして認識させるためのソースコードです．このモジュール内では，コーデック・デバイスとして識別するための名前"ess,sabre9018q2c"と，I²Cデバイスを識別するための名前"sabre9018q2c"を定義します．

D-AコンバータIC内部のレジスタを操作するためにregmapデータ構造（後述）を設定します．

▶モジュール名とI²Cデバイス名の登録処理

リスト3のテーブル定義で，カーネル・モジュール名やI²Cデバイス名が登録されます．

ソースコード内にあるMODULE_DEVICE_TABLE()やmodule_i2c_driver()は必須となります．

カーネル・モジュール外部で参照できるラベルであること，I²C用モジュールであることなどを指定します．

▶コーデック・デバイス（DAI, Digital Audio Interface）名の登録処理

リスト4のテーブル定義で，コーデック名が登録されます．

struct snd_soc_dai_driver sabre9018q2c_dai構造体でコーデック・デバイス名や再生側のみしか存在しないこと，チャネル数，対応サンプリング周波数，オーディオ・データのビット数などを設定します．

SabreBerry32のマスタ・モードでは，対応サンプリング周波数が少ないため，コーデックの初期化時に呼び出されるコールバック関数のsabre9018q2c_dai_startup()で，対応サンプリング周波数を制限します．

▶対応サンプリング周波数の制限

対応サンプリング周波数を制限するための条件定義をリスト5に示します．

sabre9018q2c_dai_startup()の中で呼び出されるsnd_pcm_hw_constraint_list()というAPI関数を使用して登録します．

▶音量調整の実装

音量調整などのalsamixerで制御できるコントロール類を定義するには，snd_soc_codec_driver構造体に必要な項目を追加することによって行います．

SabreBerry32では，0.0 〜 −127.5dBまでを0.5dBステップでボリューム調整を行うことが可能です．

ヘッダ・ファイル

```
#include <sound/tlv.h>
```

では，ボリュームの数値テーブル用データを簡単に定義するマクロが用意されています．

例えばリスト6のように，0.01dB単位のテーブル用にはDECLARE_TLV_DB_SCALE()などが用意されています．

コーデックの情報やボリューム調整などのコントロールに関する情報は，カーネル・モジュールのロード時に呼ばれるコールバック関数内で，snd_soc_register_codec()というAPI関数で登録されます．

▶regmep（I²Cデバイスのレジスタをキャッシュ付きで操作するデータ構造）

regmapは，D-AコンバータICやコーデックのレジ

リスト3 "sabre9018q2c.c" ファイル ～カーネル・モジュールとI²Cデバイスの定義部分

```c
/* I2Cデバイス名を定義します。 */
static const struct i2c_device_id sabre9018q2c_i2c_id[] = {
    { "sabre9018q2c", },    /* デバイス・ツリー・オーバーレイで記述されていた名前
                               Sabre9018q2c@48の@以前の部分 */
    { }
};
MODULE_DEVICE_TABLE(i2c, sabre9018q2c_i2c_id);

/* デバイス・ツリーから参照されるコーデック名を定義します。 */
static const struct of_device_id sabre9018q2c_of_match[] = {
    { .compatible = "ess,sabre9018q2c", },   /* デバイス・ツリー・オーバーレイで記述されていた名前
                                                compatible = "ess,sabre9018q2c" */
    { }
};
MODULE_DEVICE_TABLE(of, sabre9018q2c_of_match);

/* このカーネル・モジュールのエントリー・ポイントとなるデータ定義
 * sabreberry32モジュールから参照する
 * I2Cバス上のコーデック名を定義します。
 */
static struct i2c_driver sabre9018q2c_i2c_driver = {
    .driver = {
        /* このカーネル・モジュールの名前 */
        .name           = "sabre9018q2c-i2c",   /* sabreberry32モジュールで参照されるモジュール名
                                                   (I²Cデバイスのモジュール名) */
        /* 親となるモジュールは自分自身 */
        .owner          = THIS_MODULE,
        /* デバイス・ツリーから参照されるコーデック名 */
        .of_match_table = of_match_ptr(sabre9018q2c_of_match),
    },
    /* カーネル・モジュールがロードされたときに実行される関数 */
    .probe    = sabre9018q2c_i2c_probe,
    /* カーネル・モジュールがアンロードされたときに実行される関数 */
    .remove   = sabre9018q2c_i2c_remove,

    /* I2Cデバイス名定義 */
    .id_table = sabre9018q2c_i2c_id,
};
module_i2c_driver(sabre9018q2c_i2c_driver);
```

リスト4 "sabre9018q2c.c" ファイル ～コーデックの定義部分

```c
/* コーデック・デバイス用のコールバック関数を登録します。
 */
static const struct snd_soc_dai_ops sabre9018q2c_dai_ops = {
    /* 初期化時に呼ばれる関数 */
    .startup    = sabre9018q2c_dai_startup,
    /* サンプリング周波数などの再生データの変化時などに呼ばれる関数 */
    .hw_params  = sabre9018q2c_hw_params,
    /* 音声信号データフォーマットを設定するときに呼ばれる関数 */
    .set_fmt    = sabre9018q2c_set_fmt,
};

/* コーデック・デバイスを定義します。
 */
static struct snd_soc_dai_driver sabre9018q2c_dai = {
    /* コーデック・デバイスの名前 */
    .name = "sabre9018q2c-dai",    /* sabreberry32モジュールで参照されるモジュール名
                                      (コーデック・デバイスのモジュール名) */
    /* 再生側の定義 */
    .playback = {
        .stream_name  = "Playback",          /* 既定の名前 */
        .channels_min = 2,                   /* ステレオですので2チャネル */
        .channels_max = 2,                   /* ステレオですので2チャネル */
                                             /* 8kHz ～ 192kHzまで対応 */
        .rates        = SNDRV_PCM_RATE_8000_192000,
                                             /* 符号付32ビット整数フォーマット */
        .formats      = SNDRV_PCM_FMTBIT_S32_LE,
    },
    /* コーデック・デバイスのコールバック関数 */
    .ops = &sabre9018q2c_dai_ops,
};
```

Appendix 2　SabreBerry32を制御するオリジナル専用デバイス・ドライバの作り方

リスト5　"sabre9018q2c.c"ファイル　～サンプリング周波数を制約する条件の定義部分

```
/* 対応するサンプリング周波数を列記したテーブルです。
 */
static const u32 sabre9018q2c_dai_rates_master[] = {
    44100, 48000, 88200, 96000, 176400, 192000      ←  対応数サンプリング周波数のリスト
};                                                      44.1/88.2.176.4kHzと48/96/192kHz

/* 対応するサンプリング周波数を列記したテーブルを
 * ハードウェア制限を指定するためのデータ形式にしています。
 */
static const struct snd_pcm_hw_constraint_list constraints_master = {
    .list  = sabre9018q2c_dai_rates_master,
    .count = ARRAY_SIZE(sabre9018q2c_dai_rates_master),
};

/* sabre9018q2c_dai_startup()から呼ばれる関数です。
 * ハードウェアの制限を設定します。
 * 対応可能なサンプリング周波数の制限を設定しています。
 */
static int sabre9018q2c_dai_startup_master(
                            struct snd_pcm_substream *substream,
                            struct snd_soc_dai *dai)
{
    struct snd_soc_codec *codec = dai->codec;
    int ret;

    /* サンプリング周波数を制限するデータを登録します。 */
    ret = snd_pcm_hw_constraint_list(substream->runtime, 0,
                        SNDRV_PCM_HW_PARAM_RATE, &constraints_master);   ←  制約条件の種類は
    if (ret != 0) {                                                          サンプリング周波数
        dev_err(codec->dev, "Failed to setup constraints: %d\n", ret);
    }

    return ret;
}
```

リスト6　"sabre9018q2c.c"ファイル　～音量調整コントロールの定義部分

```
/* ボリュームの調整範囲とステップを設定した
 * "volume_tlv"という変数を定義するためのマクロです。
 * (dB単位用、整数の単位は0.01 dBです。)
 */
static const DECLARE_TLV_DB_SCALE(volume_tlv, -12750, 50, 0);

/* ボリュームなどのレジスタ制御データを設定するためのテーブル
 * ここではステレオ・ボリュームを設定しています。                      ステレオ用のコントロールなので
 */                                                                     SABRE9018Q2C_VOLUME_1と
static const struct snd_kcontrol_new sabre9018q2c_controls[] = {        SABRE9018Q2C_VOLUME_2の
SOC_DOUBLE_R_TLV("Playback Digital Volume",                             ボリューム調整のレジスタを指定
            SABRE9018Q2C_VOLUME_1, SABRE9018Q2C_VOLUME_2,   ←           している
            SABRE9018Q2C_VOLUME_SHIFT, SABRE9018Q2C_VOLUME,
            1, volume_tlv),
};
                                                                        レジスタのビット・マスクや
/* コーデックが持つ機能(ボリューム調整)を登録します。                    可変させるデータのビット位置の
 */                                                                     シフト数などを指定する
static struct snd_soc_codec_driver sabre9018q2c_codec_driver = {
        .component_driver = {
        .num_controls    = ARRAY_SIZE(sabre9018q2c_controls),
              .controls         = sabre9018q2c_controls,
              .num_controls     = ARRAY_SIZE(sabre9018q2c_controls),
        }
};
```

スタを操作するには必須のデータ構造です．次のインクルード・ファイルで定義されます．

　　#include <linux/regmap.h>

　このregmapを使用すると，I²Cデバイスの同じレジスタへ同じデータを連続して書き込む場合にも，同一データを書き込むと判断します．

　リスト7にregmap構成用データの定義部分を示します．カーネル・モジュールのロード時に呼ばれるコールバック関数内で，devm_regmap_init_i2c()でI²C制御デバイスとして登録されます．

リスト7 "sabre9018q2c.c"ファイル ～I²Cデバイス制御のためのregmap構成用データの定義部分

```
/* regmapデータをI2C制御デバイスと関連付けするためのデータ定義です。
 */
static const struct regmap_config sabre9018q2c_regmap = {
    .reg_bits          = 8,           /* レジスタ番号のビット数 */
    .val_bits          = 8,           /* データのビット数 */
                                      /* 最大レジスタ番号 */
    .max_register      = SABRE9018Q2C_MAX_REGISTER,

    /* I2Cデバイスのリセット時の初期値データ */
    .reg_defaults      = sabre9018q2c_reg_defaults,
    .num_reg_defaults  = ARRAY_SIZE(sabre9018q2c_reg_defaults),

    /* 書き込み可能であるか判別する関数へのコールバック関数 */
    .writeable_reg     = sabre9018q2c_writeable,
    /* 読み出し可能であるか判別する関数へのコールバック関数 */
    .readable_reg      = sabre9018q2c_readable,
    /* キャッシュ不可であるか判別する関数へのコールバック関数 */
    .volatile_reg      = sabre9018q2c_volatile,

    /* regmap内部のキャッシュ管理方法を指定します。*/
    .cache_type        = REGCACHE_RBTREE,
};
```

> ラズベリー・パイ側が保持しているキャッシュの初期値を指定するデータなので、I²Cデバイスのリセット時の初期値を指定する。読み込みを行うレジスタは初期値を指定しないように注意する

リスト8 "sabreberry32.c"ファイル ～カーネル・モジュールの定義部分

```
/* デバイス・ツリーから参照されるオーディオ・デバイス名を定義します。*/
static const struct of_device_id snd_rpi_sabreberry32_of_match[] = {
    { .compatible = "takazine,sabreberry32", },
    {}
};
MODULE_DEVICE_TABLE(of, snd_rpi_sabreberry32_of_match);

/* このカーネル・モジュールのエントリー・ポイントとなるデータ定義 */
static struct platform_driver snd_rpi_sabreberry32_driver = {
    .driver = {
        /* このカーネル・モジュールの名前 */
        .name  = "snd-rpi-sabreberry32",
        /* 親となるモジュールは自分自身 */
        .owner = THIS_MODULE,
        /* デバイス・ツリーから参照されるオーディオ・デバイス名 */
        .of_match_table = snd_rpi_sabreberry32_of_match,
    },
    /* カーネル・モジュールがロードされたときに実行される関数 */
    .probe  = snd_rpi_sabreberry32_probe,
    /* カーネル・モジュールがアンロードされたときに実行される関数 */
    .remove = snd_rpi_sabreberry32_remove,
};
module_platform_driver(snd_rpi_sabreberry32_driver);
```

> デバイス・ツリー・オーバーレイで記述されていた名前
> compatible = "takazine,sabreberry32"

注意点は，regmapの初期化用データはラズベリー・パイ側のキャッシュの初期値を登録するということです．I²Cデバイスのリセット時の初期値データをデータシートから読み取って定義する必要があります．

間違えてカーネル・モジュールで初期化したい値を設定した場合，実際にはI²Cによりコーデックのレジスタ変更がされないため，思わぬトラブルの原因になります．

● カーネル・モジュールその2
　（sabreberry32.c）

①SabreBerry32をマスタにして動作させる

②再生する音楽データに合わせて，D-AコンバータICのレジスタを制御し，マスタ・クロックの分周比を変更する

③D-AコンバータICのレジスタを初期化する

などを行うためのソースコードです．

このモジュール内で，オーディオ・デバイスとして識別する名前"takazine,sabreberry32"を定義します．

▶オーディオ・デバイス名の登録処理

リスト8のテーブル定義で，カーネル・モジュールの名前が登録されます．

ソースコード内にある`MODULE_DEVICE_TABLE()`や`module_platform_driver()`は，必須です．

Appendix 2　SabreBerry32を制御するオリジナル専用デバイス・ドライバの作り方

リスト9　"sabreberry32.c"ファイル　～オーディオ・デバイスに関する定義部分

```
/* コーデックに対する操作を行う時に呼ばれるコールバック関数を定義したテーブル・データ */
static struct snd_soc_ops snd_rpi_sabreberry32_ops = {
    /* 信号形式が変更される時に呼ばれるコールバック関数の定義 */
    .hw_params = snd_rpi_sabreberry32_hw_params,
};

/* コーデック接続の定義 */
static struct snd_soc_dai_link snd_rpi_sabreberry32_dai[] = {
    {
        /* オーディオ・デバイス名 */
        .name           = "SabreBerry32",
        /* オーディオ・デバイスの名前：aplay -l で表示される名前(デバイス名) */
        .stream_name    = "SabreBerry32 DAC",
        /* I2Sドライバ名を指定 */
        .cpu_dai_name   = "bcm2708-i2s.0",
        /* コーデック名を指定 */
        .codec_dai_name = "sabre9018q2c-dai",
        /* I2Sドライバ名を指定 */
        .platform_name  = "bcm2708-i2s.0",
        /* I2CデバイスとI2C1のI2Cアドレスを指定 */
        .codec_name     = "sabre9018q2c-i2c.1-0048",
        /* I2S信号形式などの設定、コーデック側がマスタであると設定 */
        .dai_fmt        = SND_SOC_DAIFMT_I2S | SND_SOC_DAIFMT_NB_NF | SND_SOC_DAIFMT_CBM_CFM,
        /* オーディオ・デバイスの初期化時に呼び出されるコールバック関数を設定 */
        .init           = snd_rpi_sabreberry32_init,   /* D-Aコンバータのレジスタ初期化など */
        /* コーデックに対する操作を行う時に呼ばれるコールバック関数を定義したテーブル・データ */
        .ops            = &snd_rpi_sabreberry32_ops,
    }
};

/* オーディオ・デバイスを定義します。*/
static struct snd_soc_card snd_rpi_sabreberry32 = {
    /* オーディオ・デバイスの名前：aplay -l で表示される名前(カード名) */
    .name       = "snd_rpi_sabreberry32",
    /* コーデック接続の定義 */
    .dai_link   = snd_rpi_sabreberry32_dai,
    .num_links  = ARRAY_SIZE(snd_rpi_sabreberry32_dai)
};
```

（D-Aコンバータがマスタ側であることを支持するラベル）

カーネル・モジュール外部で参照できるラベルであることや，オーディオ・デバイス用のモジュールであることを指定します．

▶ラズベリー・パイをI²Sスレーブにする方法（オーディオ・デバイス定義）

リスト9のテーブル定義で，オーディオ・デバイスの名前，I²Sデバイス，D-Aコンバータがマスタであることなどが定義されます．

ラズベリー・パイ側のI²Sインターフェース・ドライバ"bcm2708-i2s"という名前のカーネル・モジュールのソースコードは，Raspbianのカーネル・ソースのルートを"linux"とすると，次の場所にあります．

```
linux¥sound¥soc¥bcm¥bcm2708-i2s.c
```

ラズベリー・パイのI²Sインターフェースにビット・クロックやフレーム同期信号が入力されていない場合には，カーネル・モジュールが出力する"I2S SYNC error!"が表示されるので，ソフトウェアやハードウェアのデバッグに利用できます．

▶再生ソフトに応じてクロックを切り換える方法

ラズベリー・パイがI²Sのマスタ側だった場合，再生データのサンプリング周波数やビット数に対して適切なビット・クロックやフレーム同期信号が自動で出力されます．ところが，SabreBerry32では，D-AコンバータをI²S信号のマスタ側にしています．ビット・クロックやフレーム同期信号が適切な信号になるよう，デバイス・ドライバで処理する必要があります．

この処理には，マスタ・クロックの選択と，D-Aコンバータ内のマスタ・クロック分周比の設定，二つの処理が必要です．

① マスタ・クロックの選択

マスタ・クロックの変更は，再生データのサンプリング周波数が44.1kHz系列か，48kHz系列であるかが変わるときに必要です．それぞれの系列に適切な周波数が得られるよう，SabreBerry32では二つの発振器を搭載しています．SABRE9018Q2Cが持っているGPIOピンの"H"／"L"レベルの切り換えによって，どちらの発振器の出力を使うかを選択します．

この処理を行っているのがリスト10です．

snd_soc_update_bits()関数は，D-Aコンバータのレジスタ番号と変更するレジスタのビット・マスクを指定してレジスタの内容を変更するための関数です．同様にsnd_soc_write()関数のようなビット・

リスト10 "sabreberry32.c"ファイル 〜マスタ・クロックの切り換え処理部分

```c
/* サンプリング周波数系列によりマスタークロックを切り替える関数 */
static void snd_rpi_sabreberry32_set_mclk(struct snd_soc_codec *codec, int sample_rate)
{
    int clk_type;

    /* サンプリング周波数が44.1kHz系列か48kHz系列かを判断する関数 */
    clk_type = snd_rpi_sabreberry32_clk_for_rate(sample_rate);
    if (clk_type == SAMPLE_RATE_TYPE_44_1) {
        /* Configure SABRE9018Q2C GPIOs : GPIO2 = Output Low */
        snd_soc_update_bits(codec, SABRE9018Q2C_GPIO_CONFIG,
                SABRE9018Q2C_GPIO2_CFG,
                SABRE9018Q2C_GPIO_TYPE_OUTPUT_LOW << SABRE9018Q2C_GPIO2_CFG_SHIFT);     /* 44.1kHz系列の場合 */
    } else {
        /* Configure SABRE9018Q2C GPIOs : GPIO2 = Output High */
        snd_soc_update_bits(codec, SABRE9018Q2C_GPIO_CONFIG,
                SABRE9018Q2C_GPIO2_CFG,
                SABRE9018Q2C_GPIO_TYPE_OUTPUT_HIGH << SABRE9018Q2C_GPIO2_CFG_SHIFT);    /* 48kHz系列の場合 */
    }
}
```

リスト11 "sabreberry32.c"ファイル 〜マスタ・クロックの分周比の変更処理部分

```c
/* オーディオ信号形式が変化するときに呼ばれるコールバック関数 */
static int snd_rpi_sabreberry32_hw_params(
    struct snd_pcm_substream *substream, struct snd_pcm_hw_params *params)
{
    struct snd_soc_pcm_runtime *rtd     = substream->private_data;
    struct snd_soc_dai         *cpu_dai = rtd->cpu_dai;
    struct snd_soc_codec       *codec   = rtd->codec;
    int bclk_ratio;
    unsigned int div_mode;

    /* サンプリング周波数系列によりマスタ・クロックを切り替える関数 */
    snd_rpi_sabreberry32_set_mclk(codec, params_rate(params));

    /* D-AコンバータのMCLK分周比率の変更 */
    switch (params_rate(params))
    {
    case 44100:
    case 48000:
        div_mode = SABRE9018Q2C_CLK_DIV_16;     /* MCLK / 16 */
        break;

    case 88200:
    case 96000:
        div_mode = SABRE9018Q2C_CLK_DIV_8;      /* MCLK / 8 */
        break;

    case 176400:
    case 192000:
        div_mode = SABRE9018Q2C_CLK_DIV_4;      /* MCLK / 4 */
        break;

    default:
        return (-EINVAL);
    }
    snd_soc_update_bits(codec, SABRE9018Q2C_MASTER_MODE_CTRL, SABRE9018Q2C_CLK_DIV, div_mode);

    /* bclk_ratio = 32 * 2 = 64 をALSAシステムに通知 */
    bclk_ratio = snd_pcm_format_physical_width(params_format(params)) * params_channels(params);
    return snd_soc_dai_set_bclk_ratio(cpu_dai, bclk_ratio);
}
```

（マスタ・クロックの分周比を変更）

マスク操作なしで，レジスタのすべてのビットを変更する関数も用意されています．

② D-Aコンバータ内のマスタ・クロック分周比の設定

次に，サンプリング周波数に合わせてD-Aコンバータ内のマスタ・クロックの分周比を変更します．分周比の変更にはD-Aコンバータ内のレジスタを設定します．

該当部分が，リスト11です．

これらの処理のときに使う，snd_pcm_hw_params

構造体からサンプリング周波数を取り出す`params_rate(params)`関数，オーディオ・データのビット数を取り出す`params_format(params)`関数，チャネル数を取り出す`params_channels(params)`関数などは，次のヘッダ・ファイルで定義されています．

```
#include <sound/pcm.h>
```

ビルドしたドライバのインストール手順

makefileでは，ビルドとインストールが自動で行われるように設定してあります．

ビルド以降に必要になるインストール手順について解説します．

1. カーネル・モジュールのファイルをOSのモジュール用ディレクトリにコピーします．

```
cp sabre9018q2c.ko   /lib/modules/
$(uname -r)/kernel/sound/soc/
codecs/
cp sabreberry32.ko   /lib/modules/
$(uname -r)/kernel/sound/soc/bcm/
```

2. カーネル・モジュールの依存関係ファイル(`/lib/modules/$(uname -r)/modules.dep`)を更新します．

```
depmod -a
```

3. デバイス・オーバーレイ用ファイルを`/boot/overlays`にコピーします．

```
cp sabreberry32-overlay.dtb /boot/
overlays/
```

4. 起動時設定のファイル`/boot/config.txt`に次の行を追加します．

```
dtoverlay=sabreberry32
dtparam=i2c_arm=on
```

5. OSを再起動します(`sudo reboot`)．

6. コンソールから「`aplay -l`」を実行します．次のようなカード名のデバイスが表示されることを確認します．

```
sndrpisabreberr [snd_rpi_sabre
berry32], device 0: SabreBerry32
DAC sabre9018q2c-dai-0 []
```

Raspbianのバージョン・アップ標準ツールの"rpi-update"で，カーネルやカーネル・モジュールをバージョン・アップした場合には，「/lib/modules/$(uname -r)/」のディレクトリがすべて新しいものに置き換わって，コピーしたカーネル・モジュールのファイルが消えてしまいます．

上記インストール手順の「1.」と「2.」はアップデートするたびに必要です．

◆参考・引用文献◆
(1) Device Trees, Overlays and Parameters
https://www.raspberrypi.org/documentation/configuration/device-tree.md
(2) Device Tree Usage
http://www.devicetree.org/Device_Tree_Usage
(3) とあるエンジニアの備忘log　Device Tree 入門
http://masahir0y.blogspot.jp/2014/05/device-tree.html
(4) Kernel Building
https://www.raspberrypi.org/documentation/linux/kernel/building.md
(5) Writing an ALSA Driver
http://www.alsa-project.org/~tiwai/writing-an-alsa-driver/index.html
(6) DAPM(Dynamic Audio Power Management)
http://www.alsa-project.org/main/index.php/DAPM
(7) Raspberry Pi : GitHub Repository
https://github.com/raspberrypi

かわせ・さとる

第1部 ラズベリー・パイ2/3で高機能オーディオ装置を目指す！

第4章

リアルタイム拡張Linux採用！
起動後はすべてオン・メモリで超軽い！

わずか30MバイトのLinux！
オーディオ再生専用lightMPD

松原 克弥

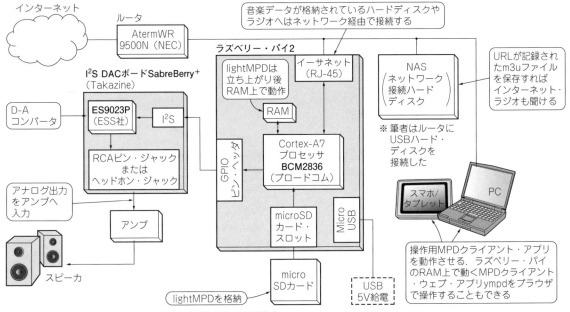

図1　オーディオ用オススメLinux lightMPDを試すための実験構成
ラズベリー・パイ2のGPIOピン・ヘッダにI^2S DACを接続する．また，再生したい音楽ファイルを格納するためのNASを準備して，ラズベリー・パイ2と同じネットワークに接続する．音楽ファイルの選択や再生制御は，PCやスマホ/タブレット上で動作するMPDクライアントを使ってネットワーク経由で行う

　CPUが強化されたラズベリー・パイ2（ラズパイ2）では，これまで負荷が大きすぎて利用が難しかった高音質アップサンプリング処理を使って，非ハイレゾ音源をハイレゾ変換できるようになります．

　本章では，高音質アップサンプリング・ライブラリが利用できて，音質にこだわったチューニングでも評価が高い，音楽再生用Linuxディストリビューション lightMPDを使って，ハイレゾ対応ネットワーク・オーディオ・プレーヤを構築してみます（図1）．

わずか30Mバイト 超コンパクト！lightMPDの特徴

　lightMPDは，NAS（Network Attached Storage）などのネットワーク・ストレージ上に保存された音楽を再生するサーバ・ソフトウェアMPD（Music Player Daemon）の実行に特化したLinuxディストリビューションの一つです．MPD向けLinuxディストリビューションとしてはVolumioやVoyage MPDが有名ですが，それらと比べて以下のような特徴を持つlightMPDが注目されています．

● 特徴1…インストールに必要なストレージ容量はわずか30Mバイト

　MPDによる音楽再生に必要なソフトウェアだけをパッケージ化することにより，非常に小さなフット・プリントとなっています．必要なストレージ容量はわずか30Mバイト（推奨は100Mバイト）で，古いmicro SDメモリーカードでもインストールできます．また，Linuxカーネルもとことん必要な機能に絞ることで，動作に必要なメモリ容量も小さくなっています．

● 特徴2…日本語による情報が豊富

lightMPDは，日本人の「デジファイのおと」さんにより配布・メンテナンスされています．配布サイトでは掲示板が開設されており，インストールや使用時の疑問・トラブルの際には，日本語で質問できます．作者から素早く返信してもらえる掲示板の存在は，Linux初心者やオーディオに詳しくないユーザに対しても非常に心強いサポートとなるでしょう．

● 特徴3…遅延が小さいリアルタイム拡張Linuxカーネル採用

Linuxオーディオ・ユーザの間では常識となりつつある，Linuxカーネルのリアルタイム拡張を採用しています．さらに，lightMPDでは，各処理プロセスの優先度を設定ファイルで変更でき，低遅延や音飛び対策などの細かい性能チューニングも可能です．

● 特徴4…音質改善のためにクロック・ジッタを抑えている

lightMPDが注目されている理由の一つが，その音質の良さにあります．lightMPDは，前述した軽量化やリアルタイム拡張による低遅延などの他にも，高音質にこだわった最適化がされています．例えば，ラズパイ用のディストリビューションでは，PLLクロックの端数処理により発生するI^2Sのクロック揺らぎ（ジッタ）を減らすための対策が施されています．

● 特徴5…サンプリング周波数変換ライブラリが充実

lightMPDでは，`libsamplerate`[注1]と`soxr`[注2]という2種類のリサンプリング・ライブラリが利用できます．どちらも，アップサンプリング処理に定評のあるライブラリで，音質の好みに応じてライブラリの選択や処理アルゴリズムも設定から簡単に変更できます．また，lightMPDでは，アップサンプリングの倍率も細かく設定できるので，音源やDACの特性に応じた最適なアップサンプリングを実現できます．

● 特徴6…安心設計！電源をブチッと切っても大丈夫

動作に必要なファイル・システムもすべてメモリ上に展開して動作させるため，起動後はmicroSDメモリーカードを抜くこともできます．もちろん，利用を止めるときはいきなり電源を切ることもできます．

● 特徴7…Windows PCだけで準備できる

Linuxの知識が少ない人でもインストールや設定ができるように，Windows PCだけでインストールから設定までできるようになっています．

● 特徴8…DSD対応D-Aコンバータを使える

高音質にこだわるユーザのオーディオ機器とも連携できるように，アナログ信号を超高速サンプリングして1ビットのディジタル信号に変換したDSD信号をPCMに変換せずにそのまま再生するDSDネイティブ再生にも対応しています．DSDネイティブ入力が可能なDDC/DAC[注3]を接続し，PCM変換されることなくDSD信号のまま出力することで，劣化のない高音質再生を可能にします．

準備

● ハードウェア

本章執筆時点では，ラズパイ/ラズパイ2向けlightMPDは，I^2S接続したD-Aコンバータ（DAC）のみに対応しており，USB接続のDACなどはサポート外となっています．今回は，ラズパイ2にI^2S接続のDACボードSabreBerry+を組み合わせて，DACボードの出力をアンプへ入力し，スピーカ出力する構成を用います．筆者のラズパイ2でのlightMPD動作環境は，図1のような構成になります．

● ソフトウェア

ソフトウェアの構成を図2に示します．基本的にはlightMPDをインストールするだけでネットワーク・オーディオを実現できます．手順を説明していきます．

インストール

● ファイル一式をmicroSDへコピーするだけ

lightMPDのインストールは非常に簡単です．MacやWindows PCなどを使って，lightMPDを作成・配布している「デジファイのおと」ウェブ・サイトから，ラズパイ2用の最新パッケージ（ZIPファイル）[注4]をダウンロードします．このZIPファイルを展開してできるファイル・ディレクトリ一式をFAT32フォーマット済みのmicroSDメモリーカードへコピーするだけでインストール完了です．

注1：Secret Rabbit Codeとも呼ばれる．
http://www.mega-nerd.com/SRC/
注2：The Sox Resampler Libraryが正式名称．
http://sourceforge.net/projects/soxr/
注3：lightMPD作者により動作確認がとれているDDCは，ElectrArt社製USDA_MINI基板である．
注4：本章執筆時点での最新版 v1.0.2．次のウェブ・ページからダウンロード可能．https://sites.google.com/site/digififan/info/raspberrypi2yongnolightmpd-v102wogongkaishimashita

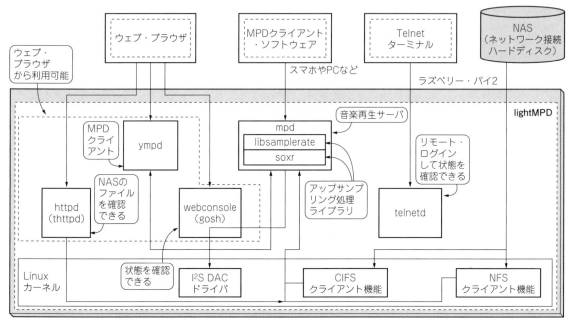

図2 lightMPD駆動ハイレゾ再生コンピュータのソフトウェアの全体像…lightMPDはSDメモリーカードから

通常のLinuxディストリビューションのように，Linuxが動作するPCを準備して，microSDメモリー・カードに複数のパーティションを作成したり，Linuxのファイル・システムでフォーマットしたりといった煩雑な作業は必要ありません．

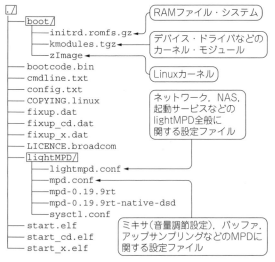

図3 たったこれだけ！超コンパクト・オーディオ専用lightMPDでインストールされるファイル一覧

lightMPDのインストールでは，二つのディレクトリと19のファイルがSDメモリーカード上に展開される．lightmpd.confとmpd.confに記述された設定は，テキスト・エディタで編集できる

lightMPDの動作設定を行う

lightMPDをインストールすると，microSDメモリー・カード内に図3に示すような二つのディレクトリと19個のファイルが展開されます．これらのファイルの中で設定に関するファイルは，lightMPDディレクトリ内にあるlightmpd.confとmpd.confです．

mpd.confはインストール時の初期状態のままでも動作しますが，lightmpd.confは使用環境に合わせて変更する必要があります．lightmpd.confとmpd.confはテキスト・ファイルなので，Windowsのメモ帳アプリなどで編集できます．以降，lightMPD起動前に設定が必要な項目を解説します．

● ネットワークと時刻の設定

▶（1）ネットワーク設定…[network]の項目に記述

lightMPDでは，DHCPによるアドレスの自動取得に対応していません．したがって，ラズパイ2を接続するネットワークで割り当て可能なIPアドレス一つを用意して，その設定をlightmpd.confの項目[network]に記述します（リスト1）．

パラメータinterfaceは，オンボードEthernetのデバイス名であるeth0を設定します．

addressには用意したIPアドレスを，netmaskとgateway，nameserverには，それぞれラズパイ2を接続するネットワーク環境（LAN）に合わせた

リスト1　ネットワークに関する設定
lightmpd.confの項目 [network] にネットワーク設定を行う

リスト2　時刻調整に関する設定
lightmpd.confの項目 [ntp] にNTPサーバの設定を行う

リスト3　lightmpd.confへのNASの設定
lightmpd.confの項目 [nas：NASID1] or [nasNASID2] にNAS設定を行う．この例では，[nas：NASID1] をコメントアウトして，[nas：NASID2] にCIFSに対応したNASの設定を行う

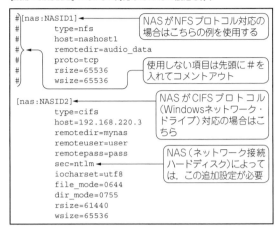

値を設定します．

domainで，接続するLANにドメイン名を設定している場合にはそれに合わせた値を設定します．LANにドメイン名の設定がない，もしくは，NASなどのLAN内の別の機器を名前で識別しない場合には，初期値のままでも問題ありません．

▶(2) 時刻設定…[ntp]の項目で選択

[ntp]は，時刻調整に関する設定項目です．ラズベリー・パイ2は，電源断後に現在時刻を保持するための電池などが内蔵されていないため，立ち上げるたびに日時が1970年1月1日9時0分（日本時間）にリセットされます．lightMPDでは，起動時にネットワーク上のNetwork Time Protocol（NTP）サーバから時刻を入手してラズパイの時計を補正するようになっています．この項目では，時計情報を入手するサーバの情報，時計のタイムゾーン，および動作中常に時計を正しく補正し続けるNTPデーモンを動作させるかどうかを選択できます（リスト2）．

パラメータserverには，時刻情報サーバのIPアドレスを指定します．NTPデーモンを動作させる場合には，パラメータntpdの値をyesに変更します．パラメータntpdにnoを指定した場合でも，パラメータserverが設定されていれば，毎起動時に一度だけ時計の補正が行われます[注5]．

タイムゾーンに関するパラメータtimezoneは，日本国内での利用の場合は初期値Asia/Tokyoのままにします．

● NASの設定…音楽ファイルを格納したNASのアクセスに必要な設定を記述

ネットワーク設定と同じlightmpd.confにある [nas：NASID1] もしくは [nas：NASID2] に，音楽ファイルを格納したNASのアクセスに必要な設定を記述します．初期状態では，NASID1にはLinuxなどでよく使われるNFSプロトコルに対応したNASの設定例が，NASID2ではWindows環境でよく利用されるCIFSプロトコルに対応したNASの設定例が記述されています．使用するNASの仕様に合わせて，どちらかの設定を書き換えるとよいでしょう．

家庭用として販売されているNASのほとんどは，CIFSプロトコル対応のものです．使用しない場合の設定は，各行の先頭に「#」を追記してコメントアウトします．リスト3の例では，CIFSに対応したNASの設定を記述しています．

仕様にもよりますが，初期設定例の状態から，hostとremotedir，remoteuser，remotepassの四つをNASに合わせて設定します．また，NASにより，CIFSのセキュリティ・モードを明示しないと接続できないものがあります．この場合は，sec = ntlmという項目を追加してみてください．

● MPDの設定…起動時に必要な初期設定を記述

次に，[mpd] 欄の設定を行います（リスト4）．MPDの内部設定は，別の設定ファイルmpd.confで行いますが，lightmpd.confの [mpd] 設定では，MPD起動時に必要な初期設定を記述します．

注5：ntpdateというコマンドを使って時刻を補正する．

リスト4 lightmpd.confへのMPDの設定

表1 使用するDACに合わせてlightmpd.confのパラメータdacの中から一つを指定する

対応DAC	lightmpd.confのパラメータdacに指定する文字列
ラズパイ内蔵DAC（PWM出力）	bcm2835
PCM5102x（TI）搭載I²S接続DAC	hifiberry-dac
PCM1794a（TI）搭載I²S接続DAC	rpi-dac
USB接続DAC	usb-audio
M2TECH社のhiface	usb-hiface

▶ (1) パラメータdacで利用するD-Aコンバータの種別を指定

パラメータdacには，利用するD-Aコンバータの種別を指定します．初期設定では五つのdacパラメータが記述されていて，それぞれ表1に示すDACに対応します．

▶ (2) パラメータload_moduleでmpdプログラム・バイナリを指定

パラメータload_moduleは，mpdプログラム・バイナリの指定です．ラズパイ用lightMPDには，ネイティブDSD再生対応と非対応の2種類のmpdプログラム・バイナリが含まれています．ネイティブDSD対応のDACを使用する場合は，このパラメータの設定値をmpd-0.19.9rt-native-dsdに変更します．

▶ (3) パラメータmusic directoryでNAS上で音楽ファイルを格納しているディレクトリを指定

パラメータmusic directoryは，NAS上で音楽ファイルを格納しているディレクトリを指定します．値の先頭は，前述でNAS設定を記述した項目名（NASID1もしくはNASID2）に合わせます．NAS設定名に続くディレクトリ名は，NAS上のディレクトリ名に合わせてください．もし，ディレクトリ名に半角スペースなどが含まれている場合は，設定値をダブルクォート「"」で囲んでください．

▶ (4) MPD動作時に使用するファイルの格納場所を設定してNASにも反映させる

playlist directoryとdb file，sticker fileは，MPDが動作するために使用するファイルの格納場所です．これらの設定値は，music directoryと同じくNAS設定名の部分を合わせるだけで，それに続くサブディレクトリ名やファイル名は，初期値と同じままでも大丈夫です．なお，lightMPDを起動するまでに，これらに指定したディレクトリをNAS内に作成しておくことを忘れないでください．

▶ (5) log fileでMPDのログを出力するファイルを指定

log fileは，MPDのログが出力されるファイルを指定します．この設定で，動作が安定してログが不要な場合は，このパラメータに/dev/nullを指定することでログ出力を抑制できます．

● ウェブ・サービスの起動設定…外部から直接アクセスできないネットワークでのみ利用するのがおすすめ

lightMPDには，MPDの制御やうまく動作しないときに役立つウェブ・サービスが同梱されており，lightmpd.confの設定で各ウェブ・サービスの起動を制御できます．特に，設定を変更した直後の起動では，正しく動作するまで問題を調べて修正するという作業が必要となることが多いため，これらのウェブ・サービスの起動を有効化しておくと，問題解析に役立ちます．

本ウェブ・サービスを有効化するときは，各サービス項目のパラメータenableにyesを指定します．ただし，これらのウェブ・サービスには，ユーザ認証やアクセス制御などの機能が組み込まれていないため，家庭内のLANなど，外部から直接lightMPDやラズパイへアクセスできないネットワークでのみ利用することをおすすめします．

▶ (1) httpd…NASへアクセスできているかをウェブ・ブラウザを介して確認できる

ウェブ・ブラウザを介して，NAS上のディレクトリや音楽ファイルを確認するためのインターフェースを提供します．本サービスを使って，lightMPDが設定に沿ってNASへアクセスできているかを確認できます．

▶ (2) telnetd…リモートで状態を確認できる

リモート・ログインして，lightMPDの動作を確認するためのインターフェースを提供します．Linuxのコマンドなどの知識がある人向けのデバッグ手段です．本サービスを介してLinuxコマンドを駆使することで，lightMPDの動作状態を詳細に確認できます．

▶ (3) ympd…ウェブ・ブラウザから利用できるMPDクライアント

ウェブ・ブラウザから利用できるMPDクライアントです．シンプルな機能しか持ちませんが，別途でMPDクライアントを用意する必要がないため，ソフトウェアをインストールできないPCを使っている場合やインストール直後で動作確認を行いたい場合などに役立ちます．

パラメータwebportは，ウェブ・ブラウザからアクセスするときのポート番号を指定します．

パラメータmpdportは，MPDサーバを制御するためにアクセスする際のポート番号です．通常，変更する必要はありません．

▶ (4) Web・console…lightMPDの各状態をウェブ・ブラウザから確認できる

ウェブ・ブラウザからlightMPDの内部状態を確認するためのインターフェースを提供します．Linuxの知識がそれほどない人向けのデバッグ手段です．本サービスを介して，lightMPDの各状態を確認することができます．

lightMPDを試す

● 正しく起動することを確認

lightmpd.confには，他にもさまざまな設定を調整できますが，前述した設定以外は初期設定のままでも動作させられます．I²S接続DACを載せたラズパイ2へLANケーブルを接続し，lightmpd.confを保存したmicroSDメモリーカードを挿してから電源を入れてみましょう．電源を入れてから数秒で起動が完了します．

まず，動作確認のために，初期設定で有効になっているウェブ・コンソール機能へアクセスします．ラズパイ2と同じネットワークに接続されたPCでウェブ・ブラウザを起動し，http://ラズベリー・パイ2に設定したIPアドレス:9000/index.htmlへアクセスします（図4）．ネットワークおよびNASの設定が正しく行われていれば，「music directory」のリンク先からNAS上の音楽ファイルを確認できます．

● NAS上に保存した音楽を再生してみる

lightMPDが正しく動作していることが確認できたら，lightMPD同梱のMPDクライアント・ソフトウェアympdを使って，NAS上に保存した音楽を再生してみましょう．

初期設定では，ympdは無効化されているので，lightmpd.confでympdを有効化してから，再度lightMPDを起動し直します．PCのウェブ・ブラウザからhttp://ラズベリー・パイ2に設定したIPアドレス:8080へアクセスすると，図5のようなページが表示されます．

このとき，使用するアンプに音量調節機能がない場合は，後述するチューニング設定でMPD側で音量を調節できるようにして，毎起動後，ympdなどのMPDクライアントから音量を絞ってから再生を始めましょう．lightMPD起動後にそのまま再生を始めてしまうと，スピーカが壊れてしまうほど大音量で出力されてしまいます．

● 真っ先に行うのはデータベース更新

lightMPDを初めて起動したときは，まず，データベースの更新を行います．

ympdでは，右端にある「Update dB」ボタンを押します．データベースの更新が完了したら，上段にある「Browse database」をクリックして，NASの保存されている音楽ファイルから再生したいものを選びます．

再生したい音楽（ファイル）のタイトルをクリックすると，再生リストに追加されます．

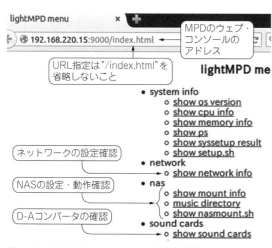

図4　lightMPD Webコンソールによる動作確認
ウェブ・コンソールを有効にしておくと，lightMPDのネットワーク設定やNASへのアクセスをウェブ・ブラウザから確認できる

図5　lightMPDに同梱されている操作用MPDクライアント・ウェブ・アプリympd

再生したい音楽の登録が完了したら，上段の「Queue」をクリックして，再生画面に戻ります．ここで，上段右側の再生ボタンを押すと再生が開始できます．

● 他のMPDクライアントからもlightMPDに接続

ympdでの動作が確認できたら，他のMPDクライアントもlightMPDに接続してみましょう．Androidスマホやタブレットなら，MPDroidやDroid MPD Clientが有名です．他にも，iOS用，Mac用，Windows用など多くのMPDクライアントが存在するので，いろいろ試して好みのMPDクライアントを見つけてください．

lightMPDを自分好みにチューニングする

初期設定のままのlightMPDでも高音質な音楽鑑賞を実現してくれますが，自分の環境や再生する音源などと合わせてチューニングすることで，音質や性能を自分好みに最適化できます（図6）．

● 音量調整を有効にする

lightMPDでは，ソフトウェア処理による音量調節だけが利用可能です[注6]．ソフトウェア処理による音量調節は音質が低下する可能性があるため，初期設定では無効化されています．

しかし，最大音量で再生するとスピーカが破損してしまうので，アンプに音量調節がない場合は，ソフトウェア音量調節を有効にする必要があります．これにはMPDクライアントを使って遠隔から音量調節ができるようになるというメリットもあります．

ソフトウェア音量調節を有効にする場合は，lightMPDディレクトリ内のmpd.confの前半にあるaudio_output内のパラメータmixer_typeと後半にあるパラメータmixer_typeの値を「disable」から「software」に変更します．

● サンプリング・レートを変換する
▶2種類のリサンプリング・ライブラリを利用できる

lightMPDでは，libsamplerateとsoxrの2種類のリサンプリング・ライブラリが利用できます．ラズパイ2用のlightMPDの初期設定では，soxrを利用するようになっています．また，libsamplerateは6段階，soxrは5段階の品質に応じたレベル設定があります．

libsamplerateなら"Best Sinc Interpolator"，soxrなら"very high"が一番品質が高いレベルになりますが，リサンプリングのアルゴリズムや処理負荷も異なるため，好みの音質や負荷に応じて最適な設定を見つけるとよいでしょう．リサンプリング・ライブラリとレベルの選択は，mpd.confのパラメータsamplerate converterの値で指定できます．

リスト5とリスト6は，インターネット・ラジオをアップサンプリングしているときのCPU負荷をtopコマンド[注7]により表示したときの結果です．この結

図6 lightMPDの音質チューニングはmpd.confを書き換えるだけ

リスト5 libsamplerate（Best Sinc Interpolator）によるアップサンプリング処理の負荷（抜粋）
decoderスレッドのCPU負荷が25%近くあり，また，同じCPUコアで出力まで行っていることが確認できる

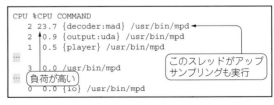

注6：オリジナルのMPDはハードウェア・ミキサによる音量調整にも対応しているが，lightMPDでは非対応．
注7：topコマンド起動後に「h」キーを押して，スレッド別の表示にしている．

リスト6 soxr（very high）**によるアップサンプリング処理の負荷**（抜粋）

libsamplerateの結果よりもCPU負荷が下がっている

```
CPU  %CPU COMMAND
  0   4.9 {decoder:mad} /usr/bin/mpd
  1   0.8 {output:uda}  /usr/bin/mpd
  ...
  0   0.0 {player} /usr/bin/mpd
  ...
  1   0.0 /usr/bin/mpd
```
libsamplerateより負荷が低い

リスト7 並列処理化されたsoxr（very high openmp）**によるアップサンプリング処理の負荷**（抜粋）

mpdのアップサンプリング処理を含むdecoderスレッドが各CPUコア0～3に割り当てられていることが確認できる

```
CPU  %CPU COMMAND
  3   4.1 {decoder:mad} /usr/bin/mpd
  2   4.1 {decoder:mad} /usr/bin/mpd
  1   3.9 {decoder:mad} /usr/bin/mpd
  0   3.7 {decoder:mad} /usr/bin/mpd
  1   0.7 {output:uda}  /usr/bin/mpd
  2   0.0 {player} /usr/bin/mpd
  ...
  2   0.0 /usr/bin/mpd
  0   0.0 {io} /usr/bin/mpd
```
すべてのコアで並列処理

果からも分かるとおり，一般的に，共に最高品質レベルの設定ではlibsamplerateの方が処理の負荷が大きくなります．実際，筆者の環境では，ネットワーク状態や音源の品質によってはlibsamplerateの処理が間に合わず，音飛びを起こすことがありました．

▶**リサンプリングの並列処理化もできる**

さらに，ラズパイ2向けlightMPDでは，soxrのリサンプリングを並列処理化するオプション（openmp）が選択できるようになっています．**リスト7**は，パラメータsamplerate converterにsoxr very high openmpを指定したときのCPU負荷を測定した結果です．4コアを搭載したラズパイ2のプロセッサをフル活用するように，デコーダ・スレッドが各コア上で動作しています．全体としての負荷も低くなるため，筆者の環境では音飛びなどのトラブルは皆無でした．

● **lightMPDは入力サンプリング・レートに合わせて変換後のレートを指定できる**

アップサンプリング処理では，そのアルゴリズムや品質と同時に，ターゲットとなるサンプリング・レートやビット数の設定も重要なチューニング項目となります．

通常のMPDでは，mpd.confのパラメータaudio_output_formatで，オーディオ・デバイスへ出力するサンプリング・レート，サンプル当たりのビット数，チャネル数を設定します．例えば，本パラメータ値に「96000:24:2」を指定した場合，入力された音源のサンプリング・レートやビット数，チャネル数にかかわらず，リサンプリング・ライブラリによって，96kHz，24ビット，2チャネルに変換されて出力されます．つまり，44.1kHzのCD音源でも48kHzの音源でも，96kHzに変換するということです．

一般的には，整数倍のサンプリング・レートに変換するほうが音質が良いといわれているため，44.1kHzのCD音源は，96kHzよりも88.2kHzにアップサンプリングする方がよいのですが，通常のMPDでは入力サンプリング・レートに合わせて変換後のサンプリング・レートを指定することはできません．

▶**変換後のレートは倍数と上限値を選べる**

lightMPDでは，このaudio_output_formatパラメータを拡張して，倍数と上限値で変換後のサンプリング・レートを指定できるようになっています．

lightMPDだけで利用できる拡張されたaudio_output_formatにおけるサンプリング・レートは，「XnLm（n，mは数字）」の形式で指定します．nの値は，入力サンプリング・レートに応じた変換後の倍数を指定します．例えば，nが2の場合は，44.1kHzの入力を88.2kHz，48kHzの入力を96kHzに変換しようとします．後半のmの値は，変換後のサンプリング・レートの上限値を44.1kHzまたは48kHzの倍数で指定します．mが2の場合は，88.2kHzまたは96kHzが上限となります．

▶**上限値が複数ある理由**

上限値が複数ある理由は，アップサンプリングを整数倍で指定しているため，44.1kHzの整数倍入力と48kHzの整数倍入力の2種類の入力に対してそれぞれ上限を指定するためです．本パラメータのチューニングで，使っているDACがサンプリング・レート192kHz/24ビットまで対応する場合，audio_output_formatへ「X4L4:24:2」と指定することで，**表2**のように入力した音源のサンプリング・レートに応じた最適なアップサンプリング値が選択されます．使っているDACが対応するサンプリング・レートおよびビット数に関する情報は，DAC機器・ボード，または搭載チップの仕様から確認してください．

● **再生用のバッファを調整する**

mpd.confのパラメータaudio_buffer_sizeとbuffer_before_playは，バッファに関する設定項目です．前者は，バッファのサイズを指定するパラメータで，大きくするほど音飛びの可能性を減らすことができますが，入力から再生までに遅延が発生

column　インターネット・ラジオを聴いてみる

lightMPDは，インターネット・ラジオも楽しめます．しかも，lightMPDなら，CDやハイレゾ音源に比べて品質が低下するラジオ音源でも，アップサンプリング処理による高品質化が可能です．

▶ラジオ局のURLを記述したm3uファイルを指定すると再生できる

lightMPDでインターネット・ラジオを受信するには，テキスト・ファイルにラジオ局のURLを記述して，拡張子をm3uとしてNASに保存するだけです．音楽ファイルと同じようにMPDクライアントからm3uファイルを指定することで，ラジオ受信が始まり，エンドレスでオーディオ・データをダウンロードしながら再生します．

▶オーディオ・メーカ直送のラジオ「Linn Radio」

lightMPDでインターネット・ラジオを試すなら，まず，高音質な配信をしていることで有名なLinn radio (http://www.linn.co.uk/radio) を受信してみましょう．Linn Radioは，スコットランドのオーディオ・メーカLINN社が運営するラジオ局で，再生される音楽のジャンルに応じて3チャネルで同時配信されています（**表A**）．

Linn radioを聞くときは，以下の順序で操作します．

(1) 三つのチャネル（Linn radio，Linn classical，Linn jazz）から一つを選択する．
(2) 「Winamp」をクリックしてファイルに保存する．
(3) 保存したファイルからURL「http://...」の部分をメモ帳などで新規ファイルへコピー＆ペーストし，拡張子を「.m3u」に設定してNAS（ネットワーク対応ハードディスク）へ保存する．
(4) lightMPDに，スマホ・タブレット・PC上にあるympdなどのMPDクライアントからNAS上に保存されたm3uファイルをプレイリストに加えて，再生指示をする．

▶Linn radio以外はインターネット・ラジオ検索サイトを使うと便利

ビット・レートが高い高音質配信のLinn radioは，ネットワークから受信するデータ量も多く，ネットワーク帯域が十分でなかったり混雑している時間帯では音飛びを起こしてしまうことがあります．

ビット・レートの低いラジオ局やLinn radioが配信していない他のジャンルの音楽配信をしているラジオ局を探したいときは，ラジオ配信・受信ソフトウェアのSHOUTcastの開発元が運営しているウェブ・サイトhttp://www.shoutcast.comが便利です．

表A　320kbpsで配信しているインターネット・ラジオ局Linn radio

チャネル名	音楽ジャンル	URL
Linn radio	ジャズやクラシックの最新アルバム	http://89.16.185.174:8003/stream
Linn classical	クラシック	http://89.16.185.174:8004/stream
Linn jazz	ジャズ	http://89.16.185.174:8000/stream

表2　audio output formatパラメータへ「X4L4：24：2」を指定した場合のアップサンプリング前後のサンプリング・レート
入力した音源のサンプリング・レートに応じて，整数倍かつ上限値以下の最適なサンプリング・レートへアップサンプリングできる

入力サンプリング・レート	出力サンプリング・レート
44.1kHz	176.4kHz
48kHz	192kHz
88.2kHz	176.4kHz
96kHz	192kHz
176.4kHz	176.4kHz
192kHz	192kHz

します．後者は，バッファに何パーセント・データがたまった時点で再生を開始するかどうかを指定します．

小さくすれば，入力から再生までの遅延も小さくできますが，バッファに蓄積されたデータ量が少なければ，データ枯渇による音飛びが発生する原因となります．特に，データ入力速度が一定でないインターネット・ラジオを主に聴く場合は，バッファ・サイズを大きくして再生までのデータ蓄積を十分に行い，再生中の音飛びを防ぐことが重要です．

一方，高品質オーディオを追求する際に遅延のないギャップレス再生を重視すると，これらの値は小さい方がよいということになります．しかし，小さすぎると音飛びの原因にもなりかねず，バッファ・サイズが音質に影響を与えると考える人もいます．再生対象の音源を実際に鳴らしながら，自分の環境と音源に応じた最適な値を見つけてください．

まつばら・かつや

コンパクト化優先!
lightMPDのカーネル&デバドラ再ビルドに挑戦!

第5章 仕上げ…なんて使いやすい!ラズパイ・オーディオのWi-Fi化

松原 克弥

コンパクト化を追求したlightMPDにWi-Fiを追加してみる

● やっぱりネットワークがワイヤレスなのは劇的に便利!

　超軽量なlightMPDと手のひらサイズのラズベリー・パイ2でコンパクトな高音質オーディオ・プレーヤを作成できると,自分の部屋のデスク上に据え置きするだけでなく,リビングやダイニングなどへ自由に持ち運んで楽しめるようにワイヤレス化できて便利です(写真1).特に,lightMPDが動作するのに必要な有線ネットワーク接続は,利用場所が限られてしまう大きな要因となります.

　しかし,lightMPDはコンパクトなパッケージにすることを優先した構成となっているため,ほかのLinuxディストリビューションと比べて,新たな機能やソフトウェアを追加・改造することが非常に難しくなっています.

　本章では,USB Wi-Fiアダプタを使って,lightMPDが動作するラズベリー・パイ2を写真1のようにワイヤレス化する方法について解説します.作業には,Linuxカーネルのビルドなどの高度な知識が必要となりますが,自分だけのlightMPDカスタマイズにチャレンジしてみてください.

● やること

　lightMPDをWi-Fi対応にするには,第4章の図3で示したlightMPDのファイルのうち,zImage, kmodules.tgz, initrd.romfs.gzの三つのファイルを再作成して,オリジナルのものと差し替える必要があります.また,lightmpd.confのネットワーク・インターフェース名をWi-Fiデバイスのものに変更します.手順は,以下の9工程に分けられます.

手順1…動作しているlightMPDからLinuxカーネルのコンフィグ設定を取得
手順2…Linuxカーネル zImageとデバイス・ドライバ kmodules.tgzの再ビルド
手順3…USB Wi-Fiデバイス・ドライバのビルドと

写真1 まるで乾電池駆動のラジカセ! lightMPDネットワーク・オーディオ・プレーヤのワイヤレス化に挑戦!
有線ネットワークの有無やコンセント位置に左右されずに,リビング・ルームやダイニング・テーブルなどへ移動させて,音楽やインターネット・ラジオを聞けるようになる

kmodules.tgzへの追加
手順4…Wi-Fi管理コマンドwpa_supplicantのビルド
手順5…initrd.romfs.gzの解凍とファイル・システムの展開
手順6…展開したファイル・システムへのWi-Fi管理コマンドの追加
手順7…USB Wi-Fiデバイス・ドライバのロードとWi-Fi接続設定の追加
手順8…展開したファイル・システムからのinitrd.romfsの再作成と圧縮
手順9…microSDメモリーカード内のファイル差し替えとlinghtmpd.confのネットワーク・インターフェース名変更

　なお,ラズベリー・パイ2で利用できるUSB Wi-Fiアダプタの情報やWi-Fi管理コマンドwpa_supplicantの設定については,Interface誌2015年9月号の特集「100Mbps!映像も!ラズパイのワイヤレス化作戦」が参考になります.ここでは,筆者が所有しているPLANEX社製GW-450D KATANAというUSB Wi-Fiアダプタを例として,lightMPDをワイヤレス対応にする手順を解説します.

89

リスト1　lightMPDをラズベリー・パイ2で動作させて，カーネル・コンフィグ設定をコピーする
lightMPD設定でtelnetdを有効にしておき，リモート・ログインしてから，lightMPDの起動に使用したmicroSDカードをマウントして，コンフィグ設定をmicroSDカードへコピーする

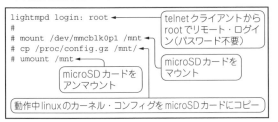

リスト3　使用したWi-FiドングルGW-450D KATANA向けのコンフィグ関連ファイルの改造個所
ラズパイ2はPCIバスを搭載していないが，GW-450D KATANAのデバイス・ドライバが必要とするライブラリがPCI上のデバイス・ドライバに依存するため，それらをビルド対象にするためのコンフィグをワーク・アラウンドとして追加する

```
diff --git a/arch/arm/Kconfig b/arch/arm/Kconfig
--- a/arch/arm/Kconfig
+++ b/arch/arm/Kconfig
@@ -79,6 +79,7 @@ config ARM
    select PERF_USE_VMALLOC
    select RTC_LIB
    select SYS_SUPPORTS_APM_EMULATION
+   select MIGHT_HAVE_PCI
    # Above selects are sorted alphabetically;
                                please add new ones
    # according to that.  Thanks.
    help
```
menuconfigでCONFIG_PCIを有効化できるようにするための設定を追加

実際の手順

● 手順1…動作しているlightMPDからLinuxカーネルのコンフィグ設定を取得

　まず，lightMPDで動作しているLinuxカーネルのコンフィグ設定を入手します．ラズベリー・パイ2でlightMPDを起動したら，telnetでログインします．動作中のLinuxカーネルのコンフィグ設定は，/proc/config.gzから確認できます．このファイルをコピーして，デバイス・ドライバをコンパイルするPCへ取り出します．ただし，動作中のファイル・システムはRAM上に構築されたread onlyの揮発性ファイル・システムですので，ラズベリー・パイ2に挿されているmicroSDメモリーカードをマウントしてコピーします（**リスト1**参照）．

● 手順2…Linuxカーネルz Imageとデバイス・ドライバkmodules.tgzの再ビルド

　Linux用のデバイス・ドライバは，ビルド済みのバイナリではなく，ソースコードで配布されている（入手できる）場合がほとんどです．

　デバイス・ドライバのロード時に，動作中のLinuxカーネルのバージョンとコンフィグ設定を確認して，デバイス・ドライバのビルド時と異なっている場合にロード処理がエラーとなるようなチェック機構が働くため，動作中のLinuxカーネルのソースコードとコンフィグ設定に合わせてデバイス・ドライバをビルドする必要があるためです．

　したがって，ソースコードからのデバイス・ドライ

注1：カーネルのヘッダ・ファイルだけでコンパイルできる場合もある．
注2：lightMPDでインストールされるLinuxカーネルでは，本文中で説明しているパッチ以外にも，ElectroArt製のUSDA_MINI基板などのネイティブDSDに対応可能にするための変更が施されている．この変更をLinuxカーネルへ適用したい場合は，ElecrtoArtのブログを参照してください．

バのビルドには，動作対象のLinuxカーネルのソースコード注1とコンフィグ設定が必要となります．ここでは，まず，lightMPDで動作中のLinuxカーネルとデバイス・ドライバをソースコードから再ビルドします．

　LinuxカーネルとデバイスドライバのコンパイルにはUbuntuなどのLinuxが動作しているPCが必要です．github.comからラズパイ用のLinuxカーネル・ソースコードとコンパイラをダウンロードしたあと，カーネル・ソースコードへlightMPDで採用しているパッチ3点（リアルタイム拡張，ラズベリー・パイ2 I²Sクロック低ジッタ改造，ネイティブDSD対応）を適用注2します（**リスト2**参照）．次に，コンフィグ設定を行います．コンフィグ設定は，動作中のlightMPDから取得したconfig.gzを解凍して使用します．USB Wi-Fiアダプタによっては，コンフィグ設定の追加・変更が必要な場合があり，コンフィグ設定を変更する場合は，"make menuconfig"で表示されるメニューから適宜設定を選択します．GW-450D KATANAの場合は，6カ所のコンフィグ設定変更と，ソースコード内の関連ファイル1カ所への改造が必要でした（**リスト2**，**リスト3**参照）．

● 手順3…USB Wi-Fiデバイス・ドライバのビルドとkmodules.tgzへの追加

　Linuxカーネルとデバイス・ドライバがビルドできたら，USB Wi-Fiアダプタのデバイス・ドライバをビルドします．GW-450D KATANAのLinux用デバイス・ドライバのソースコードは，https://www.planex.co.jp/support/download/gw-450d_katana/driver_linux.shtmlからダウンロードします．ただし，メーカ提供のソースコードには問題があるため，修正用のパッチ2点を入手して適用してからビルドします（**リスト4**）．デバイス・ドライバがビルドできたら，先のLinuxカーネルのビ

第5章 仕上げ…なんて使いやすい！ラズパイ・オーディオのWi-Fi化

リスト2 lightMPD用のLinuxカーネルを再ビルド
Linuxカーネルのソース・コードを取得し，現状のコンフィグ設定からWi-Fi対応に必要な変更を施したあと，カーネルとカーネル・モジュールをビルドする

```
$ git clone git://github.com/raspberrypi/linux.git                                    ┐  gitコマンドでラズ
$ git clone --depth=1 git://github.com/raspberrypi/tools.git                           │  パイ用Linuxカー
$ wget https://www.kernel.org/pub/linux/kernel/projects/rt/4.0/older/patch-4.0.5-rt3.patch.xz │  ネル・ソース・コー
$ cd linux                                                                             │  ドとコンパイラを
$ git checkout 520cdbcef82822ae91772297ce4d87ea6f4bedb6 -b lightMPD  ── Linuxリアルタイム拡張パッチ  ダウンロード
$ xzcat ../patch-4.0.5-rt3.patch.xz | patch -p1                            を入手
$ git commit -a -m 'patch-4.0.5-rt3'
$ vi sound/soc/bcm/bcm2708-i2s.c    ── LinuxカーネルをlightMPDが使用しているバージョンに変更

    487行目「mash = BCM2708_CLK_MASH_1;」をコメントアウト ── I²S低ジッタ化のための改造

$ git commit -a -m 'snd: bcm2708: low jitter'

    https://drive.google.com/file/d/0B6wqcK_p4l0RSGc0LV9iQ3AtUXM/view?usp=sharing から
    native-dsd-noise-linux-4.0.8.patch をダウンロード ── ネイティブDSD出力時のノイズ対策

$ patch -p1 < ../native-dsd-noise-linux-4.0.8.patch
$ git commit -a -m 'native-dsd-noise-linux-4.0.8'
$ zcat /_path_to_sdcard_/config.gz > .config ── LightMPD動作中のLinuxカーネルから取得したカーネル・
                                                 コンフィグを.configとしてコピー
$ export ARCH=arm
$ export CROSS_COMPILE=../tools/arm-bcm2708/gcc-linaro-arm-linux-gnueabihf-raspbian-x64/bin/arm-linux-gnueabihf-
$ make menuconfig
                                             ── GW-450D USB Wi-Fiを使用する場合に必要なカーネル・
    Bus support -> PCI support [*]              コンフィグの変更（menuconfig GUIから設定）
    Networking support -> Wireless <*>
    Networking support -> Wireless -> cfg80211 - wireless configuration API <*>
    Device Drivers -> Network device support -> Wireless LAN [*]
    Device Drivers -> Network device support -> Wireless LAN -> Intel PRO/Wireless 2200BG and 2915ABG Network
                                                                                   Connection <M>
    Cryptographic API -> GCM/GMAC support <M>
                                              ── Linuxカーネルをビルドする．zImageはarch/arm/bootの中に作成される
$ make -j4 zImage
$ make modules ── デバイス・ドライバ（カーネル・モジュール）もビルドする
$ export KERNEL_VERSION=`cat include/config/kernel.release`
$ export INSTALL_MOD_PATH=../$KERNEL_VERSION
                                              ── ビルドしたデバイス・ドライバは../4.0.5-rt3-lightMPDrpi2+にコ
$ make modules_install                           ピーされる．kmodule.tgzは，Wi-Fiドライバをビルド後にまとめて作成する
```

リスト4 USB Wi-FiドングルGW-450D KATANAデバイス・ドライバをビルドする
GW-450D KATANAのデバイス・ドライバをビルドした後，先にビルドしたカーネル・モジュールと合わせてkmodules.tgzにパッケージ化する

```
$ cd ..
$ unzip gw-450d_katana_driver_linux_v3002.zip ── USB Wi-Fiメーカ・サイトからダウンロードしたソース・コードを展開
$ tar xvf gw-450d_katana_driver_linux_v3002/mt7610u_Wi_Fi_sta_v3002_dpo_20130916.tar.bz2
$ wget https://gist.githubusercontent.com/mamemomonga/d15c70f8b8e315ecdede/
raw/0c06fbcdf06733a3fcd8c34071140c78c41efeb6/gw-450d-raspbian.patch
                                                                    ── メーカ配布のソース・コードに存在する
$ wget https://gist.githubusercontent.com/mamemomonga/d15c70f8b8e315ecdede/   問題個所を修正するためのパッチを
raw/3150768d5ad22d26082e9932e618c6ef2ebfe576/gw-450d-raspbian2.patch          ダウンロード
$ cd mt7610u_Wi_Fi_sta_v3002_dpo_20130916
$ patch -p1 < ../gw-450d-raspbian.patch
$ patch -p1 < ../gw-450d-raspbian2.patch                                    ┐ 先にビルドしたデバイ
$ export LINUX_SRC=../linux ── Linuxカーネルのソース・コードの場所を指定    │ ス・ドライバ（カーネ
$ make                                                                       │ ル・モジュール）をコ
$ cp os/linux/mt7610u_sta.ko $INSTAL_MOD_PATH/lib/modules/$KERNEL_VERSION/kernel/drivers/ │ ピーしたディレクトリ
$ cd ../linux                                                                │ へ，ビルドしたWi-Fiド
$ /bin/bash ./scripts/depmod.sh /sbin/depmod $KERNEL_VERSION "" ── カーネル・モジュールの │ ライバのモジュールを
$ cd $INSTALL_MOD_PATH/lib/modules                               依存関係情報を更新       │ コピー
$ tar cvfz kmodules.tgz $KERNEL_VERSION ── すべてのデバイス・ドライバをkmodules.tgzにパッケージ化
```

ルド時に合わせてコンパイルしたデバイス・ドライバと合わせて，kmodules.tgzを再作成します．

● 手順4…Wi-Fi管理コマンドwpa_supplicantのビルド

次に，ファイル・システムへWi-Fiの接続設定・制御を行う管理コマンドを追加します．ほかのLinuxディストリビューションなどと異なり，lightMPDではapt-getやyumなどのコマンドでバイナリ・パッケージを追加インストールすることはできません．したがって，Wi-Fi管理コマンドもソース・コードからビルドします．

lightMPDでは，buildrootという組み込みLinux向けビルド・ツールを用いて，コマンドやライブラリ

91

リスト5　Wi-Fi管理コマンドをビルドする
builtrootを使って，lightMPD用のWi-Fi管理コマンドを追加ビルドする

```
$ cd ../../../              ← gitコマンドでbuildrootのソースコードをダウンロード
$ git clone git://git.buildroot.net/buildroot
$ cd buildroot              ← ラズパイ2用のlightMPD v1.0.1で使用しているバージョンに変更
$ git checkout -b 2015.05 2015.05
$ make raspberrypi2_defconfig   ← 一度ラズパイ2用コンフィグを設定し，その後menuconfig
$ make menuconfig                 でWi-Fiコマンドをビルド対象に追加

Kernel -> Linux Kernel [ ]  ← カーネルは別にビルド済みなのでビルド対象から外す
Toolchain -> C Library -> glibc  ← CライブラリをuclibcからglibcにE変更
Target packages -> Networking applications -> wpa_supplicant [*]
Target packages -> Networking applications -> wpa_supplicant -> Install wpa_cli binary [*]
Target packages -> Networking applications -> wpa_supplicant -> Install wpa_passphrase binary [*]
                    ↑ Wi-Fi管理コマンドwpa-sullicantと関連コマンドをビルド対象に追加
$ make -j4
```

リスト6　initrd.romfsにWi-Fi管理コマンドをインストールして，設定ファイル作成スクリプトを編集する
inird.romfsを一度展開し，必要なファイルの追加，変更を施した後，genromfsコマンドでinitrd.romfsを再作成する

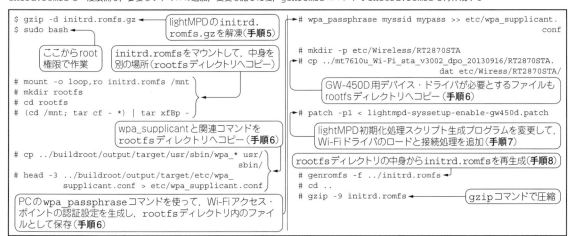

　をビルドしています．ラズベリー・パイ2向けlightMPD v1.0以降が使っているbuildrootのバージョンは2015.05[注3]です．2015.05バージョンのbuildrootをダウンロードした後，ラズベリー・パイ2向けコンフィグ設定を適用します（リスト5）．その後，menuconfigを使ってカーネルをビルド対象から外し，Cライブラリとしてglibc[注4]を選択し，Wi-Fi管理コマンドであるwpa_supplicantをビルド対象に加えるようにコンフィグ設定を変更します．コンフィグ設定を保存したらビルドを開始します．output/target/のディレクトリ内にビルドされたコマンドが出力されます．

● 手順5…initrd.romfs.gzの解凍とファイル・システムの展開

　lightMPDは，起動時にRAM上にファイル・システ

注3：https://sites.google.com/site/digififan/info/raspberrypiraspberrypi2yongnolightmpd-v100wogongkaishimashita
注4：初期設定では，uClibcを使用するようになっている．

ムを展開して動作するため，microSDメモリーカードへコマンドだけをコピーしても使用することはできません．そのため，起動時に展開されるRAMに展開されるファイル・システム・パッケージinitrd.romfs.gzへWi-Fi管理コマンドやWi-Fi接続設定を追加する必要があります．initrd.romfs.gzは，gzipコマンドで解凍したあと，mountコマンドでマウントすることでアクセスできます（リスト6）．マウントしたinitrd.romfsへ直接ファイルを追加することはできないため，initrd.romfsの中身を別の場所にコピーします．

● 手順6…展開したファイル・システムへのWi-Fi管理

　コピーしたファイル・システムへWi-Fi管理コマンドをコピーします（リスト6）．また，wpa_passphraseコマンドを使って，利用するWi-Fiアクセス・ポイントの認証設定ファイルを生成し，同じくファイル・システム内へ保存します．また，筆者が使っているGW-450D KATANAでは，デバイス・ドライバが参照するファイルRT2870STA.datをファイル・システム上に置く必

第5章 仕上げ…なんて使いやすい！ラズパイ・オーディオのWi-Fi化

リスト7 lightMPD システム設定ファイル作成スクリプトの変更箇所
初期化処理スクリプトを生成するSchemeプログラムを改造して，Wi-Fi初期化に必要な処理を追加する．lightmpd-syssetup-enable-gw450d.patchという名前で保存して，patchコマンドを使って適用する（リスト6参照）．

```
--- orig/var.rom/lightMPD/bin/syssetup.scm    1970-
01-01 09:00:00.000000000 +0900
+++ new/var.rom/lightMPD/bin/syssetup.scm     2015-
09-13 14:28:47.611461286 +0900
@@ -239,7 +239,7 @@
     (define (remove-key? name)
       (member name '("domain" "nameserver"
"interface" "media") string=?))

  ネットワークのインターフェース名をWi-Fiデバイス
  （GW-450Dの場合は "ra0" に変更）

-    (let ((interface (hash-table-get param "interface"
                                                 "eth0"))
+    (let ((interface (hash-table-get param "interface"
                                                 "ra0"))
           (keys (remove remove-key?
                        (hash-table-keys (setup-
                             network param)))))
      (call-with-output-string
@@ -248,6 +248,9 @@
        (format port "iface lo inet loopback\n\n")
        (format port "auto ~a\n" interface)
        (format port "iface ~a inet static\n"
                                        interface)

                                          wpa-supplicantによるWi-Fi接続処理を追加
+       (format port "\t pre-up\t wpa_supplicant -B
                         -i ra0 -c /etc/wpa_supplicant.conf\n")
+       (format port "\t post-up\t sleep 5\n")
                                          Wi-Fiの接続は少し時間がかかるのでスリープを追加
                                          終了時はWi-Fiコマンドも終了
+       (format port "\t post-down\t killall -q
                                        wpa_supplicant\n")
        (for-each (lambda (name)
                    (format port "\t~a\t\t~a\n"
                         name (hash-table-get param name "")))
                  keys)))))
@@ -532,6 +535,8 @@
  (call-with-output-file script
    (lambda (port)
      (format port "#!/bin/sh\n\n")
+     (format port "### gw-450d usb Wi-Fi device
                                          driver\n")
+     (format port "modprobe mt7610u_sta\n\n")
                                          Wi-Fiデバイス・ドライバのカーネル・
                                          モジュールをロードする処理を追加
      (format port "### output-network\n")
      (format port (output-network-script root-
                                        param))
      (format port "#### output-setup-timezone\n")
```

要があるため，このファイルもコピーしておきます．

● **手順7…USB Wi-Fiデバイス・ドライバのロードとWi-Fi接続設定の追加**

起動時にデバイス・ドライバのロードとWi-Fiの接続設定を行うように初期化処理を書き換えます．lightMPDでは，Gauche（ゴーシュ）[注5]というScheme言語インタプリタを使って初期化処理スクリプトを起動時に動的生成しています．そのため，初期化処理スクリプト生成コードに変更を加えて，生成される初期化処理スクリプトがデバイス・ドライバのロードとWi-Fi接続処理を行うようにします（リスト7）．

● **手順8…展開したファイルシステムからのinitrd.romfsの再作成と圧縮**

オリジナルのinitrd.romfs.gzの内容にWi-Fi管理コマンドや設定ファイルの追加，変更した初期化処理スクリプト生成プログラムを追加したファイル・システムのコピーから，initrd.romfsを再生成します（リスト6）．initrd.romfsの再生成は，genromfsコマンドを用います．生成したinitrd.romfsは，gzipコマンドで圧縮してください．

● **手順9…microSDメモリーカード内のファイル差し替えとlinghtmpd.confのネットワーク・インターフェース名変更**

Wi-Fi対応したLinuxカーネル（zImage）とデバイス・ドライバ（kmodules.tgz），コマンドや設定を保存したファイル・システム（initrd.romfs.gz）が準備できたら，lightMPDをインストールしたmicroSDメモリーカード内の同名ファイルと差し替えます．これらのファイルは，bootディレクトリに格納されています（第4章の図3参照）．また，lightmpd.conf内の[network]interfaceパラメータを，「eth0」からWi-Fiのネットワーク・デバイス名（GW-450D KATANAの場合は「ra0」）に変更してください．

＊　　　＊　　　＊

以上で，lightMPDのワイヤレス化作業が完了です．正しく動作するか，起動して確認してみてください．ただし，Wi-Fiのネットワーク接続は有線ネットワークよりも時間がかかるので，起動時間が5〜6秒程度増加します．lightMPDの改造は複雑で高度な知識を必要としますが，lightMPDの使い勝手の良さやその高音質を維持しつつ使用条件や環境に合わせてカスタマイズした，自分だけのlightMPD作りを楽しんでください．

注5：http://practical-scheme.net/gauche/index-j.html

まつばら・かつや

第1部 ラズベリー・パイ2/3で高機能オーディオ装置を目指す！

第6章

Last.fmによる検索を使って組み込み向け小型液晶に表示！

Volumioを使ったSabreBerry+搭載ラズパイ・オーディオ・プレーヤにアルバム画像表示機能を追加する方法

佐々木 弘隆／Takazine

> ラズベリー・パイ2を使ったミュージック・プレーヤに，市販プレーヤのようなアルバム・アート表示機能を付けてみましょう（写真1）．
> HDMI接続のモニタは高価です．ラズベリー・パイに組み合わせやすい小型LCDを選ぶと，安価に専用画面を組み込むことができます．
> 〈編集部〉

ラズベリー・パイ2，SabreBerry+，Volumioの組み合わせに機能を追加する方法

● SPI接続の2.2インチ240×320カラーLCDを追加

第1章で，ラズベリー・パイ2へ，ハイレゾ音源を再生できるD-Aコンバータ・ボードのSabreBerry+を接続しました．ここに追加で液晶画面を接続します．

aitendoのM-TM022-SPI（1,950円）というカラーLCDを使います．240×320ピクセル，SPI接続で，LCD駆動ICにはILI9340Cが使われています．現在のラズベリー・パイ用のLinuxカーネルには標準でILI9340Cのデバイス・ドライバが含まれているので，フレーム・バッファを簡単に出力することもできます．

今回は，フレーム・バッファを使うのではなく，PIO方式で直接プログラムからSPI通信してデータを送る方法をとりました．詳細は後述しますが，プログラムでデータを送るため，更新するエリアも時間も自由に決められるメリットがあります．

図1が接続図です．PIO方式でも，デバイス・ドライバを使った場合でも，同じ接続です．SabreBerry+はSPIポート部分を中心としたGPIOが空いているので，無理なく接続できます．LCDのバックライトのLED点灯用に，100Ωの抵抗を介してV_{cc}（3.3V）へつなぎます．

● カスタマイズのベースにVolumioを使用

ネットワーク・プレーヤ・ソフトとしてVolumioを使いました．Volumioには非常に優秀なWEB-UIが用意されていて，I^2S接続のDAC基板の設定やWifi接続など，すべての設定がブラウザからクリックするだけで可能です．ラズベリー・パイ標準のRasbianをOSに使っているので，カスタマイズ性にも優れています．

今回は，Volumioの動作を変えることなく，いくつかのソフトウェアをアドオンして，カラーLCDに画像を描画する方法について解説します．

画像を取得して表示するまでの流れ

■ 画像をどこから持ってくるか

● 主な方法は三つ，このうち二つの方法を使った

表示する画像をどこかから持ってこなければいけません．参考にしたRuneAudioのアルバム・アート表示機能はとても凝っていて，三つの箇所から検索して画像を表示しています．優先順位は下記の通りです．

① MP3など音源データのID3タグに埋め込まれた画像

写真1　カラーLCDに再生している曲のアルバム画像を表示できる
配線は7本のみでシンプルに接続できる．2.2インチと画面が小さいので320×240ピクセルでも十分な解像度に見える

第6章 Volumioを使ったSabreBerry+搭載ラズパイ・オーディオ・プレーヤにアルバム画像表示機能を追加する方法

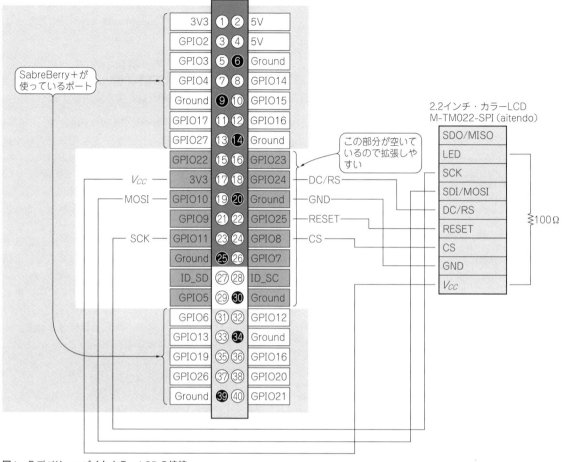

図1 ラズベリー・パイとカラーLCDの接続

② 音源データの保存先フォルダ内のfolder.jpg画像
③ インターネット上のサービス(Last.FM)から取得

これらをすべて実装するのは大変なので，今回は絞り込むことにしました．普段からPCを使用しているユーザなら，既に数百から数千曲の楽曲ライブラリを持っていると思います．そのライブラリのID3タグに画像を埋め込み直す作業や，フォルダに画像を置く作業は手間がかかります．

音楽配信で購入したMP3データにはアルバム画像が入っていることが多いので①が結構使える，③は画像を持っていなくてもインターネット上のサービスを利用するので手間がかからないという点から，今回は①と③のみを試しました．

● 再生中の楽曲情報を取得する

まずは，現在，再生している曲の情報を知る必要があります．具体的には「アーティスト名」「アルバム名」が必要です．

図2に画像取得までの流れを示します．再生中の楽曲情報取得にはコマンド・ライン型MPDクライアント・ソフト「mpc」を使います．ただし，標準コマンドでは取得できず，mpcのソースコードに欲しい機能を追加してコンパイルしました．こういう部分はオープン・ソースの利点です．

mpcに追加したコマンド部のソースコードをリスト1に示します．再生中のファイル名(フルパス付き)やアーティスト名，アルバム名，曲名を返すコマンドを追加しました．

ついでに，再生中の音源のサンプリング周波数や量子化ビットも取得できるようにしました．余力があればカラーLCDに表示したいと思ったためです．

■ 方法1：ID3タグから画像を取り出す

現在再生中の楽曲をmpcで取得し，ID3タグに画像が入っているかどうかを調べます．「eyeD3」というライブラリを使うと簡単に画像を取得できます．

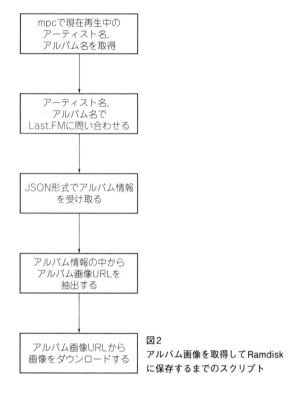

図2
アルバム画像を取得してRamdiskに保存するまでのスクリプト

しながら画像を開き，300×300ピクセルにリサイズして，再びRamdiskにalbumart.bmpとして保存します．

■ 方法2：インターネット・サービスLast.FMを使ってアルバム画像を取得する

● インターネット・サービスLast.FMとは

　Last.FMは，音楽ヒットチャートなどを提供し，新しい音楽の発見や音楽を通じたユーザ同士の交流の場（SNS）を提供しているサービスです．2013年までは音楽聴き放題のストリーミング放送をしていました．その他にも楽曲のデータベースの情報を取得できる開発者向けAPIを公開していて，ヒットチャートやアーティスト情報，同じジャンルの曲などが検索できます．APIを利用するにはユーザ登録が必要です．今回の実験では，登録がうまくいかなかったためRune Audioが利用しているキーを使用させてもらいました．

　Last.FMには日本のアルバムも多数登録されています．情報がない場合は画像取得を諦めます．

● Last.FMのAPIへアクセス

　機能追加したMPCから「アーティスト名」と「アルバム名」を取得して，Last.FMのAPIへ問い合わせます．APIは下記のようなフォーマットです．

> http://ws.audioscrobbler.com/2.0/?method=album.getinfo&api_key=（キー）&artist=（アーティスト名）&album=（アルバム名）&f0rmat=json"

このAPIで返ってくるデータはJSON形式なので，デ

　リスト2に示すように，getID3Image()関数で処理しています．ID3タグに画像があった場合，その画像をいったんRamdisk上に保存します．そのまま使わないのは，画像がjpegやPNGとフォーマットが違っていたり，サイズがそれぞれ異なっていたりするからです．

　PythonのPIL画像ライブラリでRGBモードに変換

リスト1　コマンド・ライン型mpdクライアント・ソフトウェアmpcのqueue.cにコマンドを追加
現在再生中の楽曲の「アーティスト名」「アルバム名」を取得する機能を追加したmpcを作る

```
int
cmd_curr(int argc, char **argv,
                    struct mpd_connection *conn)
{
    if (!mpd_command_list_begin(conn, true) ||
        !mpd_send_status(conn) ||
        !mpd_send_current_song(conn) ||
        !mpd_command_list_end(conn))
            printErrorAndExit(conn);

    struct mpd_status *status
                        = mpd_recv_status(conn);
    if (status == NULL)
        printErrorAndExit(conn);

    if (mpd_status_get_state(status)
                            == MPD_STATE_PLAY ||
        mpd_status_get_state(status)
                            == MPD_STATE_PAUSE) {
        if (!mpd_response_next(conn))
            printErrorAndExit(conn);

        struct mpd_song *song = mpd_recv_song(conn);
        if (song != NULL) {
            options.format = "[%file%]";
            pretty_print_song(song);
            printf("\n");
            options.format = "[%name%[%artist%]]";
            pretty_print_song(song);
            printf("\n");
            options.format = "[%name%[%album%]]";
            pretty_print_song(song);
            printf("\n");
            options.format = "[%name%[%title%]]";
            pretty_print_song(song);
            printf("\n");

            mpd_song_free(song);
        }
        my_finishCommand(conn);
    }

    mpd_status_free(status);
    return 0;
}
```

第6章 Volumioを使ったSabreBerry+搭載ラズパイ・オーディオ・プレーヤにアルバム画像表示機能を追加する方法

リスト2 画像を取得するスクリプト

```
#!/usr/bin/python2
# -*- coding: utf-8 -*-

''' volumio v1.55  Pi2   Get AlbumArt Image    2015 Takazine
wget http://nw-electric.way-nifty.com/blog/files/mpc
chmod +x ./mpc
cp ./mpc /usr/bin/
wget http://nw-electric.way-nifty.com/blog/files/default.bmp
apt-get install python-beautifulsoup python-urllib3 python-pil python-eyed3
'''

from BeautifulSoup import BeautifulStoneSoup
from PIL import Image
import urllib3
import urllib
import json
import cStringIO
import commands
import eyeD3

api_url = "http://ws.audioscrobbler.com/2.0/?method=album.getinfo&api_key="
api_key = "ba8ad00468a50732a3860832eaed0882"
image_folder = "/run/shm/img/"

class AlbumArt:
    def __init__(self):
        self.http = urllib3.PoolManager()

    # last.FM のAPIからAlbumArt ImageのURLを取得する
    def getImageUrl(self, artist, album):
        if len(artist)==0 or len(album)==0:
            print "no artist/album strings"
            return 0
        self.artist = urllib.quote(artist)
        self.album = urllib.quote(album)

        # json形式で情報を取得
        url = api_url+api_key+"&artist="+self.artist+"&album="+self.album+"&format=json"
        try:
            resp = self.http.request('GET', url)
            data = json.loads(resp.data.decode('utf-8'))
        except Exception:
            print "can't open url"
            return 0
        try:
            i_url = data['album']['image'][3]['#text']       # 1:small 2:medium 3:large 4:extralarge
        except Exception:
            return 0
        return i_url

    # ウェブ・サイトから画像を持ってきて保存
    def saveImage(self, image_url):
        file = cStringIO.StringIO(urllib.urlopen(image_url).read())
        image = Image.open(file).convert("RGB")
        image.save(image_folder+"albumart.bmp")
        print "found AlbumArt image"

    # id3タグのimageを取得・変換・保存
    def getID3Image(self, mfile):
        tag = eyeD3.Tag()
        tag.link(mfile)
        image = tag.getImages()
        if len(image):
            filename = image_folder+image[0].getDefaultFileName()
            image[0].writeFile(image_folder)
            try:
                image = Image.open(filename).convert("RGB")
                image.thumbnail((300,300), Image.ANTIALIAS)
                image.save(image_folder+"albumart.bmp", "BMP")
                print "found ID3 image"
                return 0
            except Exception:
                print "NOT open image"
        else:
            print "NOT found ID3 image"
        return 1
```

リスト2 画像を取得するスクリプト（つづき）

```
        # 保存した古いimageデータを削除
        def delImage(self):
            commands.getoutput('rm '+image_folder+'*.*')

if __name__ == "__main__":

    commands.getoutput('mkdir '+image_folder)
    artist = old_artist = ""
    album = old_album = ""
    art = AlbumArt()
    commands.getoutput('cp /root/default.bmp '+image_folder+"albumart.bmp")

    while True:
        # mpcコマンドで現在再生中の情報を取得
        st = commands.getoutput('mpc curr')

        line_list = st.splitlines()
        if line_list:
            filename = line_list[0]
            filename = "/mnt/"+filename
            artist = line_list[1]
            album = line_list[2]

            if artist==old_artist and album==old_album:
                pass        # artist albumが同じ時は何もしない
            else:
                old_artist = artist
                old_album = album
                art.delImage()
#               print "file name= %s" % filename
                print "artist= %s" % artist
                print "album= %s" % album

                # id3タグの画像を取得
                id3im = art.getID3Image(filename)
                if id3im:
                    # last.FMから画像を取得
                    url = art.getImageUrl(artist, album)
                    if url:
                        art.saveImage(url)
                    else:
                        print "NOT found image lastFM"
                        commands.getoutput('cp /root/default.bmp '+image_folder+"albumart.bmp")

        # mpdの再生状態が変わるまで待機
        commands.getoutput('mpc idle')
```

コードして画像データのアドレスを抽出します。
「mpc idle」コマンドで再生状態が変化したときだけ更新するようにしています．画像データのアドレスが判明したら，画像をダウンロードしてきてRamdisk領域へビットマップ・データとして保存します．

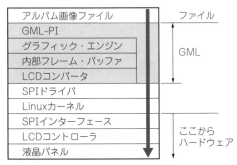

図3 アルバム画像表示までの処理

■ 取得した画像を表示するまでの処理

アルバム・アートの画像を取得できたら，LCDに転送していきます（図3）．

● BMP（ビットマップ）画像に統一して処理する

ビットマップ（拡張子がbmp）とはWindowsなどで標準的に使われるフォーマットで，基本的に圧縮されていないので利用しやすい形式です．

最近のグラフィック処理はRGB（赤・緑・青）がそれぞれ8ビットであり効率も良いので，BMPも24ビット形式を使います．

● BMP以外の画像はImageMagikで画像変換する

24ビット形式のBMP以外の画像フォーマットを利用するしくみを導入するのは大変です．そこで画像のあらゆる変換を行うImageMagikを使います．

ImageMagikは，オープンソースの画像変換ツール群です．画像の切り貼りやサイズ変更，エフェクト処理や画像形式の変換など，多機能なツールです．コマンド・ラインから実行できるので，ラズベリー・パイで動いているプログラムからシステム処理を使って実行できます．取得した画像の形式が24ビット形式のビットマップではなかったときなどに利用できます．

画像が24ビットBMPであれば必要ありませんが，画像取得先の形式が変更になった場合の備えにもなり，自分の好みの画像形式への変換もできるので，導入しておくとよいでしょう．

● 画像表示にはGMLを利用する

GMLとはゲームや組み込み機器で使われている画像や音声制御の処理群です．かつて業務用だったもののサブセットをラズベリー・パイとカラーLCD（M-TM022-SPI）用に移植して公開しています．

http://www.gameover.ne.jp/gml/

Pythonで動くスクリプト・コマンドで，BMP画像と英数字の表示，LCDの向き変更などの実装がされているバージョンを使ってください．

必要なソフトウェアのセットアップ

● SPI通信の準備

ラズベリー・パイをセットアップしてからしばらく更新していない場合は，各種システムが古くて問題を起こす可能性があるので，作業の前に最新版への更新をお勧めします．

```
> sudo apt-get update
> sudo apt-get upgrade
> sudo rpi-update
```

終わったら更新されているのを確認します．

```
> cat /proc/version
```

次のバージョン以上になっていれば大丈夫です．

```
Linux version 3.18.11+
```

更新が反映されるように，一度リブートします．

```
> sudo reboot
```

LCDへのアクセスは，GPIOを使ってSPI形式でアクセスするので，SPIが有効になるようにセットアップします．設定ファイルの中身を直接書き換えてもよいのですが，ここでは各種設定をグラフィカルに変更できるコマンドを使います．

```
> sudo raspi-config
```

で起動した後は

```
8.Advanced Opitons
A6 SPI
```

とメニューをたどり有効（Enable）にして終了します．設定を変更したのでリブートします．

```
> sudo reboot
```

SPIが利用可能になっているかどうか確認します．次のコマンドを入力します．

```
> ls -l /dev/spi*
```

次の項目が表示されていれば準備完了です．

```
/dev/spidev0.0
```

● Python開発環境のセットアップ

Python開発環境をインストールします．

```
> sudo apt-get update
> sudo apt-get install python-dev
> python -V
```

次のバージョンになっていれば準備完了です．

```
Python 2.7.3
```

PythonからSPIを操作するpy-spidevモジュールを導入します．

```
> curl https://bootstrap.pypa.io/ez_setup.py -o - | sudo python
> curl https://bootstrap.pypa.io/get-pip.py -o - | sudo python
> pip -V
```

次の表示になっていることを確認します．

```
pip 6.1.1 from /usr/local/lib/python2.7/dist-packages (python 2.7)
```

次のコマンドを実行してセットアップ完了です．

```
> git clone git://github.com/doceme/py-spidev
> cd py-spidev
> sudo python setup.py install
```

● GML-PIのセットアップ

GMLのページ http://www.gameover.ne.jp/gml/ から，GML for Raspberry-Pi and ILI9340 LCD on SPIをダウンロードします．通常は

```
> python gmlpi.py
```

とpythonインタプリタ・コマンドにパラメータとして渡して起動しますが，少し設定を変えれば直接起動もできます．

```
> chmod 744 ./gmlpi
```

このように実行権限を与えると，

```
> ./gmlpi
```

で単独起動できます．

もし動かない場合はpythonのパスが間違っているので，このスクリプトの1行目のパス（リスト3）を

```
> which python
```

で取得したパスに書き換えてください．

```
> ./gmlpi.pi
```

という書式は，今自分がいるディレクトリのスクリプトを使うという指定です．パスが通っているディレク

第1部　ラズベリー・パイ2/3で高機能オーディオ装置を目指す！

リスト3　gmlpi.pyの先頭部分
実行権限を与えてもうまく起動しない場合は1行目のpythonのパスを修正

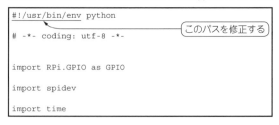

このパスを修正する

トリにスクリプト・ファイルを移動すると，

```
> gmlpi.py ⏎
```

とシンプルなコマンドになります．

▶ GML-PIでLCDの動作を確認する

次のようなオプションを付けてGMLを起動します．

```
> gmlpi.py -demo ⏎
```

LCD上に画像がいろいろ表示されていれば描画システムの準備は完了です．

● アルバム・アートの表示

ビットマップ画像を取得できたら，そのビットマップ画像ファイルをGML-PIに渡します．

コマンド・ラインから

```
gmlpi.py -bmp ビットマップ画像名 -y 240 アルバム名(英数文字) -y 272 その他情報
```

の形式で呼び出すと，LCDの上部にアルバム画像，その下にアルバム名が表示できました（**写真2**）．

コマンドの例を以下に示します．

```
> gmlpi.py -bmp albumart.bmp -y 240 "CHOANIKI" -y 272 "192kHz 16ビット" ⏎
```

あとは音楽アプリのシステム実行関数で，このコマンドを指定すれば，アルバム・アートの表示ができるようになります．

GML-PIの使い方

コマンド・ラインのパラメータで指定された処理を順次解釈して実行します．現時点で使えるパラメータ

写真2
アルバム画像とアルバム名を表示させてみた
あとは表示コマンドを音楽再生アプリに組み込めばOK！

（a）LCD方向パラメータ0　　（b）LCD方向パラメータ1　　（c）LCD方向パラメータ2　　（d）LCD方向パラメータ3
写真3　画面の向きの変更

第6章　Volumioを使ったSabreBerry+搭載ラズパイ・オーディオ・プレーヤにアルバム画像表示機能を追加する方法

表1　GML-PIで使えるパラメータ

座標指定系（以後の描画に使う）	
`-x n`	X座標をnにする
`-y n`	Y座標をnにする
LCD方向系	
`-rot n[0-3]`	画面の向き．0が標準で1ごとに右90度回転する（**写真3**）
画像サイズ系	
`-scale n`	画像の拡大率
`-fit [width/height/both]`	画像をスクリーン・サイズの幅・高さ・両方のいずれかに合わせる
画像ファイル表示系	
`-bmp filename.bmp`	ビットマップ画像を表示する
色指定系	
`-color r g b`	色をRGB（赤緑青）の光の3原色で指定
図形系	
`-line x1 y1 x2 y2`	線を描画する（x1, y1）から（x2, y2）．描画例を**写真4**に示す
文字系	
`-textrot n[0-3]`	文字の向き．0が横文字で1毎に右90度
`-texttype n[0-1]`	文字の種類．0が極小4×8，1が8×8
`-text hoge`	文字表示

写真4
色を変えて線を描画した例

は**表1**のとおりです．

この章で紹介したカラーLCD "M-TM022-SPI" は，2017年1月時点で取り扱いを終了しています．互換品として "M2P-TM022-SPI"（参考価格：1,350円）が入手可能です．

参考文献

（1）RPi Low-level peripherals
　　http://elinux.org/RPi_Low-level_peripherals
（2）Last.FM API一覧
　　http://www.last.fm/api
（3）GML
　　http://www.gameover.ne.jp/gml

ささき・ひろたか/たかじん

第7章 ラズベリー・パイが最適！本格ハイレゾ・オーディオ入門

ハードもソフトもフル装備！市販機超えも！

大津 秀紀

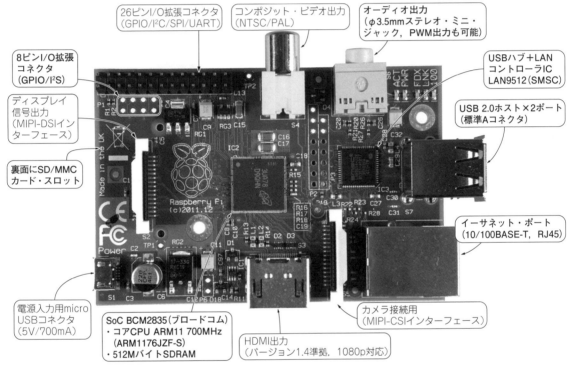

写真1 オーディオ再生に最適なLinuxボード「ラズベリー・パイ」model B
今どきのLinuxボードとしてはCPU性能が低めな代わりにスイッチング・レギュレータを使っておらず、低ノイズというメリットがある

ラズベリー・パイは名刺サイズのLinuxボード・コンピュータです（**写真1**）．手軽に使えるオーディオ信号の出力端子が3種類も備わっています（**表1**）．ヘッドホンをつなぐだけのステレオ・ミニ・ジャックとUSB端子，ピン・ヘッダの三つからは本格的なオーディオ信号を出力できます．また，オーディオ信号の入出力を行うためのソフトウェア（ALSAやOpenMAX）もそろっています．APIが用意されているので，関数を呼び出すだけで簡単にサウンド再生のプログラムが作れます．

本書ではオーディオ再生に必要なハードウェアとソフトウェアがそろっているラズベリー・パイで，ハイレゾ音源を再生するプログラムの製作に挑戦してみます．

3大本格オーディオ出力を完備！

ラズベリー・パイmodel Bは以下の四つのオーディオ出力を備えています（**図1**）．

① 本格使いOK！オーディオ専用シリアル通信I²S
オーディオ用A-DコンバータやD-Aコンバータと接続するインターフェースである．PCM信号を伝送する

② 超定番アナログ出力PWM
（Pulse Width Modulator）
PWM信号をローパス・フィルタに通してアナログ・オーディオ信号を出力する

③ 高級オーディオもOK！USB

第7章 ラズベリー・パイが最適! 本格ハイレゾ・オーディオ入門

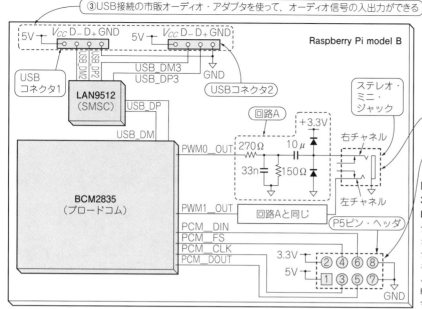

**図1
3大オーディオ出力が全部OK! 定番Linuxボード ラズベリー・パイはオーディオに最適**

オーディオ関連部のみ抜粋．よく使うアナログ・オーディオ出力（PWM）だけでなく本格オーディオで使われるディジタル・オーディオ出力（USB/I²S）もOK！ HDMIからもオーディオ出力できるが，今回は紹介しない

USB接続の市販オーディオ・アダプタを使って，オーディオ信号の入出力ができる
④オーディオ出力にも使える！HDMI
ビデオ用インターフェースだが音声信号も出力できる

このうち④の方法で必要となるHDMI-オーディオ変換アダプタはポピュラではないため，今回は①～③について説明します．HDMI端子に関する情報は「BCM 2835 ARM Peripherals」にも記載されていません．

● ①オーディオ専用シリアル通信I²S

図2（a）に示すのは，I²Sを使ってオーディオ信号を出力するときのハードウェア構成です．

I²Sはステレオ PCM 信号の伝送方式としてデファクト・スタンダードとなっているインターフェースです．I²S という名前は，オランダのフィリップス（現：NXPセミコンダクターズ）が策定した規格 Inter-IC Sound bus の略です．一般に，オーディオ用のA-D コンバータICやD-AコンバータICなら，ほとんどサポートされています．ステレオPCM信号の伝送方式は，I²Sのほかにも MSB ファースト前詰め方式やLSBファースト後詰め方式などがあります．

BCM2835にはI²Sポートが1組搭載されていて，ラズベリー・パイのP5ピン・ヘッダに接続されています．**表2**に示すのはP5ピン・ヘッダの番号と信号名です．

I²Sの端子機能は次のようになります．

- PCM_CLK（ビット・クロック）：データ伝送の同期クロック

表1 ラズベリー・パイ model B の機能と性能

model B は USB 端子が二つあるので，USB-DAC と音源を入れた USB メモリを同時に接続できて便利である

項 目	仕 様
SoC	BCM2835（ブロードコム）
CPUコア	ARM1176JZFS（ARM11）/700 MHz
メモリ	512 Mバイト（GPUと共有）*
GPU	Broadcom VideoCore IV, OpenGL ES1.1/2.0 (24 GFLOPS) 1080p 30fps H.264/MPEG-4 AVC High Profile デコーダ，MPEG2，VC-1 対応
GPUメモリ	16/32/64/128/256 Mバイトから選択可能（メイン・メモリと共有）
ストレージ	SD（MMC）メモリーカード・スロット
映像出力	HDMI (1.3/1.4)，コンポジット・ビデオ（NTSC/PAL）
音声出力	HDMI，φ3.5 mm ステレオ・ミニ・ジャック，USB端子，8ピン・ヘッダ
USB 2.0	2ポート（USBハブ経由）
ネットワーク	10 M/100 M イーサネット 1ポート（RJ45）
拡張I/O	・26ピン・ヘッダ 　GPIO 17ポート（うち9ポートは機能兼用），UART，I²C，SPI (CS0, CS1)，PWM，CLK出力，+ 3.3 V，+ 5 V ・8ピン・ヘッダ 　GPIO4ポート，I²S，+ 3.3V，+ 5V
その他のインターフェース	MIPI DSI（LCD接続用）/MIPI CSI（カメラ接続用）
OS	Raspbian (Debian)［推奨］，ArchLinux, Pidora (Fedora)，RISC OS, FreeBSDほか
基板サイズ	85.6 × 53.4 mm
電源（消費電力）	DC5 V/700 mA (3.5 W)
価格	40ドル

＊：2012年10月14日以前出荷分は256 Mバイト

第2部 ラズベリー・パイをオーディオ専用マシンとして活用！

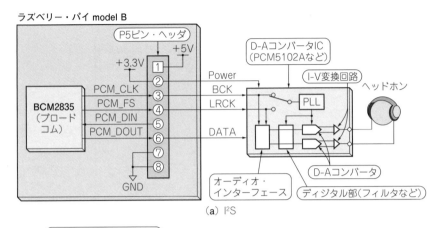

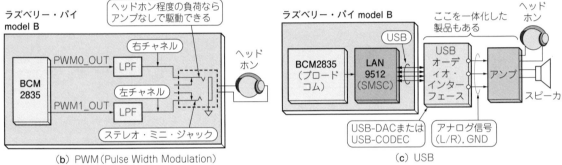

図2 ラズベリー・パイからはこうやって音楽を聴く
I²SとUSBは別途D-Aコンバータが必要，PWMはヘッドホン程度ならアンプなしでも音が鳴る

表2 ラズベリー・パイはオーディオで欠かせないI²Sも使える
GPIO28～31と端子を共有しているので切り替えて使う

P5ピン・ヘッダの端子番号	接続先
1	5V
2	3.3V
3	GPIO28/PCM_CLK
4	GPIO29/PCM_FS
5	GPIO30/PCM_DIN
6	GPIO31/PCM_DOUT
7	GND
8	GND

I²S信号はGPIOと端子を共有している

- PCM_FS（フレーム・シンク）：PCMデータの切れ目で極性が変化することで，PCMデータの範囲を示す．ステレオ伝送の場合はLRクロックとも呼び，左チャネルと右チャネルのPCMデータの識別を行う
- PCM_DIN ：データ入力端子
- PCM_DOUT：データ出力端子

▶ I²Sの信号波形

図3に示すのは，16ビットPCMデータのI²Sの波形です．LRCKがPCM_FS，BCKがPCM_CLK，DATAがPCM_DINとPCM_DOUTに当たります．

LRCKの1周期はサンプリング周波数（f_sと呼ぶ）と同じです．"L"区間が左チャネルのデータと"H"区間が右チャネルのデータを示します．

BCKはf_sの32倍（$32f_s$）から64倍（$64f_s$）になっています．この二つのクロックは同期しています．DATAはBCKに同期してLRCKの変化点の1BCKぶんあとからMSBファースト前詰め方式で出力されます．

図3ではPCMデータ出力後LRCKの変化点までの間に空きがあります．ここは最終ビットの極性が維持されたり，"L"になったりします．I²Sでは受信側がこの波形のみデータ幅を検知することをできず，受信側で決められたPCMデータ幅のみ受け取ります．

仮に送信側であるBCM2835が24ビットや32ビットのPCMデータを出力しても，受信側が16ビット設定になっていれば，受信側は上位16ビットのみ受け取ります．PCMは上位16ビットのみでも分解能が落ちるだけで，音がおかしくなることはありません．

● ②超定番アナログ出力（PWM）

図2（b）に示すのは，PWMを使ってオーディオ信号を出力するときのハードウェア構成です．

ラズベリー・パイは2系統のPWM信号をローパス・フィルタで平滑してオーディオ信号としています．

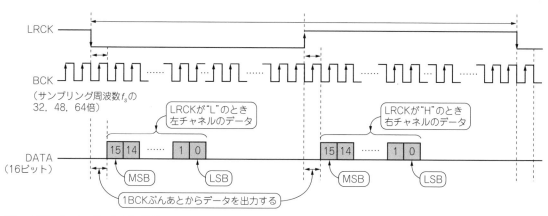

図3 16ビットPCMデータのI²S信号
LRCKがPCM_FS，BCKがPCM_CLK，DATAがPCM_DINとPCM_DOUTに当たる

PWM信号のキャリア周波数は標準で100MHz，ビット分解能は32ビットまでです．**図4**に示すのはローパス・フィルタの周波数特性で，カットオフ周波数は約50kHzです．

● ③高級オーディオもOK! USB

図2(c)に示すのは，USBを使ってオーディオ信号を出力するときのハードウェア構成です．

BCM2835はUSB OTGを1系統持っています．このUSB OTGをLANコントローラ+USBハブIC LAN9512を使って2ポートとしています．ラズベリー・パイ（Type A）はLAN9512を搭載していないため，BCM2835のUSBポートを直接使用して1ポートとしています．LAN9512のUSB HubはUSB 2.0 Full-Speed/High-Speedをサポートしています．High-Speed対応のデバイスを接続してみたところ，High-Speedで認識して接続できました．

定番オーディオ再生用ライブラリも完備！

● その1：超定番オーディオI/O用ALSA

Raspbian（ラズベリー・パイで動作するLinux）にはオーディオ信号を取り扱うしくみとしてALSA（Advanced Linux Sound Architecture）が用意されています．

ALSAはサウンド・カードのデバイス・ドライバの仕様を一本化するためのカーネル・コンポーネントです．ドライバ部だけではなく，ユーザ・プログラムに対してオーディオ信号の入出力に関するAPIも提供しています．関数呼び出しの形で使えるので，ビギナでも簡単にオーディオ信号の入出力ができます．ALSAのソフトウェア階層図を**図5**に示します．ALSAはライブラリとドライバに分かれており，ほかのドライバと同様にドライバはカーネル空間で動作します．ライブラリはユーザ・プログラムの実行時にメモリにロー

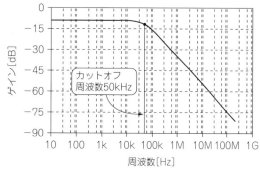

図4 ラズベリー・パイはPWM信号からオーディオ信号を生成するためにカットオフ周波数約50kHzのローパス・フィルタを搭載している

ドされる共有ライブラリの形式になっています．ユーザ・プログラムはライブラリが提供するAPIを使用し，ドライバ経由でオーディオ信号の入出力を行います．

● その2：オーディオもOK! マルチメディアI/O用 OpenMAX

RaspbianにはもうひとつOpenMAXというオーディオ信号を取り扱うしくみが用意されています．RaspbianにはOpenMAXを使ってオーディオ信号の再生をするサンプル・コードが付属しています．

OpenMAXはマルチメディアのストリーミング機能などを実現するために規定されたクロス・プラットホームAPIです．ハードウェアやOSに依存しないように作られています．OpenMAXのソフトウェア階層図を**図6**に示します．OpenMAXのサンプル・コードが読み込むinclude fileは/opt/vc/include/IL，Libファイルは/opt/vc/lib/ilclientに格納されています．

第2部 ラズベリー・パイをオーディオ専用マシンとして活用!

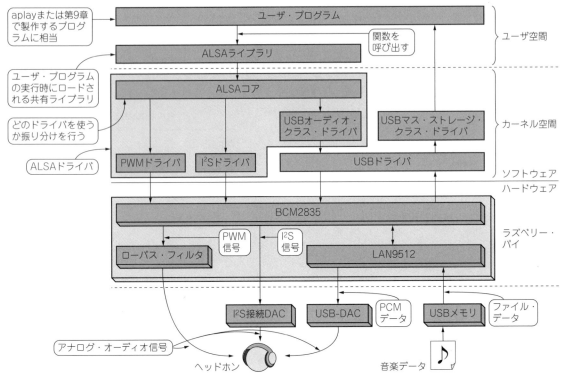

図5 ラズベリー・パイでオーディオ再生に使えるソフトウェア①…定番オーディオI/OライブラリALSA
ユーザ・プログラムはALSAライブラリが提供するAPIを使用し，ドライバ経由でオーディオ信号の入出力を行う

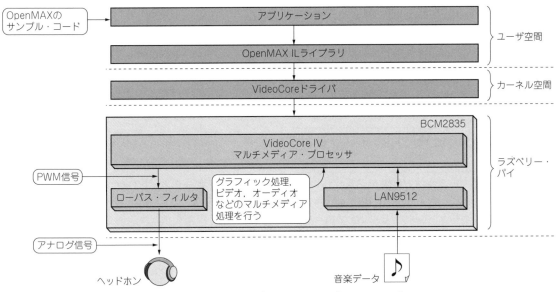

図6 ラズベリー・パイでオーディオ再生に使えるソフトウェア②…定番マルチメディアI/OライブラリOpenMAX
OpenMAX ILライブラリを使って，オーディオ信号の入出力もできる

◆参考文献◆

(1) BCM2835 ARM Peripherals.
http://www.raspberrypi.org/wp-content/uploads/2012/02/BCM2835-ARM-Peripherals.pdf

おおつ・ひでき

Raspbian標準装備アプリaplayでハイレゾに挑戦！

第8章 ラズベリー・パイでやってみよう！はじめてのオーディオ再生

大津 秀紀

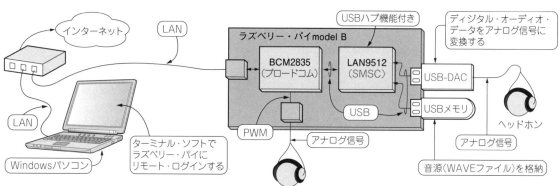

図1 ラズベリー・パイで初めてのハイレゾ再生に挑戦！
USBメモリに格納したテスト用の音源（WAVEファイル）のサンプリング周波数は44.1kHz，48kHz，96kHz，192kHz

本章では，ラズベリー・パイを使って初めてのオーディオ再生を行います．実験のハードウェア構成を図1に，ソフトウェア構成を図2に示します．USBメモリに格納した音楽ファイルを，アナログ（PWM）/USB形式のオーディオ信号として出力します．

オーディオ再生プログラムは，超定番ライブラリALSAを使ってもよいのですが，ここではALSAの上位コマンドaplayを使いました．コマンドを数個入力するだけでオーディオ再生できるので楽ちんです．aplayのコマンドのオプションを表1に示します．

aplayコマンドでUSBからのオーディオ出力に挑戦！

aplayはALSAを使用したオーディオ再生アプリケーションです．最新バージョンのRaspbianには標準でインストールされています．aplayはALSAがサポートしているオーディオ出力を指定してWAVEファイルの再生ができます．次に示す手順でオーディオ出力してみましょう．

● STEP1：音を出すための準備

次に示すコマンドで，最新版のaplayがインストールされていることを確認します．

```
$ sudo apt-get install alsa-utils
```

ALSAがサポートしているオーディオ出力は次のコマンドで確認できます．

```
$ aplay -l
```

図1に示した筆者の環境では，図3に示す結果が得られました．サポートしているオーディオ出力は二つあることが分かります．card0がPWM出力，card1がUSB Audioデバイスです．

表1 aplayコマンドにオプションと再生したいファイル名を与えて実行する

オプション	意 味
-c	チャネル数を指定する．1～32の値が指定できる
-d	指定の秒数後に終了する
-D	オーディオ信号の出力先をデバイス名で指定する
-f	サンプル・フォーマットを指定する
-l	すべてのオーディオ・デバイスを表示する
-L	定義されてるPCMのリストを表示する
-M	メモリマップド（mmap）I/Oをオーディオ・ストリームに使用する．設定しない場合はリード/ライトI/Oモードを使用
-q	メッセージを表示しないで再生する
-r	サンプリング周波数をHz単位で指定する．2000～192000Hzの間で指定できる
-s	スリープするまでの時間を分単位で指定する
-t	ファイル・タイプを指定する．voc，wav，raw，auが指定できる
-h	ヘルプを表示する

107

第2部 ラズベリー・パイをオーディオ専用マシンとして活用!

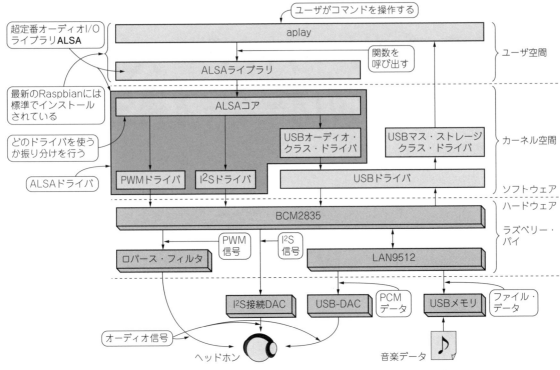

図2 実験のソフトウェア構成…ラズベリー・パイは3大オーディオ出力アナログ/I²S/USBが使えるようになっている
aplayコマンドを入力すればオーディオ出力が試せる

```
pi@raspberrypi ~ $ aplay -l
**** List of PLAYBACK Hardware Devices ****
card 0: ALSA [bcm2835 ALSA], device 0: bcm2835 ALSA [bcm2835 ALSA]
  Subdevices: 8/8 Subdevice #0: subdevice #0
  Subdevice #1: subdevice #1
  Subdevice #2: subdevice #2
  Subdevice #3: subdevice #3
  Subdevice #4: subdevice #4
  Subdevice #5: subdevice #5
  Subdevice #6: subdevice #6
  Subdevice #7: subdevice #7
card 1: AUDIO [USB AUDIO], device 0: USB Audio [USB Audio]
  Subdevices: 1/1
  Subdevice #0: subdevice #0
pi@raspberrypi ~ $
```

図3 筆者の環境ではALSAがサポートしているオーディオ出力が二つ確認できた
card0がPWM出力でcard1がUSB Audioデバイスである

▶WAVEファイルの準備

WAVEファイルは,WindowsパソコンでWaveGeneというフリー・ソフトウェアを使って作り,USBメモリに格納します.今回は,周波数が400Hzと1kHzの正弦波のWAVEファイルを用意します.サンプリング周波数をそれぞれ44.1kHz,48kHz,96kHz,192kHzとして,合計八つのWAVEファイルを作成しました.

● STEP2:WAVEファイルの入ったUSBメモリをオート・マウント

WAVEファイルを格納したUSBメモリにアクセスするには,USBメモリをマウントする必要があります.USBメモリを挿すたびに手動でマウントするのは手間なので,次に示す手順で自動でマウントさせます.

①次のコマンドでmountの最新版をインストールする
```
$ sudo apt-get install usbmount
```
②etc/usbmount/usbmount.confを編集する
このファイルの読み込みと書き込み権限はrootにしかないので,例えばviで編集する場合は,次に示すコマンドで,root権限で編集する
```
$ sudo vi /etc/usbmount/usbmount.conf
```

リスト1に/etc/usbmount/usbmount.conf

リスト1 USBメモリをオート・マウントするためsbmount.confに設定を追加する

```
# Configuration file for the usbmount package,
which mounts removable
(中略)
# Filesystem types: removable storage devices are
only mounted if they
# contain a filesystem type which is in this list.
FILESYSTEMS="vfat ext2 ext3 ext4 usbfs hfsplus"
(中略)
# For example, "-fstype=vfat,gid=floppy,dmask=0007,
fmask=0117" would add
# the options "gid=floppy,dmask=0007,fmask=0117"
when a vfat filesystem
# is mounted.
FS_MOUNTOPTIONS="-fstype=vfat,iocharset=euc-
jp,codepage=932"
```
(この行を追加する)

第8章 ラズベリー・パイでやってみよう！はじめてのオーディオ再生

```
pi@raspberrypi ~ $ df
Filesystem     1K-blocks    Used Available Use% Mounted on
rootfs          7394832  2851096  4198028  41% /
/dev/root       7394832  2851096  4198028  41% /
devtmpfs         215824        0   215824   0% /dev
tmpfs             44820      252    44568   1% /run
tmpfs              5120        0     5120   0% /run/lock
tmpfs             89620        0    89620   0% /run/shm
/dev/mmcblk0p1    57288    19064    38224  34% /boot
/dev/sda1       1964224   416648  1547576  22% /media/usb0
pi@raspberrypi ~ $
```
このディレクトリにUSBメモリがマウントされた

図4 dfコマンドでUSBメモリが/media/usb0にマウントされていることを確認できた

```
                              ALSAの出力対象デバイス
pi@raspberrypi ~ $ ls -l /dev/snd
total 0
drwxr-xr-x 2 root root        60 Jan  1  1970 by-id
drwxr-xr-x 2 root root        80 Jun 12 16:12 by-path
crw-rw---T 1 root audio 116,  0 Jun 12 16:12 controlC0
crw-rw---T 1 root audio 116, 32 Jan  1  1970 controlC1
crw-rw---T 1 root audio 116, 16 Jun 12 16:12 pcmC0D0p
crw-rw---T 1 root audio 116, 56 Jan  1  1970 pcmC1D0c
crw-rw---T 1 root audio 116, 48 Jan  1  1970 pcmC1D0p
crw-rw---T 1 root audio 116,  1 Jan  1  1970 seq
crw-rw---T 1 root audio 116, 33 Jan  1  1970 timer
```

図6 ALSAはpcmから始まるデバイス・ファイルに出力する

underrunメッセージ．この後も続けて出力された

```
pi@raspberrypi ~ $ aplay /media/usb1/1k_400_44.wav
Playing WAVE '/media/usb/1k_400_44.wav' : Signed 16 bit Little
Endian, Rate 44100 Hz, Stereo
underrun!!! (at least 1.573 ms long)
underrun!!! (at least 7.568 ms long)
underrun!!! (at least 0.790 ms long)
underrun!!! (at least 0.822 ms long)
underrun!!! (at least 0.830 ms long)
```
aplayコマンド

図5 実験！USBメモリ内のWAVEファイルを再生
16ビット/44.1kHzの例．PWM出力で再生が確認できたが，しばらくすると"underrun"メッセージが出てしまった…

```
pi@raspberrypi ~ $ aplay -l
**** List of PLAYBACK Hardware Devices ****
card 0: ALSA [bcm2835 ALSA], device 0: bcm2835 ALSA [bcm2835
ALSA]
  Subdevices: 8/8
  Subdevice #0: subdevice #0
  Subdevice #1: subdevice #1
  Subdevice #2: subdevice #2
  Subdevice #3: subdevice #3
  Subdevice #4: subdevice #4
  Subdevice #5: subdevice #5
  Subdevice #6: subdevice #6
  Subdevice #7: subdevice #7
card 1: AUDIO [USB AUDIO], device 0: USB Audio [USB Audio]
  Subdevices: 1/1
  Subdevice #0: subdevice #0
card 2: sndrpirpidac [snd_rpi_rpi_dac], device 0: HifiBerry Mini
HiPi pcm1794a-hifi-0 []
  Subdevices: 1/1
  Subdevice #0: subdevice #0
pi@raspberrypi ~ $
```
card2にI²Sが登録された

図7 `aplay -l`コマンドでI²Sのドライバが有効になったことを確認

リスト2 /etc/modulesにI²Sドライバを追加する

```
# /etc/modules: kernel modules to load at boot time.
(中略)
# Parameters can be specified after the module name.

snd-bcm2835
snd_soc_bcm2708_i2s
bcm2708_dmaengine
snd-soc-pcm1794a
snd_soc_rpi_dac
```
この4行を追記する

を示します．FILESYSTEMSには，マウントするUSBメモリのファイル・システムを記述します．USBメモリのファイル・システムはFATが多いので，指定はVFATのみで十分です．

FS_MOUNTOPTIONSにはマウント時の設定を記述します．編集が終わったら，USBメモリを挿して，マウントされているかをdfコマンドで確認します．図4に結果を示します．/media/usb0にマウントされました．これでUSBメモリ内のファイル再生の準備ができました．/media/usb0ディレクトリは，/media/usbディレクトリにもシンボリック・リンクされているので，どちらでもアクセスできます．

● STEP3：準備完了！まずはPWMから音を出力してみる

USBメモリには，テスト用のWAVEファイルを入れました．量子化ビット数/サンプリング周波数/チャネルが16ビット/44.1kHz/Stereoのファイルをaplayで再生した結果を図5に示します．PWM出力で再生が確認できましたが，しばらくするとunderrunメッセージが出ました．出力の要求に対してPCMデータの供給が間に合わない状態を意味しています．サンプリング周波数48kHzのファイルを再生してみると，underrunは出ませんでした．サンプリング周波数の異なるファイルをいくつか再生してみると，underrunが出ないのは48kHzと96kHz，192kHzです．筆者の環境では44.1kHzの場合のみ発生するようです．

● STEP4：USBから音を出力してみる

aplayのコマンドライン・オプションで出力先を指定することで，USBオーディオ・デバイスから出力できます．

`$ aplay -D hw:1,0 1k_400_44.wav`

デバイス名は以下のようになります．

PWM出力：`hw:0,0`または`plughw:0,0`
USB AUDIO出力：`hw:1,0`または`plughw:1,0`

USBオーディオ・デバイスから出力するには，`hw:1,0`または`plughw:1,0`を指定します．`hw:1,0`と指定すると，PCMデータに加工を加えずそのまま出力します．`plughw:1,0`を指定すると，ALSAによるミキサやイコライザによりPCMデータが加工されて出力されます．

▶ファイル・アクセス感覚で音を出力できる

ALSAが出力対象としているのは，/dev/sndに格納されたオーディオ出力機能に対するデバイス・ファイルです．デバイス・ファイルは，ファイル・システム経由でハードウェアへアクセスを行うために用

109

column　オーディオ再生プログラミングの勘どころ

PCM信号の再生は，次に示す二つの機能を実現しなければなりません．
① 再生制御
　　ファイルの指定や再生，停止の指示を行う機能
② 再生処理
　　PCM信号を取得し，サウンド・デバイスに出力する機能

これらを一つのプログラムで実現しようとすると，それぞれ要求される処理時間やタイミングが異なるため，非常に複雑なプログラムになってしまいます．

● 制御と処理を同じスレッドで行うとうまく再生できない

図Aに再生制御と再生処理を同じスレッドで行うプログラム・フロー例を示します．処理がオーディオ再生に移ると，出力デバイスの要求に対して決められた時間内に応えなければなりません．ここにオーディオ再生制御を入れてしまうと，キーボードの入力を待つとか，制御のための情報を取得するとか，ファイルの読み出しで待たされるとかで，出力デバイスの要求に応えられなくなります．

● 制御と処理を別スレッドで動作させる

動作のタイミングが異なる二つの事象を統合するには，それぞれ別スレッドで動作するように作ると楽になります．スレッドで分けた例を図Bに示します．再生制御がメイン・プロセスになり，ここでユーザからの要求を受けます．再生するファイルが決定すると，メイン・プロセスはオーディオ再生スレッドを生成し，オーディオ再生スレッドはファイルからPCMデータを読み出し，出力デバイスへPCMデータを出力することに専念できます．

*　　*　　*

第9章以降で製作するプログラムは図Aに基づく，それもオーディオ再生処理に移行した後は何も制御を受け付けないプログラムです．ただし，オーディオ再生処理の範囲を分けているので，図Bの構成に比較的簡単に変更できると思います．

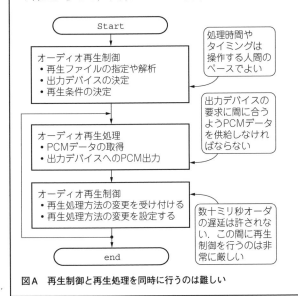

図A　再生制御と再生処理を同時に行うのは難しい

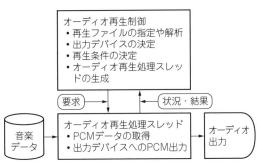

図B　動作のタイミングの異なる再生制御と再生処理を別スレッドで動作させる

意された実体のないファイルです．図6に示すのは，/dev/sndディレクトリ内に格納されたファイルの一覧です．ALSAの出力対象は，pcmから始まる名前のデバイス・ファイルです．

pcmC1D0pの場合，C1はカード番号が1番，D0はデバイス番号が0番，最後のpはPCM出力を表します．ちなみに，最後がcの場合はPCM入力を表します．aplayで指定したhw:1,0は，次のような構文になっています．

hw:カード番号,デバイス番号

● 応用のために…I²S出力を有効にする

最新のRaspbianにはI²Sドライバが組み込まれています．標準では無効なので次の方法で有効にします．はじめに，/etc/modulesにI²Sのドライバを登録し，リスト2のように追記します．その後ラズベリー・パイを再起動し，正常にI²Sのドライバが登録されたか確認します．aplay -lコマンドで確認した結果が図7です．Card 2にI²Sが登録されました．これで本書第10章で紹介するD-Aコンバータも使えます．

おおつ・ひでき

第9章 Linux用超定番サウンドI/OライブラリALSA入門

プロも御用達！音を出すときに必ず使う！

Linux用超定番サウンドI/O ライブラリ ALSA入門

大津 秀紀

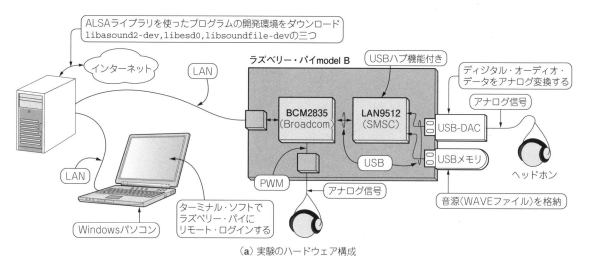

図1 LinuxでオーディオデータのI/O制御を行うときは定番ライブラリALSAを使う

ALSA（Advanced Linux Sound Architecture）は，Linuxでオーディオ・データを入出力するときに必ず使う定番のライブラリ群です．ほぼすべてのオーディオ再生プログラム（GStreamerやMPDなど）はALSAを使っています．ALSAライブラリには，PCMの入出力に関連する関数だけでも約60個と数多く用意されています．ALSAライブラリを使えるようになると，例えば，

- FLACやMP3など圧縮ファイルの再生プログラム
- 音質補正のためのイコライザ

第2部 ラズベリー・パイをオーディオ専用マシンとして活用！

写真1 今回製作したプログラムで実際に音が聴けた

- ヘッドホンをUSB-DACのステレオ・ジャックに接続する
- ハイレゾ対応のUSB-DAC AS372AN（aim社）
- USBメモリにテスト音源（サンプリング周波数44.1kHz, 48kHz, 192kHz）を入れた
- ラズベリー・パイで今回製作したプログラムを動かす

表1 24ビット/192kHzまで再生できるUSB-DAC AS372AN（aim社）を使用する
参考価格：約5,000円

項 目	仕 様
D-AコンバータIC	CM6620（C-Media）
量子化ビット数	24ビット
サンプリング周波数	44.1kHz/48KHz/96kHz/192kHz
入力端子	USB（Mini-B），光ディジタル
出力端子	ヘッドホン（φ3.5mm）
対応OS	Linux, Windows 7/Vista/XP, Mac OS
接続	USB 2.0（USB Audio Class2.0準拠）
電源供給	USBバス・パワー

- エコー，ディストーションのようなエフェクタ
- 操作音を出力するアプリケーション

などが作れます．

本章では，多くの関数のうちPCMオーディオ・データの出力に最低限必要な五つを例に，ALSAライブラリを試してみます．今回の実験に使うハードウェアとソフトウェアの構成を図1に示します．写真1は制作したプログラムでオーディオ再生しているようすです．表1に今回使用したUSB-DACの仕様を示します．

プログラムの製作を始める前に

Raspbianは，デフォルトではユーザ・プログラムからALSAライブラリを使えません．次に示すコマンドで必要なソフトウェア・コンポーネントをインストールします．

```
$ sudo apt-get install libasound2-dev libesd0 libsoundfile-dev
```

● コンパイル方法

ALSAライブラリを使用したソースコードをコンパイルするには，ソースコードのあるディレクトリへ移動し，次に示すコマンドでコンパイルします．

```
$ gcc alsa_test1.c -lasound -lm -o alsa_test1
```

alsa_test1.cをコンパイルし，alsa_test1という実行ファイルが出力されました．alsa_test1は次に示すコマンドで実行します．

```
$ ./alsa_test1
```

Linuxオーディオ再生プログラムの基本構造

ALSAを使ったオーディオ再生（PCMデータ出力）を行うプログラムの基本フローを図1に示します．使用するAPIは次の五つです．

①PCM出力のハンドルを取得する
　snd_pcm_open()
②PCM出力の設定を行う
　snd_pcm_set_params()
③出力するPCMデータを書き込む
　snd_pcm_writei()
④たまっているPCMデータを吐き出す
　snd_pcm_drain()
⑤PCM出力のハンドルを返却してクローズする
　snd_pcm_close()

これらの引き数の指定方法を表2に示します．

これらを利用して，テスト信号を出力するプログラムとWAVEファイルを再生するプログラムを製作します．

実験1：テスト音を生成して出力してみる

第8章ではaplayのコマンドを使ってハイレゾ音源を再生しましたが，その内部動作が理解できるようにテスト・プログラムを作成してみます．まず，実験1ではテスト音を生成して出力してみます．

テスト音を出力するプログラムalsa_test1をリスト1に示します．テスト音を生成してデータとして出力するだけのシンプルなプログラムです．テスト信号は10秒間出力されます．

今回は出力先デバイスのサンプリング周波数と，ソフト・リサンプリングをパラメータで指定できるようにして，各オーディオ・デバイスの出力機能について調べられるようにしました．あえてプログラムの使い方をaplayと同様にしています．

次に示すコマンドで実行します．

第9章 Linux用超定番サウンドI/OライブラリALSA入門

表2 PCMを出力するために使うALSAの関数

書式	引き数	引き数の型	引き数の指定方法
snd_pcm_open(pcmp, name, stream, mode)	pcmp	snd_pcm_t **	ハンドルへのポインタの格納先
	name	const char *	aplayで指定した出力デバイスを指定
	stream	snd_pcm_stream_t	ストリーム名を指定する．今回はSND_PCM_STREAM_PLAYBACKとした
	mode	int	今回は0を指定する

(a) PCM出力のハンドルを取得する…snd_pcm_open()

書式	引き数	引き数の型	引き数の指定方法
snd_pcm_set_params(pcm, format, access, channels, rate, soft_resample, latency)	pcm	snd_pcm_t *	snd_pcm_openで取得したハンドル
	format	snd_pcm_format_t	PCMデータの型・ビット数・エンディアンを指定する．例えば後述するテスト信号発生のプログラムの場合はSND_PCM_FORMAT_S16を指定する
	access	snd_pcm_access_t	アクセス方法を指定する．今回はインターリーブで動作させるためにSND_PCM_ACCESS_RW_INTERLEAVEDを指定する
	rate	unsigned int	サンプリング周波数をHz単位で指定する
	channels	unsigned int	出力チャネル数を指定する．ステレオ出力の場合は2を指定する
	soft_resample	int	出力の際に必要な場合にリサンプルすることの可否を指定する
	latency	unsigned int	出力のレイテンシを μs単位で指定する

(b) PCM出力の設定を行う…snd_pcm_set_params()

書式	引き数	引き数の型	引き数の指定方法
snd_pcm_writei(pcm, buffer, size)	pcm	snd_pcm_t *	snd_pcm_openで取得したハンドル
	buffer	const void *	書き込むPCMが格納されたバッファへのポインタ
	size	snd_pcm_uframes_t	出力するPCMのサンプル数を指定する．指定は出力チャネル数によらない．例えばバッファのPCMが44.1kHzステレオで1秒分格納されている場合，サンプル数は44100になる

(c) 出力するPCMデータを書き込む…snd_pcm_writei()

書式	引き数	引き数の型	引き数の指定方法
snd_pcm_drain(pcm)	pcm	snd_pcm_t *	snd_pcm_openで取得したハンドルを指定する

(d) たまっているPCMデータを吐き出す…snd_pcm_drain()

書式	引き数	引き数の型	引き数の指定方法
snd_pcm_close(pcm)	pcm	snd_pcm_t *	snd_pcm_openで取得したハンドルを指定する

(e) PCM出力のハンドルを返却してクローズする…snd_pcm_close()

```
$ ./alsa_test1 [出力デバイス名] [サンプリング周波数] [ソフト・リサンプリング]
```

第1引き数には**表3**に示すデバイス名で音の出力先を指定します．第2引き数のサンプリング周波数は[Hz]単位で指定します．ソフト・リサンプリングは，0を指定するとOFF，1を指定するとONになります．

ソフト・リサンプリングとは，ALSAによるサンプリング周波数変換機能のことです．例えばサンプリング周波数48kHzの音楽データをソフト・リサンプリングするとサンプリング周波数96kHzや192kHzのPCMデータとして出力できます．引き数を設定しない場合は，次に示すコマンドと同じです．

表3 実験1で制作したプログラムの第1引き数には出力先のデバイス名を指定する
例えばPWMから出力したい場合，第1引き数にhw:0,0，plughw:0,0，defaultのいずれかを指定する

出力先	デバイス名
PWM	"hw:0,0"，"plughw:0,0"，"default"
USB	"hw:1,0"，"plughw:1,0"

リスト1　実験1：オーディオ出力処理のチェック！テスト音をまず鳴らす
出力デバイスとソフト・リサンプリングを設定できる

```c
#include <stdlib.h>
#include <stdint.h>
#include <alsa/asoundlib.h>

// PCMデフォルト設定
#define DEF_CHANNEL 2
#define DEF_FS 48000
#define DEF_BITPERSAMPLE 16
#define WAVE_FORMAT_PCM 1
#define BUF_SAMPLES 1024

// テスト信号の設定
#include "sinewave.c"
#define N_WAVE 1024
#define PI (1<<16>>1)
#define SIN(x) Sinewave[((x)>>6) & (N_WAVE-1)]
#define COS(x) SIN((x)+(PI>>1))
#define OUT_CHANNELS(num_channels) ((num_channels) > 4 ? 8: (num_channels) > 2 ? 4: (num_channels))

void main(int argc, char *argv[])
{
    // 出力デバイスの初期設定
    char *device = "default";
    // ソフトSRC有効無効設定
    unsigned int soft_resample = 0;
    // ALSAのバッファ時間[μs]
    const static unsigned int latency = 50000;

    uint16_t Channels      = DEF_CHANNEL;
    uint32_t SamplesPerSec = DEF_FS;
    uint16_t BlockAlign    = (DEF_BITPERSAMPLE/8)
                                 * DEF_CHANNEL;
    uint16_t BitsPerSample = DEF_BITPERSAMPLE;

    // 符号付き16ビット
    snd_pcm_format_t format = SND_PCM_FORMAT_S16;

    // テスト信号生成用
    int phase = 0;
    int inc = 256<<16;
    int dinc = 0;
    int16_t *buffer = NULL;
    int n;
    snd_pcm_t *hndl = NULL;

    if(argc >= 2) {     // 出力デバイスの指定
        device = argv[1];
    }
    printf("device:%s¥n", device);
    if(argc >= 3) {     // サンプリング周波数の設定
        SamplesPerSec = atoi(argv[2]);
    }
    printf("Sampling Frequency %d[Hz]¥n",
                                 SamplesPerSec);
    if(argc >= 4) {     // Soft SRCの設定
        soft_resample = atoi(argv[3]);
    }
    printf("Soft Resampling %s¥n", ((soft_resample ==
                                 0) ? "OFF" : "ON"));
    // バッファの用意
    buffer = malloc(BUF_SAMPLES * BlockAlign);
    if(buffer == NULL) {
        printf("cannot get buffer¥n");
        goto End;
    }
    // 再生用PCMストリームを開く
    if(snd_pcm_open(&hndl, device, SND_PCM_STREAM_PLAY
                                            BACK, 0)) {
        printf("Unable to open PCM¥n");
        goto End;
    }
    // 再生周波数，フォーマット，バッファ・サイズなど
    // を指定する
    if(snd_pcm_set_params(hndl, format,
            SND_PCM_ACCESS_RW_INTERLEAVED, Channels,
            SamplesPerSec, soft_resample, latency)) {
        printf("Unable to set format¥n");
        goto End;
    }
    for (n = 0; n < (SamplesPerSec * 10); n +=
                    BUF_SAMPLES)   // 10秒間の再生
    {
        snd_pcm_sframes_t pcm_rslt;
        int i;
        // テスト信号の生成
        for (i = 0; i < BUF_SAMPLES * Channels; i +=
                                         Channels) {
            int j;
            int16_t val = SIN(phase);
            phase += inc>>16;
            inc += dinc;
            if (inc>>16 < 512)
                dinc++;
            else
                dinc--;
            for(j = 0; j < Channels; j++) {
                buffer[i+j] = val;
            }
        }
        // PCMの書き込み
        snd_pcm_writei(hndl, (const void*)buffer, ((n <
               BUF_SAMPLES) ? n : BUF_SAMPLES));
    }
    // データ出力が終わったため
    // たまっているPCMを出力する
    snd_pcm_drain(hndl);
End:
    // ストリームを閉じる
    if(hndl != NULL)
        snd_pcm_close(hndl);
    if(buffer != NULL)
        free(buffer);
}
```

```
$ ./alsa_test1 default 48000 1
```

図2に示すのは実行中の画面です．サンプリング周波数とソフト・リサンプリングの設定をメッセージとして出力します．

● 詳細

snd_pcm_set_params()で，ALSAのバッファ・サイズを50000μs (50ms) としました．筆者の環境ではPWM出力の場合，20msではunderrunが，25ms程度では再生開始時に音切れが発生しました．50ms程度に設定することでとりあえず回避できました．

また，SND_PCM_ACCESS_RW_INTERLEAVEDを指定する場合は，PCMの書き込みにsnd_pcm_writei()を使用します．この場合，レイテンシで指定したぶんのPCMの書き込みが行われて，初めてサウンド出力が開始されます．早く音出しをしたい場合には，snd_pcm_start()を実行します．ただしバッファが枯渇する前にsnd_pcm_wirtei()でPCMデータを書き込まないと音切れやunderrunが発生するかもしれません．

```
pi@raspberrypi ~ $ /alsa_test1 hw:0,0 48000 1
device:hw:0,0
Sampling Frequency 48000[Hz]
Soft Resampling ON
```

サンプリング周波数は48kHz，ソフト・リサンプリングはONに設定されている

図2 実験1：まずはテスト音を出力してみた
サンプリング周波数とソフト・リサンプリングの設定をメッセージとして出力する

```
pi@raspberrypi ~ $ /alsa_test2 0 hw:0, 0 /media/usb1/1k_400_44.wav
device:hw:0,0
Soft Resampling OFF
format : PCM, nChannels = 2, SamplePerSec = 44100, BitsPerSample = 16
```

ソフト・リサンプリングの設定と再生中のwaveファイルの情報が出力される

図3 実験2：音楽データ（WAVEファイル）を再生してみた
ソフト・リサンプリングの設定と再生中のWAVEファイルに関する情報がメッセージとして出力される

リスト2 実験2：WAVEファイルを再生できるようにalsa_test1を改造したのがalsa_test2
第3引き数に再生ファイル名を指定する

```c
#include <stdlib.h>
#include <stdint.h>
#include <alsa/asoundlib.h>

// PCMデフォルト設定
#define DEF_CHANNEL      2
#define DEF_FS           48000
#define DEF_BITPERSAMPLE 16
#define WAVE_FORMAT_PCM  1
#define BUF_SAMPLES      1024

int main(int argc, char *argv[])
{
  // 出力デバイスの初期設定
  char *device = "default";
  // ソフトSRC有効無効設定
  unsigned int soft_resample = 0;
  // ALSAのバッファ時間[μs]
  const static unsigned int latency = 50000;
  // PCM 情報，WaveformatExを使用
  struct WAVEFORMATEX{
    uint16_t wFormatTag;
    uint16_t nChannels;
    uint32_t nSamplesPerSec;
    uint32_t nAvgBytesPerSec;
    uint16_t nBlockAlign;
    uint16_t wBitsPerSample;
    uint16_t cbSize;
  } wf = { WAVE_FORMAT_PCM,
      DEF_CHANNEL,
      DEF_FS,
      DEF_FS * DEF_CHANNEL * (DEF_BITPERSAMPLE/8),
      (DEF_BITPERSAMPLE/8) * DEF_CHANNEL,
      DEF_BITPERSAMPLE,
      0};
  // WAVEファイルのchunk
  struct CHUNK {
    char ID[4];
    uint32_t Size;  // Chunk size;
  } Chunk;
  char FormatTag[4];

  const char ID_RIFF[4] = "RIFF";
  const char ID_WAVE[4] = "WAVE";
  const char ID_FMT[4]  = "fmt ";
  const char ID_DATA[4] = "data";
  // 符号付き16ビット
  static snd_pcm_format_t format =
                         SND_PCM_FORMAT_S16;
  int16_t *buffer = NULL;
  int n;
  FILE *fp = NULL;
  snd_pcm_t *hndl = NULL;

  if(argc >= 2) {   // 出力デバイスの指定
    device = argv[1];
  }
  printf("device:%s¥n", device);

  if(argc >= 3) {   // Soft SRCの設定
    soft_resample = atoi(argv[2]);
  }
  printf("Soft Resampling %s¥n", ((soft_resample == 0)
                            ? "OFF" : "ON"));

  if(argc >= 4) {   // waveファイルの読み込み
    if((fp = fopen(argv[3], "rb")) == NULL) {
      printf("Open error:%s¥n", argv[3]);
      goto End;
    }
    else {  // waveファイルの解析
      // check-RIFF
      if(fread(&Chunk, sizeof(Chunk), 1, fp) != 1 ||
              strncmp(Chunk.ID, ID_RIFF, 4) != 0) {
        printf("not RIFF Format %s¥n", argv[3]);
        goto End;
      }
      // check waveformat
      if(fread(FormatTag, 1, 4, fp) != 4 ||
         strncmp(FormatTag, ID_WAVE, 4) != 0){
        printf("not wave file %s¥n", argv[3]);
        goto End;
      }
```

引き数指定がある場合にパラメータを変更する

RIFF chunkの解析

実験2：定番オーディオ再生用ライブラリも完備！

● WAVEファイルの再生に挑戦！

WAVEファイルを再生できるようにalsa_test1を改造したプログラムalsa_test2をリスト2に示します．次に示すコマンドで実行します．

```
$ ./alsa_test2 [出力デバイス名] [ソフト・リサンプリング] [waveファイル名]
```

引き数の出力デバイス指定とソフト・リサンプリングはalsa_test1と同じです．第3引き数に再生ファイル名を指定します．引き数の処理とWAVEファイルの解析をしてPCMデータ・チャンクを探し，その後はファイルからデータを読み出します（Column

表4 デバイス名をhwと指定したとき，PWM出力はサンプリング周波数48kHzまでしか再生できなかった

出力デバイス	サンプリング周波数[kHz]	ソフト・リサンプリング OFF	ソフト・リサンプリング ON
hw:0,0 (PWM)	44.1	OK	OK
	48	OK	OK
	88.2	NG	NG
	96	NG	NG
	192	NG	NG
hw:1,0 (USB)	44.1	OK	OK
	48	OK	OK
	88.2	NG	NG
	96	OK	OK
	192	OK	OK

ソフト・リサンプリングの設定にかかわらず再生できない

表5 デバイス名をplughwと指定したとき，ソフト・リサンプリングをONにするとすべてのサンプリング周波数が再生できた

出力デバイス	サンプリング周波数[kHz]	ソフト・リサンプリング OFF	ソフト・リサンプリング ON
default plughw:0,0 (PWM)	44.1	OK	OK
	48	OK	OK
	88.2	NG	OK
	96	NG	OK
	192	NG	OK
plughw:1,0 (USB)	44.1	OK	OK
	48	OK	OK
	88.2	NG	OK
	96	OK	OK
	192	OK	OK

リスト2 実験2：WAVEファイルを再生できるようにalsa_test1を改造したのがalsa_test2（つづき）

```c
    while(fread(&Chunk, sizeof(Chunk), 1, fp)
== 1) {
      if(strncmp(Chunk.ID, ID_FMT, 4) == 0) {
        // WAVEFORMATEX
        fread(&wf, (sizeof(wf) < Chunk.Size) ?
        sizeof(wf) : Chunk.Size, 1, fp);
        if(wf.wFormatTag != WAVE_FORMAT_PCM)
        {
          printf("not PCM\n", argv[3]);
          goto End;
        }
      }
      else if(strncmp(Chunk.ID, ID_DATA, 4) == 0)
        // PCMデータのロケーションをチェック
        break;
      else
        fseek(fp, Chunk.Size, SEEK_CUR);
        // 無効チャンクの読み飛ばし
    };

    if(strncmp(Chunk.ID, ID_DATA, 4) != 0) {
    //一応DATA Chunkか再チェック
      printf("no PCM data %s\n", argv[3]);
      goto End;
    }
  }
}
else
{
  printf("no file specified\n");
  goto End;
}
// PCMフォーマットの確認と情報出力を行う
printf("format : PCM, nChannels = %d, SamplePerSec
= %d, BitsPerSample = %d\n",
       wf.nChannels, wf.nSamplesPerSec,
                          wf.wBitsPerSample);
format = SND_PCM_FORMAT_S16_LE;
// バッファの用意
buffer = malloc(BUF_SAMPLES * wf.nBlockAlign);
if(buffer == NULL){
    printf("cannot get buffer\n");
    goto End;
}

// 再生用PCMストリームを開く
if(snd_pcm_open(&hndl, device,
                SND_PCM_STREAM_PLAYBACK, 0)) {
    printf( "Unable to open PCM\n" );
    goto End;
}
// 再生周波数，フォーマット，バッファ・サイズなど
// を指定する
if(snd_pcm_set_params( hndl, format,
SND_PCM_ACCESS_RW_INTERLEAVED, wf.nChannels,
wf.nSamplesPerSec, soft_resample, latency)) {
    printf( "Unable to set format\n" );
    goto End;
}

for (n = 0; n < Chunk.Size; n += BUF_SAMPLES *
wf.nBlockAlign) {
    snd_pcm_sframes_t pcm_rslt;
    // PCMの読み込み
    fread(buffer, wf.nBlockAlign, BUF_SAMPLES, fp);
    // PCMの書き込み
    snd_pcm_writei(hndl, (const void*)buffer, ((n <
    BUF_SAMPLES) ? n : BUF_SAMPLES));
}

// データ出力が終わったため，
// たまっているPCMを出力する
snd_pcm_drain( hndl );
End:
// 終わったらストリームを閉じる
if(hndl != NULL)
    snd_pcm_close(hndl);
if(fp != NULL)
    fclose(fp);
if(buffer != NULL)
    free(buffer);
}
```

format chunkの解析
data chunkの解析
PCMハンドルの取得
PCM出力条件の指定
PCMデータの読み込み
PCMデータを書き出す
残ったPCMデータを出力
PCMハンドルを開放

参照）．図3に示すのは実行中の画面です．ソフト・リサンプリングの設定と再生中のWAVEファイルに関する情報をメッセージとして出力します．

● ALSAが対応できない再生方法が実験で確認できた

筆者の環境で再生の実験を行った結果を表4と表5にまとめました．筆者のUSB Audioデバイスはハイレゾ対応のものです（表1）．

PWMで，デバイス名にhw:0,0指定をした場合はサンプリング周波数が48kHzまでしか再生できませんでした．図4にサンプリング周波数を192kHzとして実行し，エラーが出ているようすを示します．また，デバイス名にplughw;0,0と指定した場合でも，ソフト・リサンプリングをOFFにすると同じ結果でした．さらにplughw:0,0で再生できたサンプリング周波数を少し前後に振っても（40000や42000など）再生できることが確認できました．

USB出力の場合，hw1:0と指定するとソフト・リ

```
pi@raspberrypi ~ $ /alsa_test1 hw:1,0 192000 0
ALSA lib pcm.c:7431:(snd_pcm_set_params) Rate
    doesn't match (requested 192000Hz, get 0Hz)
format : PCM, nChannels = 2, SamplePerSec = 44100,
                                    BitsPerSample = 16
```
サンプリング周波数を192kHzに指定
エラーが表示された

図4 ALSAライブラリの使い方によってはサンプリング周波数192kHzが再生できないことがある

サンプリングに関係なく，44.1kHz，48kHz，96kHz，192kHzの再生ができました．plughw1:0と指定してソフト・リサンプリングをONにすると，すべてのサンプリング周波数が再生できました．

　　　　　　　＊　　　＊　　　＊

ALSAのAPIを使用したプログラムを作成し，各サンプリング周波数のテスト信号やWAVEファイルの再生を確認しました．サンプリング周波数192kHzまでのUSB Audioデバイスで，ハイレゾ音源の再生も確認できました．

おおつ・ひでき

---

column 基本中の基本！WAVEファイルの構造

ディジタル・オーディオ・データは，アナログ・オーディオ信号をA-D変換した値を圧縮などせずに並べただけの（リニア）PCMが基本です．PCMデータをそのままファイルに格納したのがハイレゾ音源でもよく使われるWAVEファイルです．WAVEファイルの構造を図Aに示します．WAVEファイルはchunkと呼ばれる8バイトのタグを1単位とした集合体でできています．chunkは4バイトの識別子（文字列）とchunkデータ・サイズで構成されます．

ファイルの先頭にはRIFF chunkがあり，このファイルがRIFFフォーマット（RIFF waveform Audio Format）であることを示しています．RIFFフォーマットはマイクロソフト社とIBM社により策定されたそうで，その経緯からリトル・エンディアン形式になっています．RIFF chunkのデータは"WAVE"という音声データであることを示す4バイトのデータが格納されています．

次のformat chunkにはWaveFormatExというPCMデータの情報が格納されています．各メンバを表Aに示します．

表A WAVEファイルのフォーマット情報

メンバ	内容
FormatTag	PCMデータである1
Channels	チャネル数，ステレオの場合2
SamplesPerSec	サンプリング周波数（単位はHz）
AvgBytesPerSec	1秒当たりの平均バイト数．PCMの場合，SamplesPerSec×Channels×BitsPerSample/8の値が入る
BlockAlign	データ・ブロックのサイズ．量子化ビット数16ビットでStereoのPCMの場合，2バイト×2チャネル=4となる
BitsPerSample	PCMデータの量子化ビット数
cbSize	拡張情報がある場合はここにバイト数が入る

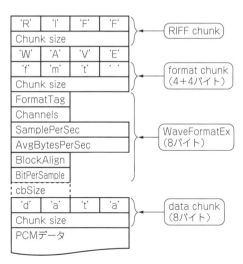

図A WAVEファイルはchunkと呼ばれる8バイトのタグを1単位とした集合体でできている

Appendix 3 オーディオ再生の必須技術！クロック同期

ストリーム・データの音切れや音の不連続を回避する

大津 秀紀

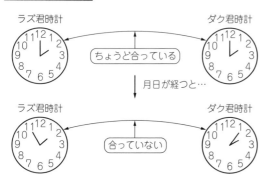

図1 クォーツで時間を刻む高精度の時計でも誤差が発生する

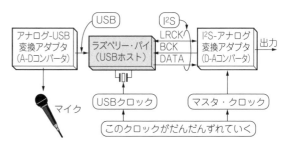

図2 USBクロックとマスタ・クロックがだんだんずれて音切れや音に不連続が発生する

　PCMデータを送受信するとき，送信側（例えばラズベリー・パイ）と受信側（例えばUSB接続のD-Aコンバータ）のサンプリング周波数が同じであれば正しく受け取れそうな感じがします．ところが送信側と受信側のクロックは微妙にずれていて，一致することはありません（図1）．いずれデータが欠けたり音に不連続期間が発生したりする可能性があります．本章ではオーディオ・データなどのストリーム転送を確実に行うために欠かせないクロック同期について解説します．

送信側と受信側のクロックはずれる

● USBオーディオの場合…音切れや音の不連続が発生する

　図2に示すUSBオーディオ入力とI²Sオーディオ出力で考えてみます．ラズベリー・パイはUSBホストとして外部からのオーディオ入力を受け付けます．ここではUSB接続でマイクから信号を入力します．

　I²S出力にはD-Aコンバータを接続し，D-Aコンバータ側にマスタ・クロックを持たせてスレーブ・モードで動作するとします．マイクからの入力信号をA-D変換して，USBのアイソクロナス転送という一定時間内のデータ量が保証された方法で転送します．例えば1msごとに1ms分のPCMデータをホストへ送ります．ここがミソです．

　この1msのクロックはどこにあるのかというと，実はUSBホストであるラズベリー・パイが持っています．一方，I²S出力のクロックはD-Aコンバータ側にあります．二つのクロックは，タイミングがだんだんずれていき，そのうち入力と出力のサンプル数が一つ多い，または足りない状態になります．足りない場合には音切れが発生し，多い場合には音に不連続期間が発生します．

クロックを同期する方法

　クロックの不一致の回避策を紹介します．

● その1…バッファリング

　圧縮オーディオ・ファイルのデコード再生のように，入出力間の時計の時間差と再生時間が分かっていれば，差分×再生時間分の半分のバッファリングを行ってから出力を行えば間に合うことになります．ただし，再生時間が長い場合はバッファリングにかかる時間も長くなります．放送のように再生時間が規定できない場合には，バッファ量も決められないため，この方法は適用できません．

● その2…非同期サンプリング周波数変換

　入出力のクロックが同じサンプリング周波数だとしても，厳密に一致することはありません．サンプリング周波数が一致しないのであれば，サンプリング周波数の変換を行えばよいのです．ただし，その変換比は入出力のクロックで決定するため，固定にできません．入出力のクロック比を検出し，その比に合わせてサンプリング周波数変換を行うのが非同期サンプリング周波数変換です（図3）．

column ラズベリー・パイの不便な点…I²Sマスタ・モードが使えない

図A(a)のようなサウンド再生システムでは，出力するPCMのサンプリング周波数（f_sと表記する）に合わせてマスタ・クロックを持っています．マスタ・クロックはD-Aコンバータが必要とするサンプリング周波数の整数倍，例えば256倍（$256f_s$と表記する）のクロックです．D-AコンバータにPCMを入力する送信側は，マスタ・クロックから分周して作ったLRCKやBCKと呼ばれる信号を使ってI²Sなどのフォーマットで伝送します．つまり送信側と受信側がサンプリング周波数単位で同期して伝送を行っています．これをマスタ・モードと呼びます．

ラズベリー・パイは，マスタ・クロックを出力する機能を持ちません．D-Aコンバータとの同期をとるには，スレーブ・モードと呼ばれる方法で伝送を行います．図A(b)に示すようにD-Aコンバータ側にマスタ・クロックを持ち，LRCKとBCKをラズベリー・パイに供給します．LRCKとBCKに合わせてラズベリー・パイがPCMデータを出力します．

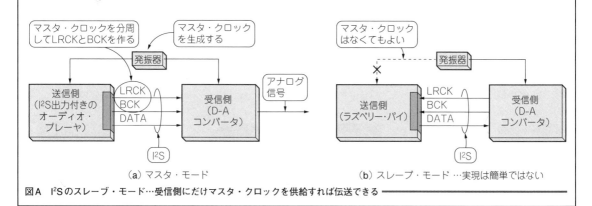

図A I²Sのスレーブ・モード…受信側にだけマスタ・クロックを供給すれば伝送できる

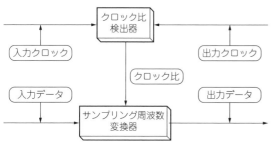

図3 入出力のクロック比を検出し，その比に合わせてサンプリング周波数変換を行う

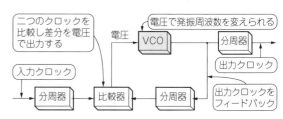

図4 PLL同期で一方のクロックから他方用のクロックを作る
入力クロックが安定しないと生成したクロックも安定しない

● その3…PLL同期

入力と出力のクロック元が異なるのであれば，無理やり同じにしてしまえばずれはなくなります．一方のクロックから他方用のクロックを作ってしまうのがPLL同期です．図4に示すように，出力と同期したクロックと入力クロックの比を電圧に変換し，VCOにフィードバックすることで入力に同期したクロックを生成します．ただし，入力クロックが安定しないと，生成したクロックも安定しません．サンプリング周波数に微妙な揺らぎがあるとD-Aコンバータ側でジッタとなり，音質に影響します．

● USB-DACではPLL同期が主流

オーディオ用のマスタ・クロックを必要としないLSIは，PLL同期をしているものが大多数です．D-Aコンバータの場合，サンプリング周波数を正確に示すLRCKやBCKからPLLを使ってマスタ・クロックを生成します．USB接続のD-Aコンバータはアイソクロナス転送でPCM信号を伝送しますが，そこにSOF（Start of Frame）という同期信号が入っています．この同期信号の周期にPLLを掛けてマスタ・クロックを生成しています．

おおつ・ひでき

Appendix 4　USB Audio Class 2.0に準拠！　24ビット/192kHzサンプリング USB-DACセレクション

中田 宏

　量子化ビット数24ビット，サンプリング周波数192kHzの音声データをステレオ再生するには，1ms当たり1152バイト以上の転送速度が必要です．従来使われていたオーディオ用USBデバイス・クラスの一つUSB Audio Class 1.0の転送速度は1023バイト以下であり，転送できませんでした．USB Audio Class 2.0では1ms当たり24576バイトの音声データを転送できるようになり，24ビット/192kHz以上のハイレゾ音声データも再生できるようになりました．

　市販のUSB接続のD-Aコンバータ（以下USB-DACと呼ぶ）の中から，量子化ビット数24ビット，サンプリング周波数192kHz以上，2チャネル以上の再生が可能でUSB Audio Class 2.0に準拠しているものを**表1**にまとめました．**写真1〜写真3**に例を示します．
　Linuxは，USB Audio Class 2.0に準拠しています．

なかた・ひろし

写真1　HP-A4（フォスター電機）　　写真2　RAL-24192UT1（ラトックシステム）　　写真3　DA-300USB（デノン）

表1　USB Audio Class 2.0に準拠とウェブ・サイトに明記されていた市販のUSB-DACの例（2014年6月調べ）

型名（メーカ名）	対応PCMフォーマット		対応DSDフォーマット	入力端子	出力端子	本体価格[円]
	量子化ビット数[ビット]	サンプリング周波数[Hz]	サンプリング周波数[Hz]			
AS372（aim）	24	44.1k/48k/96k/192k	非対応	USB (mini-B)，光ディジタル	ヘッドホン（φ3.5mm），アナログ（RCA），光ディジタル	10,000
MICRO PRECISION DH1（ヒビノインターサウンド）	16/24/32	44.1k/48k/88.2k/96k/176.4k/192k	2.8224M/5.6448M	USB (mini-B)	ヘッドホン（φ3.5mm）	19,980
hiFaceDAC（M2Tech）	16/24/32	44.1k/48k/88.2k/96k/176.4k/192k/352.8k/384k	非対応	USB (Type A)	ヘッドホン（φ3.5mm）	34,800
HP-A4（フォスター電機）	16/24	44.1k/48k/88.2k/96k/176.4k/192k	2.8224M/5.6448M	USB (Type B)，光ディジタル，microSDカード	ヘッドホン（φ6.3mm），アナログ（RCA），光ディジタル	40,000
DA-300USB（デノン）	16/24	32k/44.1k/48k/64k/88.2k/96k/176.4k/192k	2.8224M/5.6448M	USB (Type B)，光ディジタル，同軸ディジタル	ヘッドホン（φ6.3mm），アナログ（RCA）	57,500
RAL-24192UT1（ラトックシステム）	16/24	44.1k/48k/88.2k/96k/176.4k/192k	非対応	USB (Type B)	ヘッドホン（φ6.3mm），アナログ（RCA），同軸ディジタル	72,000
SA8005（マランツ）	16/24	32k/44.1k/48k/64k/88.2k/96k/176.4k/192k	2.8224M/5.6448M	USB (Type A/B)，光ディジタル，同軸ディジタル，CD/SACD	ヘッドホン（φ6.3mm），アナログ（RCA），光ディジタル，同軸ディジタル	129,500

第10章 オーディオ専用Linuxディストリビューション Volumio を BeagleBone Black で試す

高機能オーディオ再生ソフト MPD 標準装備

オーディオ専用Linuxディストリビューション VolumioをBeagleBone Blackで試す

宗像 尚郎

写真1 高機能オーディオI/Oソフトウェア MPDがパッケージに入っていて非常に便利！オーディオ専用LinuxディストリビューションVolumioをBeagleBone Blackで試してみる

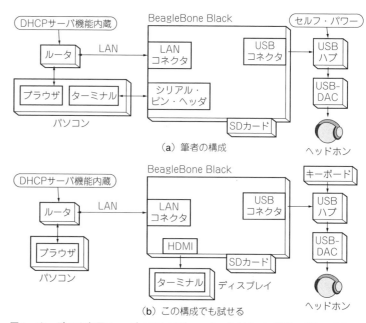

図1 オーディオ専用LinuxディストリビューションVolumioを使ってBeagleBone Blackでハイレゾ再生機を作る

　オーディオ用LinuxディストリビューションVolumioには，あらかじめ高機能なオーディオI/OソフトウェアMPD（Music Player Daemon）などのソフトウェアが組み込まれています．ハイレゾ・オーディオ再生やネットワーク・オーディオの実験などに最適です．

　本章では，BeagleBone BlackとVolumioを書き込んだSDメモリーカードを用意し，写真1のようにハイレゾに対応したオーディオ・プレーヤを構築します．BeagleBone Blackはオーディオ・サーバ・ボードとしてスタンドアロンで使うため，パソコンからリモート・ログインして動作を確認します．Volumioをそのまま使うとSDメモリーカード容量の使い方が非効率なので，カード容量を効率良く使うテクニックも紹介します．

（編集部）

ハードウェアの構成

　図1に製作したオーディオ・プレーヤの構成を，写真1に音楽を再生しているようすを示します．

　BeagleBone BlackとVolumio以外に，USBで接続するD-Aコンバータ（USB-DAC），音を鳴らすためのヘッドホンやアンプ内蔵スピーカなどが必要です．

● USB-DAC

　今回は筆者が所有している2種類のUSB-DAC（表1）で動作を確認しました．

　最近は，CDのデータ・フォーマット（量子化ビット数：16ビット，サンプリング周波数：44.1kHz）を拡張したハイレゾ・フォーマット（分解能：24ビット，サンプリング周波数：192kHzなど）も使われています．ハイレゾ・フォーマットへの対応はUSB-DACに

第3部 高性能LinuxボードBeagleBone Blackのオーディオ活用

column 音楽再生用プログラムMPDを組み込み済み！ オーディオ専用Linuxディストリビューション「Volumio」

● 音楽再生に必要なソフトの機能をすぐ試せる

オーディオ再生用ソフトウェア群を組み込んであり，それらの機能をすぐに試せるLinuxディストリビューション「Volumio」があります．これを使えば，

- ローカルだけでなくネットワーク上にある音楽データを管理できる
- ハイレゾを含めたさまざまなコーデックに対応
- パソコンやスマートフォンのブラウザからネットワーク経由で操作できる

などを行えます．

Volumioは厳密にはLinuxディストリビューションではなく，Debianをベースとして作成したオーディオ向けアプリケーション群です．USBやネットワーク用のドライバ，それを操作するALSAライブラリ，オーディオ・プレーヤ・プログラムMPD（Music Player Daemon）などがあらかじめ組み込まれています．

● 隣のパソコンにある音楽データを鳴らせるしくみ

Volumioを使うと，USBメモリなどのローカルにある音楽データだけでなく，NASやほかのパソコンに格納された音楽データをネットワーク経由で再生できます．この機能はMPDを利用しているものです．

MPDは常駐プログラム（デーモン）で動かしておき，MPDクライアント・アプリケーションと組み合わせて利用します．MPDは音楽データに関連する情報をローカルやネットワーク越しに検索してデータベースで管理したり，ネットワーク経由で別のパソコンのMPDクライアントと通信したり，音楽のプレイリストを管理したりできます．

MPDは専用クライアント・アプリから操作するのが基本ですが，Volumioはユーザの使いやすさを考慮して，パソコンやスマートフォンのブラウザでMPDを操作できるアプリを備えています．選局や各種設定などはウェブ・ブラウザから行えます．

● インストールはあっという間！

Volumioを使うには，SDカードにイメージ・ファイルをコピーして起動するだけです．Volumioプロジェクトのホームページ[A]では，ラズベリー・パイやBeagleBone BlackのほかにSOLIDRUN CuBox/CuBox-i, UDOO, COMPULAB UTILITEの各ボードに対応した専用バイナリ・イメージを公開しています．

● そのほかの機能

Volumioのその他の機能を以下に示します．

- FLAC, WAV, MP3, AAC, ALAC, PLSの各コーデックに対応
- HDMI出力，USB出力，アナログ出力，S/PDIF出力，I²S出力ができる
- USB Audio Class 2.0に対応するD-Aコンバータを利用できる
- LAN上のパソコンやハードディスク，USBメモリなどから音楽データを読み込める
- インターネット・ラジオ対応
- パソコンのウェブ・ブラウザやスマートフォン，タブレットのアプリケーションから操作可能
- Apple社のネットワーク・オーディオ規格Airplayに対応し，iPhoneなどから操作できる
- プレイリスト上の曲をランダム再生できる
- DSDフォーマットの音楽データを再生できる
- Wi-FiやLANの設定ができる

● 簡単だけど…技術情報は少なめ

Volumioの狙いは「Linuxに慣れていないオーディオ・ファンが満足できるクオリティの音楽再生環境を簡単に利用できるようにすること」のようで，プロジェクトのホームページでも簡単さを強調しています．しかし，VolumioプロジェクトはGPLv3ライセンスのオープンソースであるにもかかわらず，ソースコードなどの情報が控えめです．USB-DACの動作実績などは，前身のRaspyFiプロジェクトのホームページ[B]に情報が残っているのでこちらも合わせて見ることをおすすめします．

◆参考文献◆
(A) Volumioプロジェクト，http://volumio.org/
(B) http://www.raspyfi.com/raspberry-pi-usb-dac-and-raspyfi-supported-dacs/

よって異なります．

秋月電子通商のUSBオーディオD-Aコンバータ・キットに搭載されたPCM2704は，CD並みのデータ・フォーマットだけの対応ですが，D-Aコンバータの

ICとして定番です．多くのオーディオ機器に採用されています．

M2Techのhiface DACに搭載され，インターフェースICとして使われているxCOREとD-Aコンバータ

第10章　オーディオ専用Linuxディストリビューション Volumio を BeagleBone Black で試す

表1　今回実験した2種類のUSB-DACの仕様

製品名	メーカ名	搭載D-AコンバータIC	対応サンプリング周波数[Hz]	量子化ビット数	参考価格
USBオーディオDAコンバーターキット	秋月電子通商	PCM2704（テキサス・インスツルメンツ）	32k, 44.1k, 48k	16ビット	1,700円
hiFace DAC	M2Tech	PCM5102A（テキサス・インスツルメンツ）	44.1k, 48k, 88.2k, 96k, 176.4k, 192k, 352.8k, 384k	1ビット（DSD），16ビット, 24ビット, 32ビット	37,000円

表2　使うボードによってVolumioの対応バージョンが異なる

ターゲット・ボード	バージョン	リリース日
BeagleBone Black	beta 1.3	2014年 3月21日
ラズベリー・パイ	beta 1.3	2014年 4月25日
CuBox	beta 1.0	2013年12月14日
CuBox-i	beta 1.2	2014年 2月18日
UDOO	beta 1.3	2014年 4月25日
UTILITE	beta 1.3	2014年 3月20日

ICのPCM5102Aの組み合わせは，ハイレゾ・フォーマット（量子化ビット数：32ビット，サンプリング周波数：384kHzまで）に対応しています．10万円以上もする本格的なハイファイ・オーディオ機器と比べても遜色のない性能のUSB-DACです．

準備

● Volumioをインストールする前にUSB-DACの動作を確認しておく

BeagleBone Blackは，同梱されたUSBケーブルでパソコンとつなぐだけで，あらかじめ書き込まれたLinuxが起動するように初期設定されています．ここで起動するのはÅngström v2012.12（3.8.13）というディストリビューションです．

BeagleBone Blackが起動すると，パソコンにはUSBディスクとして自動マウントされ，BeagleBone Black上に保存されているhtmlフォーマットのドキュメントを閲覧できます．また，USBが仮想LAN接続をサポートしているのでブラウザのリンクからSSHログインもできます．ターミナル・ソフトからはBeagleBone BlackのIPアドレス（筆者の環境では192.168.7.2）にアクセスし，ユーザ名はroot，パスワードなしでログインします．

ディストリビューションが異なると，起動のしくみやアプリケーションの管理方法も異なります．Ångströmではコンソールから`dpkg list-installed | grep （パッケージ名）`と打ち込むとインストールされたプログラムを確認できます[注1]．オーディオ・プレーヤの中核となる，高機能オーディオ再生ソフトウェア

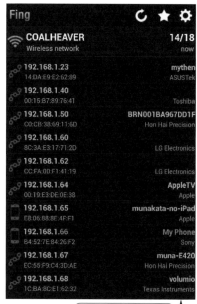

図2　FingでIPアドレスを確認

MPDも最初からインストールされていました．今回使用する2種類のUSB-DACがÅngströmのサウンド・ドライバに正しく認識されていることも確認できました．

● Volumioの起動ディスク・イメージをSDカードにコピーしておく

Volumioは簡単さを追求しているためか，Linuxとしては，インストール方法がややイレギュラです．VolumioプロジェクトのホームページではZIP形式で圧縮されたディスク・イメージだけが公開されています．このディスク・イメージをターゲット・ボードに合わせてSDメモリーカードに書き込みます．

▶Volumioの入手先

`http://volumio.org/get-started/`

表2に示すのは，ターゲット・ボードと対応するVolumioのバージョンです．使用するボードによってバージョンが異なります．しかし，バージョン間やボード間の差分情報などはありません．Linux向けのSDカード・フォーマット方法を知らなくても起動ディスクが作れるのはメリットですが，リリースに関する情報は

注1：dpkgコマンドは`http://www.elinux.org/Installing_A_Software_Package_In_Angstrom`

column　SDメモリーカードの空きを使えるようにするには

● デフォルトではカード容量をムダ使いしている

図Aに示すのは，dfコマンドでVolumioのファイル・システムの利用状況を表示させたものです．rootfsというプログラム本体の格納領域として約1.8Gバイトの領域が確保され，500Mバイト程度を使っていることが分かります．

今回，筆者が使ったのは8GバイトのmicroSDメモリーカードです．なぜ1.8Gバイトしか認識されていないのでしょうか．1.8Gバイトしか認識されていないのは，ディスク・イメージ・ファイルが原因です．

通常，新しいHDDやUSBメモリ，SDメモリーカードなどを使う時には次に示す手順をとります．
① パーティション（区画）の確保
② フォーマット
③ ファイルのコピー

ところがディスク・イメージ・ファイルを使うと，これらのステップを踏まずに，直接オリジナル・ディスクの完全クローンを作ることができます．ディスクのパーティション構成，フォーマットなどもオリジナルと同じになり，ディスク容量も実際のカード容量とは無関係にオリジナルと同じになってしまいます．パーティションやフォーマットの方法を知らなくてもLinuxをインストールできるというメリットがありますが，オリジナルより容量の大きなSDメモリーカードを使った場合，ディスク容量が無駄になります．

最近では大容量SDメモリーカードの値段が下がっているので，せっかくの大容量を無駄にしないインストール方法を説明します．以下の手順では作業用のLinuxマシンが必要です．

```
root@volumio:~# df -T
Filesystem                              Type         1K-blocks        Used    Available Use% Mounted on
rootfs                                  rootfs         1811704      516400      1201608  31% /
/dev/root                               ext4           1811704      516400      1201608  31% /
devtmpfs                                devtmpfs        253716           0       253716   0% /dev
tmpfs                                   tmpfs            50772         624        50148   2% /run
tmpfs                                   tmpfs             5120           0         5120   0% /run/lock
tmpfs                                   tmpfs           348160           0       348160   0% /run/shm
/dev/mmcblk0p1                          vfat              1004         472          532  48% /boot/uboot
Ramdisk                                 tmpfs           348160           0       348160   0% /run/shm
192.168.1.23:/raid_vol/home/munakata/hifiaudio  nfs   3845580800  1162546176  2487719936  32% /mnt/NAS
```
（rootfs ← rootfs，1811704 ← 1.8Gバイト）

図A　Volumioのディスク利用状況

```
[   59.405998] sdd: detected capacity change from 7822376960 to 0
[   85.598183] usb 2-1.2: USB disconnect, device number 4
[   88.611349] usb 2-1.2: new high-speed USB device number 5 using ehci_hcd
[   88.895159] scsi7 : usb-storage 2-1.2:1.0
[   90.686874] sd 7:0:0:2: [sdd] 15278080 512-byte logical blocks: (7.82 GB/7.28 GiB)
[   90.707816]  sdd: sdd1 sdd2
[   90.712175] sd 7:0:0:2: [sdd] No Caching mode page found
[   90.712178] sd 7:0:0:2: [sdd] Assuming drive cache: write through
```

図B　dmsegコマンドでSDメモリーカードに割り当てられたデバイス名を確認する

足りません．また，リリース版ではありませんが，開発途上のコードはGitHubで公開されているようです．

https://github.com/volumio?tab=repositories

Volumioの起動

● SDカードを挿して電源を入れるだけ

Volumioのディスク・イメージが書き込まれたSDメモリーカードをBeagleBone Blackに挿入するだけで，Volumioが起動します．BeagleBone Blackのブートローダは，USB，SDメモリーカードの順にLinuxが起動可能かを確認するしくみが組み込まれています．

Volumioのベースとなっているのは2013年5月4日リリースのDebian GNU/Linux 7 wheezy（3.8.13）というディストリビューションです．Ångströmとは起動やパッケージ管理のしくみが異なります．また，Volumioを起動したときのIPアドレスがÅngström環境とは違うので，SSHの接続設定も変わります．

第10章　オーディオ専用Linuxディストリビューション Volumio を BeagleBone Black で試す

● 手順（作業には別のLinuxパソコンが必要）

Volumioの標準的なインストール方法に従って作成したSDメモリーカードを例に作業を進めます.

▶注意！操作を間違えると作業用マシンのデータが消えてしまう

この先の操作にはディスクの初期化などが含まれています. 間違ってSDメモリーカードのつもりで作業用のLinuxマシンのHDDを初期化した場合, データが消滅するリスクがあります. くれぐれも注意して進めてください.

VolumioをコピーしたSDメモリーカードをLinuxパソコンに認識させます. ホスト・マシンのコンソールにdmesgというコマンドを打つと, カーネルがSDメモリーカードに割り当てたデバイス名を確認できます. 図Bに示すように, 筆者の環境では/dev/sddとして認識されました.

次に, SDメモリーカードのデバイス名（ここではパーティションを指定しない/dev/sdd1ではなく/dev/sdd）を指定して, fdiskコマンドを実行します. fdiskのプロンプトが表示されたらp(print)と打ち込みます. すると図Cに示すように, 二つのパーティションに分かれていることが分かります. FAT12でフォーマットされた第一パーティションは, ブートローダが参照するファイルです. Linuxでフォーマットされた領域がVolumioの本体が格納された第二パーティションです. 第二パーティションをディスク容量分いっぱいに確保することで, SDメモリーカードの全容量が利用できるように, 以下の手順で作業を進めます.

①SDメモリーカードの第二パーティションの内容をホスト・マシンにバックアップする
②fdiskコマンドで, SDメモリーカードの第二パーティションを削除する
③fdiskコマンドでSDメモリーカードの最終端を指定して, 新たにext4フォーマットのパーティションを作る
④新たに作ったパーティションをフォーマットする
sudo mkfs.ext4 /dev/(SDメモリーカードのパーティション番号) -L Volumio⏎
⑤ホスト・マシンにバックアップしたVolumioのファイルをSDメモリーカードにコピーする
⑥SDメモリーカードをBeagleBone Blackに挿入してVolumioを起動し, ディスク容量を確認する

図C　ディスク・イメージのパーティション構成

● Volumioを日本語化する

Volumioの起動を以下に示す手順で進めます.

①IPアドレスをDHCPサーバから入手する. IPアドレスはFingなどのツールで確認する（図2）
②ネットワークがつながったらapt-get updateを実行してVolumioを最新版に更新する
③最低限必要なプログラム（エディタなど）をapt-get installコマンドでインストールする
④シリアル・コンソール・ケーブルを使ってログインするために, /etc/inittabに以下の行を追加する
/etc/inittab T1:23:respawn:/sbin/getty -L ttyO0 115200 vt100⏎
⑤Volumioへログインする. ユーザ名はroot, パスワードはvolumio
⑥日本語ファイル名を正しく表示するようにlocale（タイムゾーン, 漢字コード）を設定する

Volumioに割り当てられたIPアドレスをブラウザに入力すると, 図3に示すコントロール画面が開きます. この画面からは, Linuxの予備知識がないとハー

第3部 高性能LinuxボードBeagleBone Blackのオーディオ活用

図3 Volumioのコントロール画面はブラウザで開く

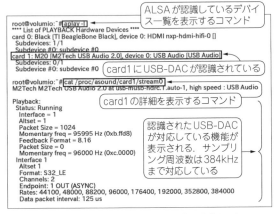

図4 筆者のUSB-DAC hiface（M2Tech社）が認識された

図5 インターネット・ラジオ再生で動作させてみた

図6 音楽データの保存先を指定できる

ドルが高いネットワーク・ドライブの設定などを含めて，ほぼすべてのMPD動作の環境をブラウザで設定できます．また，ブラウザ上で操作できるプレーヤも組み込まれています．

Volumioは，煩雑なウェブ・サーバ設定などをあらかじめインストール・イメージ上で完結させることによって，このような設定レス動作を実現しています．ただし，USB-DAC関連の設定は，Volumioを起動する前にカーネルのレベル（ALSA）でUSB-DACが認識されていることが前提です．

▶ USB-DACが認識されないときは…

Ångströmでは，2種類のUSB-DACが共に正しく認識されました．ところがVolumio Beta 1.3では，USB-DAC2種類共に認識されませんでした．カーネル・ログから調べてみたところ，起動時のUSBデバイス・スキャンではUSB-DACのID情報が正しく読み込めていることが分かりました．どうやら，ドライバが読み込めていないようです．本格的にデバッグしなければならないのかと思案しましたが，Volumioのダウンロード・ページにある一つ前のリリースBeta 1.0を試したところ認識されました（図4）．

● インターネット・ラジオを動かしてみる

USB-DACさえ認識されればゴールはもうすぐです．Volumioは，インターネット・ラジオが聴けるので，音楽データがなくても動作確認ができます．図3のコントロール画面左下の[Browse]をクリックして，図5の[WEBRADIO]を選択すると再生が始まります．

図6に示すのは，コントロール画面右上の[MENU]をクリックしてLibraryページを表示させたところです．NAS（ローカル・ネットワーク上のHDD）やUSBストレージ・デバイス，BeagleBone BlackのRAMに保存された音楽データを再生できます．Voyage MPDなどのプレーヤでは，Linuxの設定ファイルを直接編集する必要がありますが，Volumioでは，図6の画面下の方の[ADD NEW MOUNT]をクリックするとネットワーク・ドライブの設定ができます．

むなかた・ひさお

第11章 プロ並み高機能！音楽再生ソフトMPD入門

音楽データのI/Oからデータベース作成まで！使わな損！

宗像 尚郎

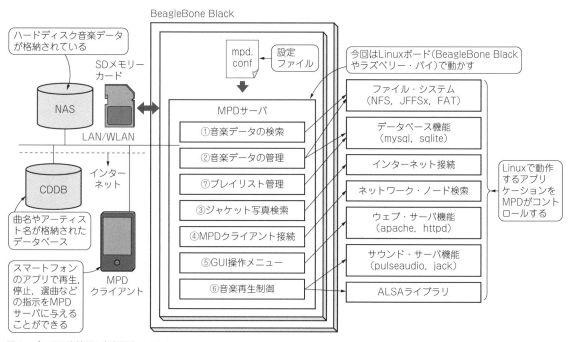

図1 プロ並み高機能！音楽再生ソフトMPD
オーディオ再生制御だけでなくジャケット写真の管理やプレイリストの管理などの機能が含まれる

主な特徴

MPD（Music Player Daemon）とは，オープンソースの高機能音楽プレーヤ・ソフトウェアです．次の機能を備えています．

- 音楽データ管理
- ネットワーク接続管理
- 音楽再生の制御

MPDは専用クライアント・アプリで操作するのが基本です．本章では，定番LinuxボードBeagleBone BlackでMPDが組み込み済みのLinuxディストリビューションVolumioを動かし，MPDをコマンド・ラインで使ってみます．

▶アプリだけどオーディオ専用Linuxにパッケージされている

一般的なLinuxではMPDはOSとは別にインストールが必要です．しかし，音楽再生専用のLinuxディストリビューションでは，あらかじめMPDの実行に最適化されたディストリビューションVoyageMPDやウェブ経由で操作する専用GUIを追加したVolumioがあります．

● MPDの機能

図1にMPDの機能を示します[1]．

① ローカル・ディスク，またはネットワーク越しにマウントされたディスクから音楽データを探し出す
② 見つけた音楽データをデータベースで管理する
③ ネットワークからジャケット写真，アルバム情報を検索してデータベースと連携する

第3部 高性能LinuxボードBeagleBone Blackのオーディオ活用

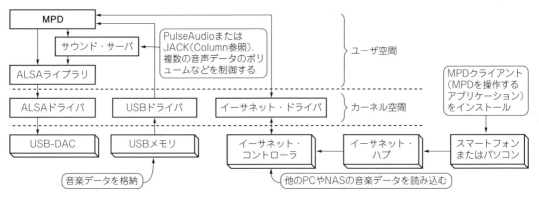

図2 検索/管理/再生/停止/配信…MPDは音楽データのI/Oをコントロールできるのでリッチなネットワーク機能を実現するのも簡単!

④ネットワーク経由でMPDクライアント・アプリケーションと通信する
⑤MPDクライアント・アプリケーションに対してウェブ・ベースのGUIインターフェースを提供する
⑥MPDクライアント・アプリケーションからの指示に従い，音楽データをサウンド・サーバに渡して再生や選曲などのコントロールを行う
⑦プレイリスト（音楽を再生する順番をリスト化したもの）の作成や編集を行う

● クライアント-サーバ型だからネットワーク・オーディオにぴったり

　MPDはクライアント-サーバ型のつくりになっており，ネットワーク・オーディオ・プレーヤなどを簡単に作れます（図2）．MPDが動作するLinuxボードやパソコンのことをMPDサーバと呼びます．MPDクライアント・アプリケーションが動作するパソコン，スマートフォン，タブレットのことをMPDクライアントと呼びます．

実験の準備

● 用意するもの
　MPDを試すために，以下のものを用意します．
・LinuxボードBeagleBone Black
・音楽再生専用LinuxディストリビューションVolumioを書き込んだSDメモリーカード
・LAN環境
・キーボードやマウス，ディスプレイ

　別のパソコンからリモート・ログインする場合，キーボードやマウス，ディスプレイは不要です．Volumioを用意する方法は，第10章で参照してください．

● ネットワークの設定…IPアドレスを固定する
　前述のように，MPDはクライアント-サーバ型のア

プリケーションです．MPDサーバのIPアドレスがMPDクライアントから接続できるように設定されていないとネットワーク機能が使えません．MPDサーバに固定のIPアドレスを割り当てて，MPDクライアントからIPアドレスを指定します．
　Volumioでは，ブラウザ操作で固定IPアドレスを割り当てることができます．Volumioのメニュー画面から，IPアドレスを固定します．
　MPDサーバ→MPDクライアント，またはMPDクライアント→MPDサーバの双方向で，pingコマンドを使ってパケットが双方に到達することが確認できれば，ネットワークの設定は完了です．

▶ MacやWindowsの場合はアップルのソフトを使う
　Volumioは，Apple社が開発したBonjour（ボンジュール）というネットワーク・ノードを発見するしくみを使ってMPDサーバを見つける方法を推奨しています．これはiTunesという音楽プレーヤがインストールされたMac OSまたはWindowsのみが利用できるしくみです．LinuxではDNSというしくみを使って正しく設定すればMPDに付けた名前で検索できますが，固定IPアドレスを割り当てる方が簡単です．

MPDを動かしてみる

　以下は，ブラウザの操作画面（GUI）は使わず，すべてコマンド・ラインから操作します．
　サーバ側のMPDは設定ファイルを読み込んで動作します．探す順番は以下です．
①MPDを起動したユーザのホーム・ディレクトリ（~/と表す）直下で．mpdconfというファイルを探す
②見つからなかった場合は，さらに~/.mpd/mpd.confを探す
③それでも見つからなかった場合は，さらに/etc/mpd.confを探す

　.mpdconfはMPDサーバをユーザごとに設定す

るときに使います．mpd.confはすべてのユーザに適用される設定です．ここからはmpd.confの編集方法を紹介します．

● STEP 1：ディレクトリを設定する

音楽データが保存されている場所は，mpd.confの中のmusic_directoryという項目で指定できます（リスト1）．デフォルトでは次に示すディレクトリが設定されています．

/var/lib/mpd/music

follow_outside_symlinks（ディレクトリ外のシンボリック・リンクを検索対象に含める）というオプションを有効にすると，ネットワークに接続された別のパソコンやハードディスクなどのディレクトリのシンボリック・リンクも指定できます．ネットワーク・ドライブのマウント位置やマウント方法は/etc/fstabに記述します．

mpd.confの中には他にplaylist_directory，db_file，log_file，pid_file，state_fileという項目があります．これらはデフォルトのままで問題ありません．

▶ アクセス権を設定する

Linuxはマルチ・ユーザ対応OSなので，ディレクトリやファイルに対して誰がアクセスできるかを細かく指定する必要があります．具体的には，「ファイル作成者（オーナ），同一アカウント・グループに属するユーザ，誰でも」の3種類のカテゴリ分けをします．さらに読み込み，書き込み，実行ができるかも指定する必要があります．

自分が管理するディレクトリへ音楽データを保存したときに，mpdというユーザがその領域にアクセスできない場合があります．そのときは，自分のアカウント・グループの中にmpdというユーザを追加し，読み込み権を与える必要があります．さらに，音楽データが格納されたディレクトリに実行権を与えないとMPDがディレクトリを見つけることができないため，MPDの起動に失敗します．

● STEP 2：MPDの起動を確認する

ネットワーク設定と音楽データの保存場所の設定ができたら，次に示すコマンドでMPDを起動します．

リスト1　音楽データが保存されている場所を設定する

```
                      ここに音楽データの格納先を指定する
music_directory       "/var/lib/mpd/music"
playlist_directory    "/var/lib/mpd/playlists"
db_file               "/var/lib/mpd/tag_cache"
log_file              "/var/log/mpd/mpd.log"
pid_file              "/var/run/mpd/pid"
state_file            "/var/lib/mpd/state"
                      デフォルトのままでよい
```

/etc/init.d/mpd start

次に示すメッセージが出れば問題ありません．

[ok] Starting Music Player Daemon: mpd

次にMPDをコントロールするためのMPDクライアント・アプリケーションをスマートフォンやタブレットにインストールします．MPDクライアント・アプリケーションは複数存在するので，スマートフォンやタブレットの環境に合わせて好みのものが選べます[注1]．

ネットワークとディレクトリの指定がうまくできていれば，MPDクライアント・アプリケーション上に再生可能な曲のリストが表示されます．ここまでくれば，再生制御以外の機能の設定が完了したことになります．リストが文字化けしている場合には，文字コードが正しく設定されていない可能性があります．コンソール上で曲名が正しく表示されている場合（Linuxの文字コードとファイルのエンコードが合っている場合）は，/etc/mpd.confの最後の方にあるfilesystem_charsetとid3v1_encodingにLinuxの文字コードを設定します．コンソール上でもファイル名が文字化けしている場合には，nkfコマンドなどを使って適切な文字コードに変更します．

● STEP 3：音の出力先を変えてみる

USB-DACに何を使うか，またLinuxマシンにどんな音楽再生のしくみが組み込まれているかによって設定内容が大きく変わります．さらに，サウンド・サーバ（Column参照）を使うかどうか，それに何を使うかなど，ユーザの好みで設定を選べます．

注1：iOSではMPoDやMPaD，AndroidならMPCなどが代表的なMPDクライアント・アプリケーションになる．

図3　ALSAが認識しているサウンド・デバイス
ALSAはここに表示されたサウンド・デバイスへの入出力を利用できる

```
root@beaglebone:~# aplay -l
**** List of PLAYBACK Hardware Devices ****
card 0: Black [TI BeagleBone Black], device 0: HDMI nxp-hdmi-hifi-0 []
  Subdevices: 1/1
  Subdevice #0: subdevice #0
card 1: DAC [USB Audio DAC], device 0: USB Audio [USB Audio]
  Subdevices: 1/1
  Subdevice #0: subdevice #0
```

USB-DACのカード番号　　USB-DACのチャネル番号

リスト2 出力デバイス，音量の調整方法，サウンド・サーバに何を使うかを設定する

```
audio_output {
    type          "alsa"            ← サウンド・サーバを設定する
    name          "My ALSA Device"
    device        "hw:0,0"       # optional   ← 出力先を指定する
    mixer_type    "hardware"     # optional
    mixer_device  "default"      # optional
    mixer_control "PCM"          # optional
    mixer_index   "0"            # optional
}
                                            ← 音量の調整方法を設定する
```

```
root@beaglebone:~# cat /proc/asound/card1/stream0
Burr-Brown from TI USB Audio DAC at usb-musb-hdrc.1.auto-

Playback:
  Status: Stop
  Interface 1
    Altset 1
    Format: S16_LE
    Channels: 2
    Endpoint: 2 OUT (ADAPTIVE)
    Rates: 32000, 44100, 48000
  Interface 1
    Altset 2
    Format: S16_LE
    Channels: 1
    Endpoint: 2 OUT (ADAPTIVE)
    Rates: 32000, 44100, 48000
```
サンプリング周波数は32kHz，44.1kHz，48kHzに対応している

図4 チャネル数や対応しているサンプリング周波数など，ALSAが認識しているサウンド・デバイスの仕様を確認できる

ここでは，USB-DACのドライバがカーネルに組み込まれていてALSA（Advanced Linux Sound Architecture）がUSB-DACを認識できているという前提で話を進めます．

ALSAが認識しているサウンド・デバイスは，`aplay -l`というコマンドで確認できます．**図3**に示すのは，BeagleBone BlackにUSB-DACを接続したときの出力例です．ALSAが認識しているサウンド・カード（カード番号）とカード上のチャネル番号（デバイス番号）が表示されます．

mpd.confの中にaudio_outputという項目があるので，device="hw:M.N"のMにカード番号を，Nにチャネル番号を設定します（**リスト2**）．

サウンド・カードの各チャネルの仕様は，次に示すコマンドで確認できます．

`cat /proc/asound/カード名/チャネル番号`

図4に示すのはサウンド・カードの各チャネルの仕様を出力した例です．

● 音量の調整方法を変えてみる

mpd.confのaudio_outputの項目の中にmixer_typeがあります（**リスト2**）．これは，音量の調整方法に関する設定です．

mixer_typeにsoftwareを設定するとMPDサーバが0〜100の音量設定値に応じて，音楽データを加工します．これにより，MPDクライアント・アプリケーションのボリューム・コントロールが有効になります．software設定によるボリューム制御は便利ですが，データ演算により音質が劣化する可能性があります．

noneにすると，MPDによる音楽データの加工が無効になります．hardwareに設定した場合で，USB-DACにボリューム調整機能があるならそれを利用します．USB-DAC本体とUSB-DACのドライバがボリューム・コントロール機能に対応している場合は，MPDクライアント・アプリケーションのボリューム・コントロールも有効になり，音量が変化するはずです．USB-DACによるハードウェア的な音量調整が音質確保の上では有利です．

● STEP 4：サウンド・サーバの設定を変えてみる

オーディオ・アプリケーションは，ALSAのユーザ空間ライブラリへ再生データを直接渡せます．また，サウンド・サーバを経由させることもできます．

スマートフォンやパソコンでは，複数のアプリの音をミックスして再生する必要があるので，サウンド・サーバを介する必要があります．

MPDサーバ専用マシンは，他に音を出す必要がないので，サウンド・サーバを使わないように設定できます．この方が音声出力までの経路が短くなります．

CPUの性能やバス速度などによっても結果が違ってくる部分だと思いますが，オーディオ機器として考えたとき，できるだけクロックを下げた方がノイズも減るので，必要最小限のシンプルなシステムを目指すことは理屈にかなっています．

サウンド・サーバの設定は，mpd.confのaudio_outputの項目の一番上にあるtypeで変更できます（**リスト2**）．typeが"alsa"になっている場合，MPDはALSAのユーザ空間ライブラリにデータを受け渡します．ここに"pulse"と設定すると，サウンド・サーバにPulseAudioが使われるようになり，"jack"と指定するとJACKが使われるようになります．

現在，多くのLinuxディストリビューションではPulseAudioがデフォルトで有効になっていますが，mpd.confの設定を変えてJACKを試すのも面白いでしょう．サウンド・サーバを変更すると，遅延削減の効果が音質に反映されるかもしれません．

◆参考文献◆
(1) The Music Player Daemon - User's Manual.
    http://www.musicpd.org/doc/user/
(2) freedesktop.org - Modules.
    http://www.freedesktop.org/wiki/Software/PulseAudio/Documentation/User/Modules/

むなかた・ひさお

column 複数のアプリケーションからの音を合成したり優先度の管理を行うサウンド・サーバ

● サウンド・サーバの必要性

Linuxはマルチ・ユーザ，マルチ・タスクに対応しています．ハードウェアに対して別々のアプリケーションから同時にアクセスした場合も正しく動作するように，セマフォなどの排他制御のしくみが考えられています．

しかし，サウンド・デバイスでは単純な排他制御は使えない場合があります．スマートフォンで音楽再生中は着信音が鳴らせないので通話ができないのでは電話として成立しません．次に示すのが期待される動作です．

① 再生中の音楽のボリュームを下げる
② 再生中の音楽に着信音を割り込ませる
③ 着信操作をしたら音楽再生を停止，通話を開始
④ 通話が終了したところで音楽再生に戻る

例えばスマートフォンには，スピーカが一つしかないので，一つのサウンド・デバイスが別々のアプリケーションから発せられた音楽，着信音，通話の3種類の音を適切に同時処理する必要があります（図A）．

Linuxでサウンド・デバイス（ハードウェア）を制御できるのはカーネル空間のデバイス・ドライバ（ALSA）だけです．しかし，デバイス・ドライバは複数のアプリケーションからの同時入力を適切に調停する能力は持っていません．したがって，調停を担当するしくみが必要です．

▶一体型もある

メディア・プレーヤの中には本来ALSAのユーザ空間ライブラリやサウンド・サーバ内で処理する音響データの加工などをすべて実装しているものもあります．図Bは，メディア再生アプリケーションmplayerの内部ブロックです．再生に必要な機能をすべてアプリケーション内に統合しています．

● ハイレゾ時代のサウンド・サーバ・ソフトの課題…遅延やジッタで音が変わる

Linuxを実行できるプロセッサであれば，ステレオ音源のデコード処理はソフトウェアだけで十分処理できます．しかし，Linuxのアプリケーションの中でデコード処理を行う場合は，実際の処理が開始するまでの遅延（スケジュール遅延）やプロセス間でのデータ・コピーのオーバヘッドが問題になります．

ハイレゾ再生で使われる量子化ビット数24ビットやサンプリング周波数192kHzなどの音楽データは，CDよりもずっとデータ量や更新頻度が高いので，サウンド・サーバ内での遅延やジッタ[注A]が問題になります．特に厳密なハイファイ再生を目指したハイレゾ・プレーヤを作る場合には，サウンド・サーバの選択と設定が重要です．

■ 定番「PulseAudio」

PulseAudioは，UNIX互換のLinux, NetBSD, Mac OS, Windowsなどで動作します．現在では，多くのLinuxディストリビューションがPulseAudioを標準のサウンド・サーバに採用しています．

PulseAudioの特徴を以下に示します．

① 複数のアプリケーションから入力された音声データをミックスする
② ネットワーク上のマシンへ音楽データの入出力ができる
③ 異なるサウンド・システムから利用可能な汎用的なAPIを提供する

注A：信号波形における時間軸方向の揺らぎのこと．

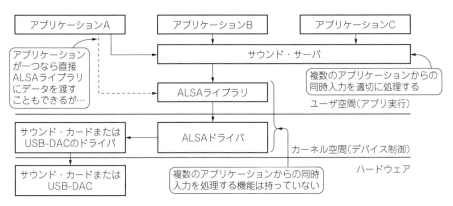

図A　サウンド・サーバはアプリケーションとALSAライブラリの間に入って経路の調停を行う
音を出すアプリケーションが一つだけなら直接ALSAドライバにデータを渡せばよいが，音楽再生中に電話がかかってきた場合など，アプリケーション間で音の経路の調停が必要なときはサウンド・サーバの出番である

④アプリケーションごとに音量調整ができる
⑤さまざまなサウンド・ソースからの入出力に対応する専用のプラグインがある

● 外部インターフェースの対応範囲が別格

　PulseAudioにはALSA，MPlayer，VLC Media Player，MPDなど多くのサウンド・ソース（これらをPluseAudioクライアントと呼ぶ）に対応するためのプラグインが用意されています．PluseAudioクライアントから音を受け取るモジュールをシンク（sink module）と呼び，PluseAudioクライアントへ音を流し込むモジュールをソース（source module）と呼びます．PulseAudioには，ALSA，RTP（ストリーム用の通信プロトコル），TCP/UDPネットワーク，Bluetoothなどの外部インターフェースに音楽データを入出力するためのソース・モジュールとシンク・モジュールが数多く用意されています[2]．サウンド・サーバとしての守備範囲の広さから多くのLinuxディストリビューションで標準的に採用されるようになったのでしょう．

● 低価格ボード・レベルの性能だと内部遅延が無視できない

　PulseAudioは，内部にzero-copyというしくみを採用して音の遅延が最小になるように工夫が施されています．しかし，これはあくまでLinuxをパソコンで動作させたときの話です．ラズベリー・パイなどのLinuxボードでハイレゾ・プレーヤを作る場合，PulseAudio内部の遅延（レイテンシ）の大きさが問題になります．

　オーディオの場合，ミリ秒オーダの遅延がステレオ音源の定位感などに影響して音像がぼやけるといった指摘があります．最近ではMP3などの非可逆圧縮音源に慣れてしまって，あまり気にならないかもしれませんが，実際にそこで演奏しているように聞こえる臨場感を再現するためにはPulseAudio内部の遅延が無視できない問題となります．

■ 遅延が最小限のプロ向け！「JACK」

　JACKはPulseAudioと同じくサウンド・サーバ機能を提供します．最近では多くのディストリビューションが対応しているので，PulseAudioをJACKに切り替えて，性能の違いを確認できます．音質劣化を最小限にするためJACK内の遅延が小さくなるように設計されているのが最大の特徴です．これ以外の特徴を次に示します．

①バッファを任意の大きさに調整することが容易なため遅延を低減できる
②リアルタイム性能を高めた動作ができる
③アプリケーション，サウンド・デバイスのポートの間を自由に接続できる
④複数のアプリケーションの演奏位置を同期できる
⑤ドライバにFFADOライブラリを指定することで，ALSAやOSSでは使うことのできないFirewire接続のサウンド・デバイスを使える
⑥ALSA対応のMIDIデバイスをJACK上のMIDIデバイスとして利用できる
⑦ネットワークを経由して遠隔マシンとの音声同期ができる
⑧上記すべてをGUIアプリケーション「QjackCtl」で操作できる

むなかた・ひさお

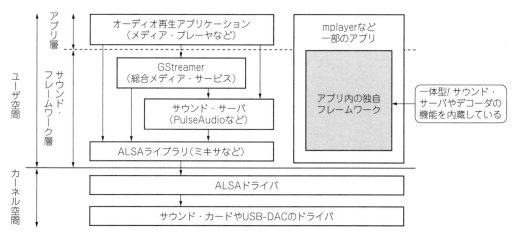

図B　複数のオーディオ用ライブラリ/アプリの機能をひとまとめにしたmplayerなどのアプリもある
システム内の全アプリケーションがサウンド・サーバを利用するとは限らない．アプリの中に独自の調停機能やデコーダを内蔵しているケースもあり，ALSAドライバに直接データを流すケースもある

Appendix 5 ネットワーク・オーディオ再生に挑戦!

Windowsパソコン/NAS/ウェブ・サーバ…音楽ファイルはどこでもOK!

宗像 尚郎

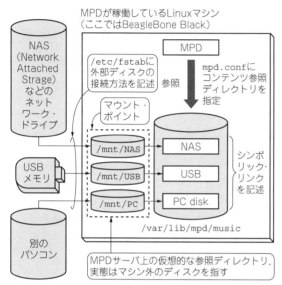

図1 高機能再生ソフトMPDはオーディオ・データをネットワークとI/Oすることが得意
/etc/fstabにネットワーク・ドライブを指定しておくとMPDはNASなどのネットワーク・ドライブも音楽データ格納先として検索できる.MPDを実行するマシンから離れた場所にある音楽データも再生できる

図2 別の場所にあるパソコンのウェブ・ブラウザでストリーム再生に成功!
選曲,停止,再生などの制御はMPCクライアントで制御する

● 高機能オーディオ再生ソフトMPDの本職! ネットワーク越し再生

第11章では,高機能オーディオ再生ソフトウェアMPD(MPDサーバ)をBeagleBone Blackで動かし,音楽データがBeagleBone BlackなどMPDサーバ・マシン上のローカル・ディレクトリにある場合の設定方法を紹介しました.実際の運用では,サーバ・マシンと音楽データは別の場所にある方が使いやすいケースもあります.

代表的なケースを以下に示します.

- WindowsやMac OSなどのパソコンに格納された音楽データを,MPD(Music Player Daemon)を使ってBeagleBone Blackで再生したい
- 音楽を聴く場所にパソコンを置きたくない
- サーバ・マシン(BeagleBone Black)やUSB-DACは,パソコンとは別の低ノイズ電源で動かしたい
- サーバ・マシンは常時通電したいが,パソコンは使うときだけ電源をONにしたい
- 複数の場所に格納した音楽データを,1台のサー

バ・マシンでまとめて再生したい

このような場合は,MPDを使うと,ネットワーク接続された別の場所にあるパソコンやHDD(NAS;Network Attached Storage)内の音楽データを再生できます(図1).

音声の出力先はBeagleBone Blackに直結したUSB-DACだけではなく,別の場所にあるパソコンのウェブ・ブラウザにすることもできます.

図2は,ウェブ・ブラウザからMPDサーバに接続したようすです.ウェブ・ブラウザのURLには[MPDサーバ(が稼働しているBeagleBone Black)のアドレス]:8000/mpd.mp3と指定します.これで音楽データがブラウザで再生されます.選曲,再生,停止のコントロールはMPDクライアント・アプリケーションから行うので,画面自体は非常にあっさりとしています.

ネットワーク上の音楽ファイルを検索する方法

● ネットワーク越しファイル・アクセスが超イージー! Linuxのしくみシンボリック・リンク

MPDの標準設定では,/var/lib/mpd/musicというディレクトリに音楽データが格納されていると想定して動作します.しかし,必ずしもこのディレクトリに音楽データを格納する必要はありません.シンボリック・リンクという機能を使うことで,実際にはこのディレクトリに格納されていない音楽データでも再生できるようになります.

シンボリック・リンクはWindowsにはない概念です.別の場所にあるファイルやディレクトリを指定し

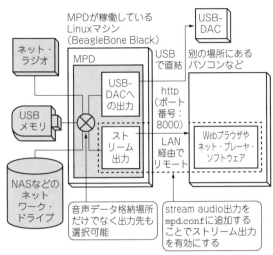

図3 ネットワーク上に音楽データを出力することもできる
USB-DACへの出力だけでなく，ネットワーク上にオーディオ・データを流す（ストリーム再生する）こともできる．MPDの出力先をネットワークに指定すれば，デフォルトはhttpの8000番地経由となる

```
#bind_to_address      "any"
bind_to_address       "localhost"

audio_output {
type                  "httpd"
name                  "My HTTP Stream"
encoder               "vorbis"
port                  "8000"
quality               "5.0"
# bitrate             "128"
format                "44100:16:1"
}
```

図4 ストリーム再生のためのmpd.confの修正箇所

た任意の場所にあるように見せかけて扱えるようになります．Linuxではlnコマンドでシンボリック・リンクを作成できます．リンク情報が格納された0バイトのファイルが出現し，元のファイルと同じように扱うことができます．

● MPDの設定ファイルを書き換えるだけ

MPDの設定ファイルmpd.confの中で，follow_outside_symlinksという項目にyesを設定すると，シンボリック・リンクされたディレクトリからも音楽データを検索できるようになります．

この機能を利用すれば，MPDがネットワーク・ドライブ上に保存された音楽データを認識できます．

複数のシンボリック・リンクを並べれば，別々の場所にある音楽データを束ねて管理できます．シンボリック・リンクでネットワーク・ドライブをマウントするときは，図2のように/mntディレクトリにネットワーク・ドライブのマウント・ポイントを作成します．/var/lib/mpd/musicには，マウント・ポイントに対するシンボリック・リンクを作ります．この方法により，MPDは対象ディレクトリがどこにあるかを意識する必要がなくなります．ネットワーク・ドライブのマウント定義は/etc/fdtabという設定ファイルに記述します．

● Windowsパソコン上の音楽ファイルも検索・再生OK！

MPDは，Windowsパソコンのディレクトリからも音楽データを検索して再生できます．この場合も/etc/fstabにWindowsパソコンのファイル・マウントを記述して，マウント・ポイントに対するシンボリック・リンクを/var/lib/mpd/musicに作成します．

別の手段として，MPDが稼働しているLinux側でSambaというサービスを動かし，Windowsからディレクトリをマウントさせるという方法もあります．Linux側ではSambaサーバが動作しているので，Windowsパソコン側で共有させるディレクトリの設定をするだけで利用できます．

ネットワーク上に音楽データを出力する方法

● 大前提…ネットワーク経由のストリーム再生はとぎれることがあり得る

MPDは，音楽データの格納場所にローカルRAM，USBメモリに加え，ネットワーク経由で接続する各種ストレージ・デバイスを指定できます．音楽データの出力は，USB-DACにデータを流し込むだけでなく，ネットワーク経由でストリームとして再生することもできます．

ハイレゾ音源はデータ量が多く，ネットワーク経由では転送が間に合わない場合もあります．しかし，音質的には妥協してでもネットワーク経由で別の部屋に音楽を配信したいニーズもあると思います．

ここでは，ネットワーク上の音楽データをストリームとして再生する機能を紹介します．

● MPDはUSBにもLANにも音楽データを出力できる

図3に示すように，MPDにはストリーム配信する機能も組み込まれています．ただし，MPDはいわば黒子のサーバ・ソフトウェアなので，選曲や再生，停止をコントロールするGUI画面はありません．このような操作はMPDクライアント・アプリケーション

Appendix 5 ネットワーク・オーディオ再生に挑戦!

```
root@volumio:~# mpc outputs
Output 1 (Output) is enabled       ← USB-DACへの出力とストリーム出力の両方が有効になっている
Output 2 (My HTTP Stream) is enabled

root@volumio:~# mpc disable 1       ← USB-DACへの出力を無効にした
Output 1 (Output) is disabled
Output 2 (My HTTP Stream) is enabled

root@volumio:~# mpc play
Diana Krall - Winter Wonderland
[playing] #5/5   0:12/3:13 (6%)     ← [playing]になりhttp経由の音楽再生のみスタート
volume: n/a   repeat: off   random: off   single: off   consume: off
```

図5 音楽データの出力先はMPDクライアントでも設定できる
コマンドラインから`mpc outputs`コマンドでオーディオ出力チャネルを確認し，USB-DAC出力のOutput 1を無効にすることでhttp出力だけを有効にできる

から制御が必要です．今回はmpcというコマンドライン・ベースのMPDクライアント・アプリケーションを使用しました．

また，ストリーム再生といってもRTP（Real-time Transport Protocol）ではなく，あくまでhttpを利用した簡易的な転送です．家庭内などでネットワークの帯域が十分確保できる環境で使えるレベルのものであることを理解しておく必要があります．

● ストリーム出力の設定方法

MPDに内蔵されたストリーム出力を有効にするには，設定ファイルmpd.confにストリーム出力の設定項目を追加します．

MPDをインストールした時には，ストリーム出力の設定がコメント・アウトされた形で組み込まれています．しかし，Volumioの場合はmpd.confのコメント・アウト部分が全部削除されているので，図4に示した内容を追記する必要があります．USB-DAC用の`audio_output`が定義されているので，それに追加する形でストリーム出力の設定を追加します．

● ストリーム出力の実力やいかに！

実際にBeagleBone Blackでストリーム出力を試してみました．BeagleBone Blackの処理能力では，ネットワーク上のNASから持ってきた音楽データをUSB-DACとストリームの両方に出力するのは厳しいようです．音飛びが発生してしまいました．

そこで，図5に示すように，MPDクライアント・アプリケーションmpcからUSB-DAC側のオーディオ出力を無効にする設定を行ってから音楽データを再生しました．`mpc play`コマンドに対して[playing]と表示が返ってくれば，http経由の音楽再生がスタートしたことになります．このときUSB-DACの出力は停止しているのでUSB-DACから音楽は出力されません．

BeagleBone BlackにおいてMPDを使ったストリーム配信は，現状では実験的な実装レベルだと思います．

むなかた・ひさお

第12章 画像も音声も！ストリーム処理プログラミングの素GStreamer

200以上の機能ブロックを組み合わせて可能性は無限大！

松原 克弥

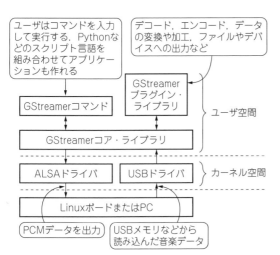

図1　200機能以上！定番ストリーム処理ライブラリ GStreamer
コマンド入力はもちろん，スクリプト言語と組み合わせてもOK！

図1に示すGStreamerは，マルチメディア・アプリケーションを「作る」ための定番ソフトウェアです．Windows Media PlayerやReal Playerのような，単体で完成されたアプリケーションではありません．

GStreamerが提供する機能を駆使することで，エコーやボーカル・カットなどのサウンド・エフェクト，倍速やスロー再生などのトリック・プレイができる多機能ミュージック・サーバやインターネット・ラジオ局などの本格的なアプリケーションも作れます．

GStreamerと同じ目的で使えるソフトウェアを表1にまとめました．

GStreamerの特徴

● 利用できる機能が超豊富！200以上のプラグイン

GStreamer上のアプリケーションは，ファイルやネットワークからの入力，デコードやエンコード，データの変換・加工処理，ファイルやデバイスへの出力といった機能ごとにモジュールが準備されています．必要なものを選び，モジュールの連結と制御を記述することでマルチメディア処理を実現します．モジュールは，実行に必要なものをダイナミックにリンクできる「プラグイン」の形で実現されています．公式・非公式を合わせると，利用可能なプラグインは200を超えています．

● アプリケーション作りの手段がいろいろ用意されている

GStreamerは，コマンド・ラインを使ってアプリケーションを構築できます．ビデオやオーディオのプレーヤはもちろん，前述のサウンド・エフェクトやインターネット・ラジオ局も，たった1行のコマンド・ライン記述で実現できます．

また，Pythonなどのスクリプト言語からGStreamerを操作するためのAPIもあり，自分好みのカスタム・

表1　GStreamer以外にもオリジナル・プレーヤ作りに使えるマルチメディア・ソフトウェアがいくつかある
自分好みの機能を選択して制御できるフレームワークを持つソフトウェアをまとめた．これらはすべて，オープンソースで公開されており無償で利用できる．機能の数，アプリケーション実現の容易さ，LinuxやWindowsなど各種プラットホームに対応しているGStreamerは，他のソフトウェアよりも優れていると筆者は考える

ソフトウェア名	特徴	Linux対応	機能選択API
FFmpeg	多くのマルチメディア・フォーマットに対応	○	コマンドラインやC言語など
mplayer	プレーヤ機能に特化	○	コマンドライン
GraphStudio (GraphEdit)	Windows向けビジュアル・プログラミング環境	×	GUI
GStreamer	マルチメディア・データが機能モジュール間を「どう流れるか（フロー）」を記述	○	コマンドラインやC/スクリプト言語

デコーダはFFmpegを使っているので，対応フォーマットに違いはない

BeagleBone BlackなどのLinuxボードで動作する点，マルチメディア・データの対応フォーマットの多さや多種多様な機能を容易に組み合わせられるところ，他のソフトウェアが提供する機能を包含していることからGStreamerを選んだ

第12章 画像も音声も！ストリーム処理プログラミングの素GStreamer

column　GStreamerをBeagleBone Blackにインストール

　今回は，USB接続のD-Aコンバータ（以下USB-DACと呼ぶ）を使ってオーディオ出力を行う環境を作ります．BeagleBone Blackでのオーディオ再生に必要なハードウェア環境は，図Aのような構成になります．筆者は，表Aに列挙した比較的安価なハードウェアを使用して，図Aの環境を構築しました．ハードウェアの準備が整ったら，次に示す手順でソフトウェアを準備します．

● STEP1：Ubuntu 14.04 LTSのインストール

　Debian安定版（7.x wheezy）をベースにして構築されているVolumioやVoyage MPDなどのLinuxディストリビューションでは，バージョン0.10系のGStreamerがインストールされています．ここで

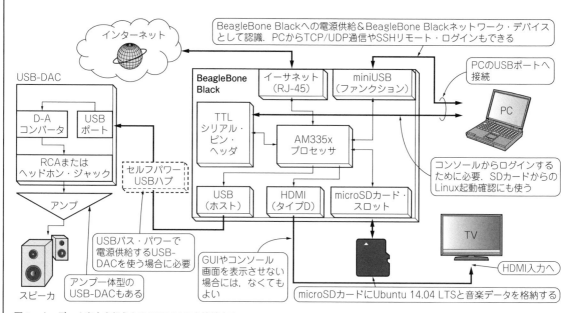

図A　オーディオ出力を行うためUSB-DACを接続する
USB-DACはBeagleBone BlackのUSBコネクタへ接続する．シリアル・コンソールを使うためのTTLシリアル・ヘッダとPCのUSBポートを専用のケーブルでつなぐ．miniUSBポートからPCのUSBポートへの接続は，BeagleBone Blackへの電源供給だけでなく，BeagleBone Blackをネットワーク・デバイスとして認識し，PCとBeagleBone Black間で通信ができるようになる

アプリケーションを作る際に，効率的に実装できる環境がそろっています．

● 対応プラットホームが豊富

　オープンソースとして開発・メンテナンスされているGStreamerは，LinuxだけでなくWindowsやMac OS Xでも動作します．Linuxでは，FedoraやUbuntu，Debianといったデスクトップ PC向けディストリビューションだけでなく，スマホや車載向けに開発が進められているTizenでも採用されており，マルチメディア・フレームワークのデファクト・スタンダード（事実上の標準）となっています．また，Android向けの対応も行われており，少し前にブームとなった安価な中国製Androidタブレットなどの中には，Android標準のメディア・フレームワークStagefrightに代えてGStreamerを採用しているものもあります[注1]．

● メジャーなアプリでも使われている

　TotemやRhythmboxといったLinuxマルチメディア・アプリケーションは，GStreamerを使って実装されています．また，Linux上のウェブ・ブラウザFirefoxも，ビデオやオーディオの再生にGStreamerを使っています．

● コミュニティによる開発が活発

　GStreamerは，世界中のさまざまな開発者が参加するコミュニティによって，10年以上も開発が続けられています．毎年開催されているGStreamer Conference[1]での発表が，世界中の有名な企業や大学から行われていることからも開発が活発なことが類推できます．ま

注1：FFmpegなどフリーのコーデックを利用したいという目論見があるようだ．

| column | GStreamerをBeagleBone Blackにインストール（つづき） |

は，1.x系（1.2）のGStreamerをインストールできるUbuntu 14.04 LTSを使います．

組み込みLinux向けWikiサイトelinux.orgには，BeagleBone Black向けUbuntu 14.04 LTSのインストール方法が解説されています．

http://elinux.org/BeagleBoard Ubuntu#Trusty_14.04

この手順どおりにUbuntu 14.04 LTSをインストールしたSDカードを作成します．elinux.orgはすべて英語で記述されていますが，インターフェースSPECIAL「LinuxガジェットBeagleBone BlackでI/O」（CQ出版社）の第4部 第2章に日本語による解説があるので，参考にするとよいでしょう．

● STEP 2：GStreamerと関連パッケージをインストール

BeagleBone BlackでUbuntu 14.04 LTSが動作したら，GStreamerを追加インストールします．イーサネット・コネクタにLANケーブルを接続して，インターネットに接続可能な状態にします．シリア

図B　Ubuntu 14.04 LTSへGStreamer 1.xを追加インストールする

BeagleBone Blackをインターネットに接続しておけば，apt-getコマンドを使って，簡単にGStreamerをインストールできる

表A　筆者のハードウェア環境
ネットなどの口コミで比較的評判が良い雑誌付録を使って安価な環境を構築した

種別	ハードウェア	価格
CPUボード	BeagleBone Black Rev.B	45 USドル＋送料
SDカード	microSDHC CLASS4 8Gバイト	約500円
USB-DAC/アンプ	ステレオサウンド刊「DigiFi No.13」付録 USB-DAC付きディジタル・パワーアンプ	約4,300円
電源	セルフパワーUSBハブまたはBeagleBone Black用5V ACアダプタ（USB-DACがUSBバス・パワー駆動の場合に必要）	約1,000円
スピーカ	音楽之友社刊「Stereo 2013年8月号」付録 50mmフルレンジ・スピーカ・ユニット	約3,100円
PC	Ubuntu 14.04 LTSをインストールしたUSBポート付きPC	―
シリアル・コンソール	USB-TTLシリアル・コンバータ・ケーブル（OS起動確認・制御やログインを行うために必要）	約1,400円
グラフィック画面出力	タイプA-タイプD HDMIケーブル（GUI表示などのBeagleBone Blackからの画面出力を行わない場合は省略可）	約1,000円

た，世界中のユーザによって公開されているインストール手順や解説記事，トラブルシューティングなどの情報も豊富に存在しているので，必要な情報の多くを，インターネット検索で簡単に見つけることができます．

GStreamerで音楽再生！ はじめの一歩

GStreamerを使って，音楽ファイルを再生するプレーヤを作ってみます．GStreamerで利用できるコマンドは，表2に示す五つだけです．特に，最初の二つが一番よく使われるコマンドです．のちほど実例を上げて詳しい使い方を説明します．また，オーディオ再生に利用できるプラグインを表3にまとめました．GStreamerは，これら以外にも魅力的な機能を持つプラグインが多数存在します．このリストの中でも重要な機能を持ったプラグインを選んで，オーディオ再生を実現する方法を解説します．

● 再生前の準備…音楽ファイルの用意＆USB-DACの確認

まず最初に，再生する音楽ファイルを準備します．普段聴き慣れている好みの音楽ファイルでかまいません．筆者は，AACコーデック，サンプリング周波数44.1kHz，2チャネル・ステレオの音楽ファイル（ファイル名：sample.m4a）を準備しました．

第12章 画像も音声も！ストリーム処理プログラミングの素GStreamer

ル・コンソール，もしくはUSB接続したPCからSSHでログインしてください．アカウント名は「ubuntu」，パスワードは「temppwd」です．

ログインできたら，図Bに示すapt-getコマンドを使ってGStreamerと関連パッケージをインストールします．図CにGStreamerと関連パッケージの構成を示します．GStreamerは，コマンドや言語バインディングを介したPythonスクリプト言語からオーディオ再生を制御できます．

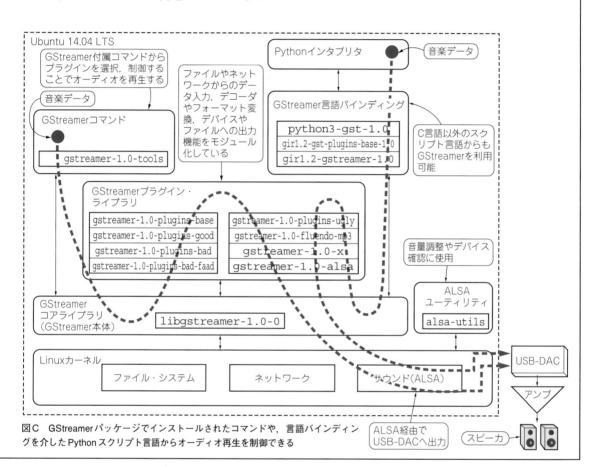

図C GStreamerパッケージでインストールされたコマンドや，言語バインディングを介したPythonスクリプト言語からオーディオ再生を制御できる

次に，出力先のUSB-DACが，これらのサンプリング周波数やチャネル数に対応しているかどうかを確認します．ALSAユーティリティのaplayとALSAドライバが，procファイル・システム経由で出力する情報を使います．図2の結果から，筆者が使用しているUSB-DACは，量子化ビット数16ビット，サンプリング周波数44.1kHz，2チャネルのオーディオ・データ入力に対応していることが確認できました．

● たった1行のコマンドで作るオーディオ・プレーヤ

gst-launchは，マルチメディア・アプリケーションを実現できるコマンドです．コマンド・ラインに，メディア処理を実現するプラグイン（ライブラリ）とそれらへ入力するパラメータを列挙することで，プレーヤやレコーダが簡単に実現できます．

例えば，前述の音楽ファイル（ファイル名：sample.m4a）の再生を行う場合，図3のように記述します．プラグインはコマンドに続けて引き数のように並べて使います．gst-launchのコマンド・ラインへ並べるプラグインは，「!（エクスクラメンション・マーク）」を使ってパイプラインのように仕切ります．

Ubuntu 14.04 LTSでは，バージョン0.10系のGStreamerと共存できるようにするため，コマンド名の最後にバージョン番号を付与しています．GStreamer

139

第3部 高性能LinuxボードBeagleBone Blackのオーディオ活用

表2 GStreamerに命令を与えるための五つのコマンド
よく使うのはgst-inspectとgst-launch

コマンド名	機能
gst-inspect	プラグインの情報を取得するためのコマンドで，インストールされているプラグインの一覧や各プラグインの詳細を確認できる
gst-launch	コマンド・ラインの記述だけでマルチメディア・アプリケーションを作るためのコマンド．使用するプラグインとそれらの入出力をどう接続するか，各プラグインへのパラメータ指定などによってさまざまなアプリケーションを構築できる
gst-typefind	指定されたマルチメディア・データのメディア種別（オーディオまたはビデオ，フォーマットなど）をプロパティと同じ形式（例：audio/x-flac）で表示する
gst-play	gst-launchコマンドにplaybinプラグインを指定したのと同じ動作をする．ただし，複数ファイルを指定できたり，ディレクトリ配下にあるすべてのマルチメディア・データを再生できる点で便利
gst-discoverer	マルチメディア・データのコーデックやコンテナの種別，フォーマットなどを解析し，表示できる

表3 オーディオ再生に便利なプラグインがこんなにいっぱい！
このリスト以外にも，多くのプラグインが存在する．GStreamerコミュニティウェブ・サイトやgst-inspectコマンドなどで，欲しいプラグインを探せる

分類	プラグイン名	機能
入力	filesrc	ファイルからデータを読み込む
	cdiocddsrc	CDからオーディオ・データを読み出す
	audiotestsrc	テスト用のサウンド・データを生成する．入力部分以外のプラグインとそれらの処理，オーディオ出力が正しく行われるかを確認するのに使う
	udpsrc	ネットワークからUDP形式でパケット化されたデータを受信する
	rtspsrc	RTSPプロトコルに沿って，ストリーム・データをネットワークから受信する
	souphttpsrc	HTTPプロトコルに沿って，ストリーム・データをネットワークから受信する
デマックス	qtdemux	MP4コンテナ（mp4，m4a，m4v）形式のデータからオーディオやビデオを取り出す
	rtpmp4adepay	RTP形式のストリーム・データ列からMP4コンテナ形式データを取り出す
パーサ	flacparse	FLAC形式のデータ列をデコーダが求める単位で切り分ける
	wavparse	WAVコンテナ形式のデータ列からオーディオ・データを取り出す
デコーダ	faad	AACコーデックのデコーダ
	flump3dec	MP3コーデックのデコーダ
	flacdec	FLACコーデックのデコーダ
	avdec_alac	ALACコーデックのデコーダ
	festival	入力されたテキストを読み上げる音声合成オーディオ・データを作る
変換・加工	audioconvert	量子化ビット数やチャネル数を変更する
	audioresample	サンプリング・レートを変更する
	speed	再生速度を変更し，倍速再生やスロー再生を実現する
	pitch	再生速度を変更し，速度に合わせて音程も調整する
	scaletempo	再生速度に合わせて上下する音程を調整する
	equalizer	周波数ごとに調整できるイコライザ
	audioecho	入力されたサウンドに対して，エコーを効かせる
	audiokaraoke	入力されたサウンドから，ボーカル部分を消す
	adder	複数チャネルのデータを合成して，1チャネルにまとめる
	interleave	オーディオ・データをチャネルごとに分ける
	deinterleave	チャネルごとのオーディオ・データを1チャネルにまとめる
	tee	一つのデータを複数のプラグインに入力できるように複製する
出力	alsasink	ALSAを使って，オーディオを出力する
	fakesink	データをすべて破棄する．出力部分以外のプラグインとそれらの接続が正しいかを確認するのに使う
	udpsink	データをUDP形式でパケット化してネットワークへ出力する
自動再生	playbin	入力からデコード，出力までに必要なプラグインを自動的に選択，実行する．
	decodebin	入力されたデータに応じてデコード処理に必要なデマックス，パーサ，デコーダを自動的に選択，実行する
視覚効果	monoscope	再生するオーディオに合わせた波形をグラフィック出力する
	goom	再生するオーディオに合わせた幻想的なアニメーションを出力する
その他	queue	入力データをキャッシュする．queueへの入力とqueueからの出力を書く処理が並列に動作できるようqueueの前段と後段をそれぞれ異なるスレッドで実行する

第12章 画像も音声も！ストリーム処理プログラミングの素 GStreamer

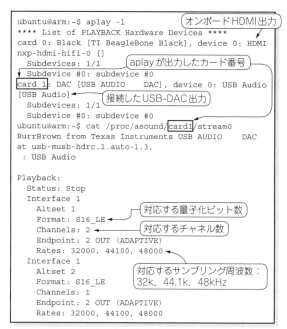

図2 aplay コマンドと proc ファイル・システムの出力結果
aplay コマンドで USB-DAC に付与されたデバイス識別番号を確認し，proc ファイル・システムから USB-DAC が対応するデータ形式（量子化ビット数，サンプリング周波数，チャネル数）を調べる

図3 gst-launch コマンド一発で音楽の再生ができる
filesrc プラグインでファイルからデータを読み込み，qtdemux プラグインでコンテナから AAC コーデック・データだけを取り出す．取り出した AAC データは，faad プラグインでデコードして，alsasink プラグインで USB-DAC へ出力する

1.x をインストールした環境でも，gst-launch-0.10 とコマンドを入力することで，明示的にバージョン0.10系を利用できます．ただし，プラグインも含めて，すべてのライブラリがバージョンごとに独立しているので，1.x 系のプラグインと種類や仕様が異なることがあります（Column 参照）．

● マルチメディア・アプリケーション作りに必須の5種類の機能

マルチメディア・プレーヤを実現するために必須となる機能モジュールは，大きく分けて以下の5種類です．図3に対応させながら，それぞれの機能と分類を説明します．

▶ソース…ファイルなどからデータを読み込む

ファイルやネットワーク・ストリームからマルチメディア・データを読み込むための機能モジュールです．図3では，filesrc がこれに該当します．filesrc は，ファイルからメディア・データを読み出すプラグインです．location パラメータにファイル名を指定します．

▶デマルチプレクサ（デマックス）…コンテナからデータを取り出す

メディア・データがコンテナに格納されている場合にコンテナからデータを取り出して，メディア・タイプごとに出力するための機能モジュールです．図3の

qtdemux は，MPEG4 コンテナからメディア・データを取り出すプラグインです．ビデオとオーディオなどの複数のメディア・データが同梱されているファイルの場合は，qtdemux でそれぞれを指定して取り出せます．

▶パーサ…デコーダやエンコーダ向けにデータを分割する

後述のデコーダやエンコーダの中には，コーデックで規定されたユニット単位で（バッファに格納され）入力されるものがあります．パーサは，メディア・データの中からユニットの区切りを探して，分割しながら出力する機能モジュールです．区切りだけでなく，メディア・データに関するメタデータを収集して，データ特性情報を生成する処理を行うものもあります．

▶デコーダ…圧縮されたデータを復号する

エンコードされたメディア・データを復号する機能モジュールです．図3の faad は，FAAD2 というフリーの AAC デコーダをベースに実装されたプラグインです．

▶シンク…出力先を指定する

メディア・データをファイルやデバイスなどへ出力する機能モジュールです．alsasink は，ALSA を介してオーディオ出力を行うプラグインです．図4では，出力先として USB-DAC を指定するために，device パラメータを指定しています．

● 専用プラグインで楽勝！フォーマット変換機能付きプレーヤ

筆者の環境のようなハイレゾ非対応 USB-DAC でハイレゾ音源を再生する場合や，5.1チャネル・オーディオを2チャネルにダウン・ミックスして再生するといったケースでは，audioconvert と audioresample というプラグインが利用できます．例えば，図4のように記述します．

audioconvert は，量子化ビット数や整数型・浮動小数点型，エンディアンなどのデータ・フォーマッ

column　GStreamerのバージョンとプラグインの質を要チェック！

2017年5月，GStreamerの最新バージョン1.12.0がリリースされました．最初のバージョン0.1.0がリリースされたのは2001年[A]です．GStreamerがマルチメディア・フレームワークのスタンダードとして認知され，最も広く，かつ，長期間使われてきたバージョンが0.10系です．2005年のバージョン0.10.0のリリース[B]からバージョン0.10.36のリリース[C]まで，約8年間メンテナンスされてきました．安定性と完成度という観点から0.10系を使い続けたいと思うところですが，2013年3月のバージョン1.0のリリースをもって，GStreamerコミュニティから0.10系のメンテナンスの終了がアナウンスされました．また，1.x系への移行を促すアナウンスも同時に出されました．

● 使うならきちんとメンテナンスされているバージョン1.x系がおすすめ

1.x系は，アプリケーション実装のためのAPIにおいて0.10系との互換性が考慮されています．しかし，内部アーキテクチャが新たに設計し直されたため，プラグインに互換性がありません．1.0がリリースされてまだ数年しか経っていないので，0.10系で利用できていたプラグインの一部で，1.x系へ移植が行われていないものもあります．逆に，1.0系で新たに実装されたプラグインも存在します．コミュニティによる1.x系開発も加速度的に進んでいるので，これからGStreamerを使いはじめる場合は，バグが放置されている可能性が高い0.10系より，きちんとメンテナンスされている1.x系を使うのがよいでしょう．

● プラグインは品質によって三つに分類されている

GStreamerオープンソース・コミュニティによって維持管理されているプラグインは，libavやgst-omxなどの独立した管理が行われているものを除いて，品質に応じてgood，bad，uglyの三つのグループに分類してパッケージ化されています．

goodは，十分にメンテナンスされており，ライセンスも配布に問題ないものが含まれています．badは，goodほどメンテナンスが十分ではありません．uglyは，ライセンスや品質に問題のある可能性が高いものが分類されています．複数のプラグインが同種の機能を実現している場合は，所属するグループの品質に注目して選択するとよいでしょう．

◆参考文献◆
[A] gstreamer-announce. http://sourceforge.net/mailarchive/forum.php?thread_name=Pine.LNX.4.21.0101101700180.17206-100000%40alpha.temple-baptist.com&forum_name=gstreamer-announce
[B] GStreamer 0.10.0 stable release. http://gstreamer.freedesktop.org/news/#2005-12-05T18:59:00Z
[C] GStreamer Core 0.10.36, Base Plugins 0.10.36, Good Plugins 0.10.31, Ugly Plugins 0.10.19, Bad Plugins 0.10.23 stable releases. http://gstreamer.freedesktop.org/news/#2012-02-21T14:00:00Z

```
ubuntu@arm:~$ gst-launch-1.0 -v filesrc location=sample.flac ! \
    flacparse ! flacdec ! audioconvert ! audioresample ! 
    alsasink device="hw:1,0"
```

alsasinkが対応するサンプリング周波数へ変換
後段のalsasink（デバイス）が対応する量子化ビット数やチャネル数へ変換
パーサを使って，ファイルから読み込む単位をデコーダが求める入力単位に調整

図4 接続するUSB-DACに合わせてフォーマットやサンプリング周波数を変換する
audioconvertやaudioresampleは，前後のプラグインの入出力データ仕様から自動的に必要な変換行う

トやチャネル数の違いを調整するプラグインです．ハイレゾ音源の量子化ビット数は24ビットが一般的ですが，16ビットまでしか対応していないUSB-DACの場合は，audioconvertを使って量子化ビット数を変換すれば出力できるようになります．audioresampleは，サンプリング周波数の変換を行います．どちらのプラグインも，コマンドラインに挿入するだけで必要なフォーマット変換を自動で行います．

◆参考文献◆
(1) GStreamer Conference 2014. http://gstreamer.freedesktop.org/conference/

まつばら・かつや

第13章 ストリーム処理組み合わせ放題！GStreamerのしくみ

プラグインを並べるだけ！コマンド一発でサッと処理する舞台裏

松原 克弥

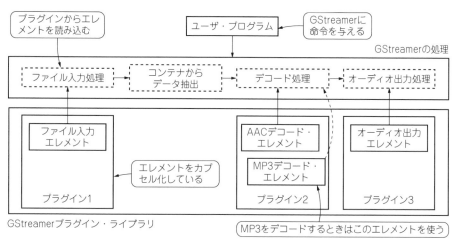

図1 GStreamerは処理プログラム「エレメント」をカチャカチャ組み合わせてオーディオ/画像ストリーム処理が行える
エレメントは実際にはプラグインとしてカプセル化してから組み合わせる．複数のエレメントを持つプラグインも存在する

第12章ではgst-launchコマンドとプラグインを並べて簡単に音楽データを再生できました．しかし，この方法では再生制御（一時停止，早送り，早戻しなどの操作）ができません．再生制御ができる本格的なオーディオ・プレーヤ・アプリケーションを作るためには，GStreamerプラグインの内部で，どのような処理が行われているのかの理解が必要です．

処理プログラム「エレメント」の基礎知識

プラグインに格納された処理の実体のことをエレメントと呼びます．プラグインには複数のエレメントが存在する場合もあります．例えばAACのデコードをしたい場合，プラグインからAACデコード・エレメントを読み込みます（**図1**）．

それぞれのエレメントは，別のエレメントと接続して，データを入出力するための「口」を持ちます．この口のことを「パッド」と呼びます（**図2**）．

図3に示すように，ソース・パッドしか持たずデータを出力するだけのエレメントを「ソース・エレメント」，シンク・パッドしか持たずデータを入力するだ

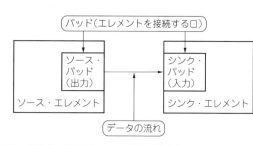

図2 処理プログラム「エレメント」には入出力の口ソース・パッド/シンク・パッドが用意されている

けのエレメントを「シンク・エレメント」，ソースとシンクの両方のパッドを持つエレメントを「フィルタ・エレメント」と呼んで区別します．

例えば，ファイルからデータを読み出すエレメントはソース・エレメントとなり，データを画面やUSB-DACなどへ書き出すエレメントがシンク・エレメントです．

● 処理フローを表す「パイプライン」

パイプラインは，メディア・データの入力と出力，

第3部 高性能LinuxボードBeagleBone Blackのオーディオ活用

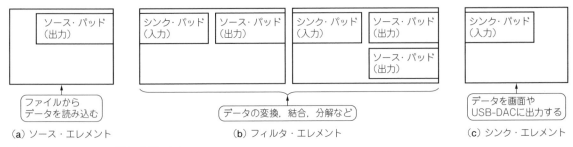

図3 エレメントは三つの種類に分類できる
プラグインが実現する機能モジュールの実体がエレメントである．入力機能であるソース・エレメント，入力したデータを処理して出力するフィルタ・エレメント，デバイスやファイルへの出力機能であるシンク・エレメントがある

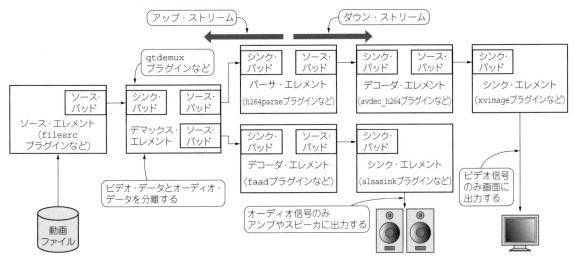

図4 パイプラインは入力から出力までに行われるデータの流れを表している
途中のエレメントから見たソース・エレメント方向をアップ・ストリームと呼び，シンク・エレメントの方向をダウン・ストリームと呼ぶ

および入力から出力までに行われる処理の流れ（フロー）を表します．gst-launchコマンドに列挙したプラグインがパイプラインを示しています．

一つのパイプラインは，ソース・エレメントとシンク・エレメントのそれぞれを一つ以上含む必要があります．メディア・データの処理は，ソース・エレメントからシンク・エレメントへ向かう方向に進みます．

```
...(略)...
Setting pipeline to PLAYING ...
...(略)...
Setting pipeline to PAUSED ...
Setting pipeline to READY ...
Setting pipeline to NULL ...
Freeing pipeline ...
```
再生が終了すると，PAUSED→READY→NULLの順にステートが遷移する

図5 gst-launchコマンドによる再生が終了した際にこのようなログが出力される
再生が終了すると「PLAYING → PAUSED → READY → NULL」の順番に各エレメントの状態が変化することで，必要な終了処理（後始末）が実行される

図4に示すように，GStreamerは途中のエレメントから見たソース・エレメントの方向をアップ・ストリームと呼び，シンク・エレメントの方向をダウン・ストリームと呼びます．

● エレメントの動作を制御する「ステート」

再生開始，停止，ポーズの制御に関係する部分が，ステートです．パイプラインはステート（状態）を管理しています．パイプラインを構成する各エレメントは，パイプラインのステートの変化に応じて，初期化，処理の開始，停止を制御しています．

gst-launchコマンドによる再生が終了した際，図5のようなログ出力が行われているはずです．このログの「PLAYING」，「PAUSED」，「READY」，「NULL」という出力が，パイプラインのステートを示しています．それぞれのステートの意味を以下に説明します．

- NULL…実行開始直後で，ライブラリのロードや必要なメモリの確保はまだ行われていない

第13章 ストリーム処理組み合わせ放題！GStreamerのしくみ

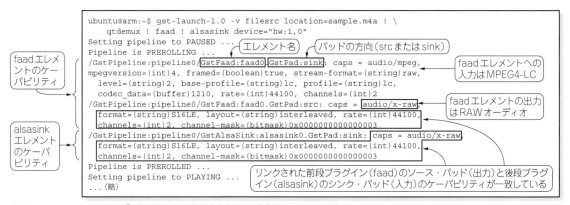

図6 gst-launchコマンドに「-v」を追加して実行するとケーパビリティを表示できる
faadエレメントは，入力（シンク・パッド）のケーパビリティがMPEG4-LC，出力（ソース・パッド）のケーパビリティが量子化ビット数16，サンプリング周波数44.1kHz，2チャネルのRAWオーディオに設定されていることが確認できる．alsasinkエレメントの入力（シンク・パッド）は，前段（faadエレメント）の出力（ソース・パッド）と一致している

- READY…必要なライブラリをロードし，エレメントの実行に必要なメモリが確保され，実行を開始できる準備が整った状態を示す．メモリ不足や初期化の失敗などで実行を開始できない場合は，このステートへ移行できずエラーとなる
- PAUSED…データ入出力のバッファも確保され，データの入出力を開始できる．PLAYINGからPAUSEDへの遷移は，一時停止という意味になる
- PLAYING…PAUSED状態からデータの入力を開始して，処理を行う

　ステートには順番があり，「NULL」から「READY」，「READY」から「PAUSED」，「PAUSED」から「PLAYING」という順に状態を遷移できます．停止の際は，「PLAYING」から逆順に遷移して「NULL」で最初の状態に戻ります．「NULL」から「PAUSED」のように，途中のステートをスキップして遷移することはありません．

● エレメント間の挙動を連携させる「イベント」

　イベントは，パイプラインに指定された複数のエレメントの挙動を連携させるために使います．あるエレメントで発生させたイベントは，パイプラインのアップ・ストリームとダウン・ストリームの両方に伝播します．イベントを受け取った各エレメントは，イベントの内容に応じて実装された処理を実行します．

　イベントの種類はいくつかありますが，最も重要なものは，EOS（End Of Stream）とシーク（SEEK）です．それぞれの意味を以下に説明します．

- EOS（End Of Stream）…ファイルからデータ入力している際にファイルの最後まで到達したときなど，入力しているデータが終端に到達したときに発生する．EOSイベントを受け取った各エレメントは，バッファしているデータを処理した後，終了処理を実行する
- シーク（SEEK）…入力・処理中のデータの現在位置から別の位置へジャンプすることを要求するためのイベントである．再生中（PLAYING）はもちろん，一時停止（PAUSED）でも発行できる

エレメント間を流れるデータの素性を表す…ケーパビリティ

　二つのエレメント（ソース・パッドとシンク・パッド）間を流れるデータの特性を表す概念が「ケーパビリティ」です．ケーパビリティは，実行中のエレメントの各パッドに関連付けられています．

● ケーパビリティを表示してみる

　図6は，gst-launchコマンドに「-v」を追加して実行したときの結果です．「caps = …」というログ出力が増えているのが確認できます．これらのログは，主要エレメントの各パッドにおけるケーパビリティを表示しています．

　例えば，AACのデコードを行うfaadエレメントのシンク・パッド（入力側）のケーパビリティは，MPEG4 Audio（AAC）で，ソース・パッド（出力側）は16ビット（signed, little endian），サンプリング周波数44.1kHz，2チャネルのaudio RAWデータであることが分かります．

　faadエレメントは，AACのデコーダ・エレメントです．AACデータを入力して，RAWオーディオを出力するというケーパビリティは，処理内容に沿った値となっています．faadのダウン・ストリーム側であるalsasinkのシンク・パッドのケーパビリティは，faadのソース・パッドと一致しています．つまり，faadエレメントの出力データがalsasinkへ入力されている挙動と合致しています．

145

```
ubuntu@arm:~$ gst-launch-1.0 -v filesrc \location=sample.flac ! \
    flacparse ! flacdec ! audioconvert ! \audioresample ! \
        audio/x-raw, rate=(int)44100 ! alsasink device="hw:1,0"
```

（サンプリング周波数が88.2kHzの音源を入力する）

（Audioresampleによるダウン・サンプリング処理のターゲット周波数を44.1kHzに指定する．筆者のUSB-DACでは，サンプリング周波数を指定しないと48kHzが自動的に選択される）

図8 エレメントの間にケーパビリティを明示することで，前段エレメントのソース・パッドと後段エレメントのシンク・パッドのケーパビリティの一部や全部の設定を強制できる

● 各パッドのケーパビリティ範囲から，互いに対応できるケーパビリティを自動で見つける

　ケーパビリティは，エレメント間のリンクが正しいかのチェック用としても利用できます．各エレメントのパッドには，対応できるケーパビリティの範囲が定義されています．これは，gst-inspectコマンドによるプラグイン情報出力でも確認できます．

　図7に示すfaadプラグインの情報出力では，シンク・パッドがMPEG4とMPEG2のオーディオに対応し，ソース・パッドがRAWオーディオに対応していることを示しています．

● エレメントを並べるだけでアプリケーションが実行できるのはオート・ネゴシエーション機能のおかげ

　サンプリング周波数やプロファイル・レベルなどの細かい設定値を明示的に指定せずに，エレメントを並べるだけでアプリケーションが実現できるのは，エレメント間のリンクされた各パッドのケーパビリティ範囲から，互いに対応できるケーパビリティを自動で見つける処理（オート・ネゴシエーション）が行われているからです．各エレメントは，オート・ネゴシエーションにより選んだ入出力仕様に基づいて，行うべき処理と設定を決めます．

● オート・ネゴシエーションをOFFにする

　パッド間のケーパビリティは，オート・ネゴシエーションによって自動的に決まるだけでなく，アプリケーションから明示的に指定できます．

　例えば，筆者のハイレゾ非対応USB-DACで，サンプリング周波数が88.2kHzのハイレゾ音源をaudioresampleとalsasinkが連結されたパイプラインへ入力するケースを考えます．オート・ネゴシエーションによって，筆者のUSB-DACが対応しているサンプリング周波数の中で，入力した音源に最も近い48kHzが選択されますが，図8に示すように，audioresampleとalsasinkの間で，ケーパビリティを明示的に指定すると，変換後のサンプリング

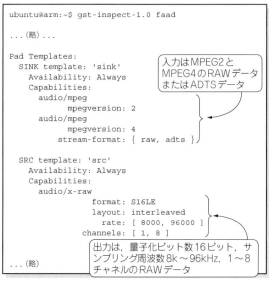

```
ubuntu@arm:~$ gst-inspect-1.0 faad
...（略）...

Pad Templates:
  SINK template: 'sink'
    Availability: Always
    Capabilities:
      audio/mpeg
              mpegversion: 2
      audio/mpeg
              mpegversion: 4
         stream-format: { raw, adts }

  SRC template: 'src'
    Availability: Always
    Capabilities:
      audio/x-raw
              format: S16LE
              layout: interleaved
                rate: [ 8000, 96000 ]
            channels: [ 1, 8 ]

...（略）...
```

（入力はMPEG2とMPEG4のRAWデータまたはADTSデータ）

（出力は，量子化ビット数16ビット，サンプリング周波数8k～96kHz，1～8チャネルのRAWデータ）

図7 gst-inspectコマンドで各エレメントのパッドが対応できるケーパビリティの範囲を表示できる
faadエレメントは，MPEG2/4のRAW/ADTSデータ，量子化ビット数16ビット，サンプリング周波数8k～96kHz，1～8チャネルのオーディオ・データを処理できる

周波数を44.1kHzに強制できます．

　ケーパビリティとして記述可能なタイプ・フォーマットの一覧は，次に示すGStreamerのドキュメントで確認できます．

http://gstreamer.freedesktop.org/
data/doc/gstreamer/head/pwg/html/
section-types-definitions.html

まつばら・かつや

Pythonスクリプトと連携させて本格アプリケーションに挑戦！

第14章 GStreamerの応用例…倍速プレーヤを作る

松原 克弥

音声や動画などのマルチメディア・プレーヤを開発するためのライブラリ群GStreamerは，コマンドラインから実行するだけではなく，Pythonなどのスクリプト言語と連携しても実行できます．さらにPythonと連携できるソフトウェアを呼び出してGStreamerにはないGUIの機能も追加で実装できます．本章では，GStreamerとPythonの連携の例として倍速プレーヤを制作します．図1にソフトウェアの構成を示します．ハードウェア構成は第12章の図Aと同じです．

● 再生速度を上げるだけでは倍速再生できない

speedプラグインは，再生速度を変更するプラグインです．図2に示すコマンドで実行します．

speedパラメータの値が1より大きい場合は早回しし，1未満の値の場合はスロー再生になります．実際に再生してみると分かりますが，再生速度に比例して音程も上下してしまい，再生速度を変更するだけでは聞き苦しい音になってしまいます．

● 音程も調整できるプラグインもあるがCPUへの負荷が高い

pitchプラグインは，再生速度を変更できるだけでなく，再生速度に合わせて音程も調整できます．図3に示すコマンドで実行します．

ただし，pitchプラグイン入出力の対応が浮動小数点フォーマット（F32LE）のみであるため，audioconvertを使ったフォーマット変換が必要です．

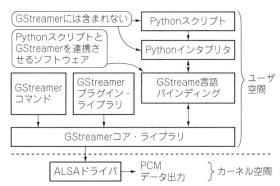

図1 コマンドラインを使わなくてもPythonスクリプトからGSteamerを実行できる

フォーマット変換は負荷が高く，しかも，フォーマット変換の処理も倍速で行う必要があるため，BeagleBone Blackのプロセッサでは，処理が間に合わなくなる可能性が高いです．

GStreamerは，システム・クロックに合わせてUSB-DACに出力を行うため，処理が間に合わなかったデータはドロップ（破棄）され，音飛びや無音状態が発生します．speedプラグインとpitchプラグインを使わず，音程の変わらない倍速再生を実現することはできないのでしょうか．

● 再生速度から必要に応じて音程の調整を自動的に行うプラグインを使う

scaletempoプラグインは，再生速度に合わせて

図2 speedプラグインで2倍速再生してみる
speedプラグインは，パイプラインに列挙された各エレメントへ再生速度の変更を指示できる．ただし，再生速度に比例して音程も上下する

図3 pitchプラグインを使うと音程が変化しないで倍速再生できるが負荷が高い
pitchプラグインの入出力仕様に合わせてデータのフォーマット変換が必要．変換処理の負荷が高くなるのでBBBでは音飛びや再生できない場合もある

147

column　番外編その1…YouTubeビデオ・クリップの音楽を再生

　YouTubeは，RTSP[1]によるビデオ・ストリーム配信を行っています．RTSPのURLは，Googleが提供しているYouTube Data API[2]を経由して図Aに示すコマンドで取得できます注A．

　図Bに示すコマンドで，取得したURLからの音楽再生を試みます．rtspsrcプラグインによって受信したストリーム・データの中から，rtpmp4depayプラグインによってMP4オーディオを取り出します．YouTubeでのオーディオは，MP4オーディオ（AAC）もしくはAMRというコーデックを使用しています．AMRのストリームの場合は，rtpamrdepayプラグインを代わりに使用します．また，decodebinプラグインがコーデックを自動で選択できるので，図Bのコマンドのrtpmp4depayとrtpamrdepayは省略できます．

注A：YouTube Data API 2.0は，2014年3月4日でサポートが終了している．YouTube DATA API 3.0へ移行する必要がある．

```
matsu@pc:~$ w3m -dump "http://gdata.youtube.com/feeds/api/videos/ビデオID" |
            xmllint -format - | grep rtsp
```
ビデオIDは，YouTubeのURLから取得（英数記号列）
「rtsp://」で始まる行を抽出
1行で記述

図A　YouTube Data APIによるRTSPのURLを取得する
見たいYouTubeビデオのビデオIDを指定してYoutube Data APIへアクセスすると，XML形式のビデオ・コンテンツ情報が得られる．このXMLをxmllintコマンドで整形し，grepを使ってRTSPストリーム配信アドレスの情報を探す

```
ubuntu@arm:~$ gst-launch-1.0 rtspsrc location=rtsp://得られたURL
              latency=3000 ! rtpmp4adepay ! decodebin ! audioresample !
              audio/x-raw,rate=44100 ! alsasink device="hw:1,0"
```
RTPパケットからMPEG4データを抽出
$より後を1行で記述

図B　rtspsrcプラグインでRTSPストリームを再生してみる
rtspsrcプラグインを使って，YouTubeビデオのRTSPストリーム配信を受信する．rtpmp4adepayは受信したデータをオーディオとビデオの各データに分離するが，パイプラインにalsasinkしか指定されていないので，オーディオ・データのみがdecodebinに渡されて処理される

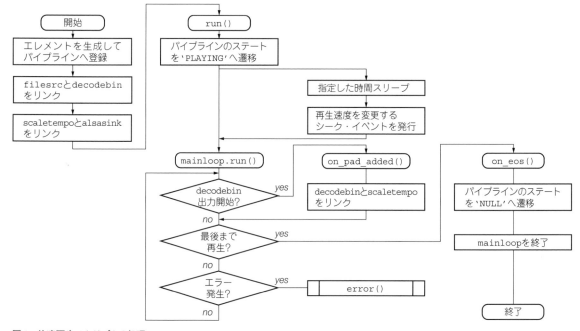

図4　倍速再生スクリプトの処理フロー
処理の流れをフローチャート風に表現したが，実際はイベント・ドリブンで動作するため，必ずこの順番通りに処理が行われるとは限らない

第14章 GStreamerの応用例…倍速プレーヤを作る

> **column** 番外編その2…インターネット・ラジオを再生
>
> BIG B RADIOやJapan a Radioのように，エンドレスで音楽を配信しているインターネット・ラジオ局が多数存在します．GStreamerを使えば，これらのラジオの受信も簡単に実現できます．
> 図Cは，BIG B RADIOのJPOPチャネル[3]を受信するコマンドです．HTTPで配信されているラジオ局の場合は，souphttpsrcプラグインを受信のためのソース・エレメントに利用できます．
>
> （HTTPサーバからデータを取得）
> ```
> ubuntu@arm:~$ gst-launch-1.0 souphttpsrc
>     location=http://184.95.47.178:9112 !
>     decodebin ! alsasink device="hw:1,0"
> ```
> **図C HTTP配信ラジオ BIG B RADIOを再生してみる**
> souphttpsrcプラグインを使って，HTTPプロトコルで配信されているデータを受信する．受信したデータはファイルから入力する場合と同様にdecodebinでデコード処理を行ったあとalsasinkへUSB-DACへ出力する

リスト1 PythonからGStreamerを制御するAPIを使って作成した倍速再生プログラム

```python
#!/usr/bin/python3
#
import sys
from os import path
import time
import gi
gi.require_version('Gst', '1.0')
from gi.repository import GObject, Gst

if not len(sys.argv) == 4:
    print('Usage: %s filename rate delay' %
                                    sys.argv[0])
    quit()

GObject.threads_init()
Gst.init(None)
filename = path.join(path.dirname(path.abspath(
                           __file__)), sys.argv[1])

class Fastplay:
    def __init__(self):
        self.mainloop = GObject.MainLoop()
        self.pipeline = Gst.Pipeline()
        self.bus = self.pipeline.get_bus()
        self.bus.add_signal_watch()
        self.bus.connect('message::eos', self.on_eos)
        self.bus.connect('message::error',
                                     self.on_error)
        self.src = Gst.ElementFactory.make('filesrc',
                                             None)
        self.dec = Gst.ElementFactory.make('decodebin',
                                             None)
        self.tempo = Gst.ElementFactory.make('scaletempo'
                                          ', None)
        self.sink = Gst.ElementFactory.make('alsasink',
                                             None)
        self.pipeline.add(self.src)
        self.pipeline.add(self.dec)
        self.pipeline.add(self.tempo)
        self.pipeline.add(self.sink)
        self.src.set_property('location', filename)
        self.sink.set_property('device', 'hw:1,0')
        self.dec.connect('pad-added', self.on_pad_added)
        self.src.link(self.dec)
        self.tempo.link(self.sink)

    def run(self):
        self.pipeline.set_state(Gst.State.PLAYING)
        time.sleep(float(sys.argv[3]))
        self.pipeline.seek(float(sys.argv[2]),
                           Gst.Format.TIME,
                           Gst.SeekFlags.FLUSH,
                           Gst.SeekType.SET,
                           self.pipeline.query_posit
                           ion(Gst.Format.TIME)[0],
                           Gst.SeekType.NONE, 0)
        self.mainloop.run()

    def kill(self):
        self.pipeline.set_state(Gst.State.NULL)
        self.mainloop.quit()

    def on_pad_added(self, element, pad):
        string = pad.query_caps(None).to_string()
        if string.startswith('audio/'):
            pad.link(self.tempo.get_static_pad('sink'))

    def on_eos(self, bus, msg):
        self.kill()

    def on_error(self, bus, msg):
        print('on_error():', msg.parse_error())
        self.kill()

fastplay = Fastplay()
fastplay.run()
```

注釈：
- GStreamer1.x系のバインディング・モジュールをインポート
- エラーが発生したらon_error()メソッドをコール
- ファイルの最後まで再生したらon_eos()メソッドをコール
- 再生速度に合わせて音程を調整する
- decodebinが出力を開始するタイミングでon_pad_added()をコール
- 指定した再生速度に変更するシーク・イベントを発行
- 終了時，ステートをNULLへ遷移
- 再生が終了したら倍速プレーヤも終了する

音程の調整を行います．パイプラインに挿入するだけで，シーク・イベントを受信した際に再生速度を確認し，必要に応じて音程の調整を自動的に行います．ただし，scaletempoはシーク・イベントを発行する機能は持っていません．アプリケーションからイベントを発行する必要があります．

gst-launchコマンドはシーク・イベントを発行する機能を持っていないので，GStreamerとPythonスクリプトを連携させるソフトウェア"gst-python"を利用して，Pythonスクリプトで倍速プレーヤを実装してみます．

リスト1に示すのは，倍速プレーヤのソース・コードです．scaletempoを加えたパイプラインを設定して再生を開始した後，指定時間後に再生速度を変更するシーク・イベントを発行しています．出力開始や終了，エラーなどのイベントに応じてメソッドがコールされるイベント・ドリブンのコーディング実装です．処理の流れをフローチャート風に表すと図4のようになります．

▶実行結果

リスト1のプログラムを実行する際は，図5のように，再生したいオーディオ・ファイル，再生速度，再

column　番外編その3…サウンド・エフェクトで自分好みの音に

GStreamerには，さまざまなサウンド・エフェクトを実現するプラグインが存在します．再生目的に応じて，自分好みの音に加工してみましょう．

● エコーを効かせて音楽ホールの雰囲気を味わう

audioechoプラグインは，ホールで音楽を聞いているような反響音を付加します．

図Dは，ALACコーデック・ファイルの再生にエコーを加えるコマンドです．エコー度合いの調整は，delay，intensity，feedbackのパラメータで調整できます．設定可能範囲は，gst-inspectコマンドを使って確認してください．

audioechoの入出力は，浮動小数フォーマット(F32LE，F64LE)にのみ対応しています．多くのデコーダやalsasinkは整数フォーマット(S16LEなど)でデータを入出力するので，audioechoプラグインの前後にaudioconvertプラグインによるフォーマット変換が必要です．

● ボーカルを消してカラオケ用の音楽に

audiokaraokeプラグインは，音楽データからボーカルのみを消すことができます．ボーカルを消すことで，手持ちの音楽をBGM向けに加工できます．**図E**に示すコマンドで実行します．

```
ubuntu@arm:~$ gst-launch-1.0 -v filesrc location=sample.alac !
        qtdemux ! decodebin ! audioconvert ! audioecho
        delay=500000000 intensity=0.6 feedback=0.4 !
        audioconvert ! audioresample ! alsasink device="hw:1,0"
```

量子化ビット・フォーマットを変換するため，audioechoの前後にaudioconvertが必要

デコーダ出力から反響音を生成して元のオーディオへオーバレイ

1行で記述

図D　入力されたオーディオ・データにエコーを重ねて出力できる

```
ubuntu@arm:~$ gst-launch-1.0 -v filesrc location=sample.mp3 !
        decodebin ! audiokaraoke ! alsasink device="hw:1,0"
```

デコーダ出力からボーカルだけを消す

$より後を1行で記述

図E　オーディオ・データからボーカルと思われる音を消す（小さくする）

リスト1のスクリプトに実行権限を与える

1秒ウエイト

4倍速

```
ubuntu@arm:~$ chmod a+x fastplay.py
ubuntu@arm:~$ ./fastplay.py sample.m4a 4.0 1.0
```

図5　自作した倍速プレーヤで4倍速再生してみる
引き数には再生したいオーディオ・ファイル，再生速度，開始から速度変更までのウェイト時間を順に指定する．

生開始から速度を変更するまでのウエイト時間(秒単位)を指定します．再生速度は，1.0より大きい値で倍速再生，1.0より小さい値でスロー再生になります．筆者の環境では「4倍速」でも問題なく再生できました．

＊　＊　＊

BeagleBone Blackでうまく倍速プレーヤが動いたら完成です．プログラミングにPythonを使うと，Pythonから利用できるさまざまなフレームワークを利用して，さらに本格的なアプリケーションも作れます．GUIの追加実装には，TKinter(4)やwxPython(5)を使うのがよいでしょう．また，Django(6)やBottle(7)のようなウェブ・アプリケーション・フレームワークを使うと，BeagleBone Blackとネットワーク接続したPC上のウェブ・ブラウザへプレーヤのGUIを表示することも可能です．GStreamerの活用により，さまざまな再生機能を持つプレーヤを比較的簡単に実現できます．今回紹介したプラグイン以外にも，ユニークな機能を持つものがまだまだあります．プラグインのプログラミング・ガイドは，GStreamerのコミュニティ・サイト(8)から入手できます．

◆参考文献◆

(1) Real Time Streaming Protocol. http://ja.wikipedia.org/wiki/Real_Time_Streaming_Protocol
(2) デベロッパー ガイド：Data API プロトコル - API クエリパラメータ - YouTube ― Google Developers. https://developers.google.com/youtube/2.0/developers_guide_protocol_api_query_parameters?hl=ja
(3) Big B Radio: How To. http://www.bigbradio.com/p/howto.html
(4) TkInter - Python Wiki. https://wiki.python.org/moin/TkInter
(5) wxPython. http://www.wxpython.org/
(6) The Web framework for perfectionists with deadlines | Django. https://www.djangoproject.com
(7) Bottle: Python Web Framework ― Bottle 0.13-dev documentation. http://bottlepy.org/docs/dev/index.html
(8) GStreamer Plugin Writer's Guide (1.3.3). http://gstreamer.freedesktop.org/data/doc/gstreamer/head/pwg/html/

まつばら・かつや

Appendix 6 メジャーなオーディオ符号化方式 総まとめ

おなじみPCM，MP3からハイレゾ向けFLAC，DSDまで

松原 克弥

オーディオ・データでよく使われる符号化方式は，単なるディジタル化だけでなく，圧縮を伴うものが多く存在します．

ハイレゾ音源のように量子化ビット数とサンプリング周波数が大きくなるとデータ量も大きくなります．このような音源はネットワーク配信での購入が多いため，できるだけ短時間でダウンロードできるように圧縮を伴う符号化形式でデータ量を小さくしていることがほとんどです．圧縮方式の違いにより数多く存在する符号化方式の中でもメジャーなものを紹介します．

ある符号化方式を使ってデータをエンコード（符号化），もしくは，デコード（復号）するプログラムをコーデックと呼びます．プログラムだけでなく，符号化方式そのものをコーデックと呼ぶこともあり，本章では，後者の意味でコーデックというキーワードを使います．

オーディオやビデオはコンテナで一つのファイルに格納する

オーディオを含むマルチメディア・データをファイルなどへ格納する際のフォーマットのことをコンテナと呼びます．コーデックによりディジタル化されたビデオやオーディオ・データを格納・流通させるための「入れ物」のイメージです（図1）．

ビデオなどほかのメディア・データとともにファイルへ格納する場合，図2に示すようにコンテナによって複数のメディアごとにデータを区切ることで，一つのファイルへ格納できます．一つのコンテナ形式で複数のコーデックに対応できることが一般的なので，コンテナ形式が同じでも，格納されているオーディオ・データのコーデックが異なる場合もあります（図3）．

音楽再生に使われる圧縮タイプのコーデック

以下に示すのは，音楽再生に使われる代表的なコーデックとコンテナです．

● FLAC

前述したMP3やAACが非可逆圧縮と呼ばれる方式を採用しているのに対し，FLAC（Free Lossless Audio Codec）は可逆圧縮方式を採用しています．圧縮前のデータを再現できることから，エンコードによる品質劣化がありません．量子化ビット数24ビット，サンプ

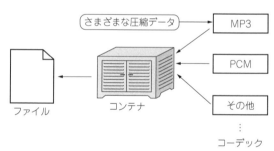

図1 圧縮データの入れ物コンテナのフォーマットがファイル拡張子と関連付けられる

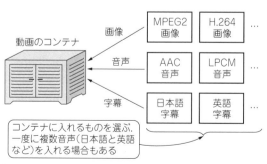

図2 コンテナが複数の圧縮データを格納できるようになっている理由…映像/画像/字幕などを一つのファイルで扱いたい

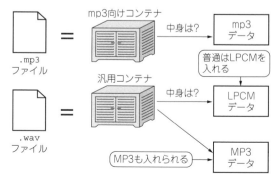

図3 コンテナは入れ物！ある拡張子のファイルに複数の圧縮データを入れることもできる

151

> **column** コーデックやコンテナの確認に便利なLinuxコマンド…mediainfo
>
> マルチメディア・ファイルのコンテナやコーデックを確認したい場合，mediainfoというコマンドが便利です．このコマンドを使うと，使用されているコンテナや格納されているマルチメディア・データのコーデック，ビット・レートなどの情報を確認できます．図Aは，MPEG4コンテナに格納されたAACコーデックのオーディオ・ファイルの出力例です．
>
>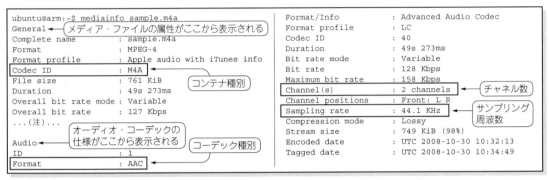
>
> 図A　mediainfoコマンドを使うとコーデックとコンテナの種別，サンプリング周波数やチャネル数を確認できる

リング周波数192kHzまでのデータを扱えることから，ハイレゾ音源とともに普及しつつあります．

▶使われるコンテナ形式

コンテナを使わず，FLACデータのみを格納する場合（拡張子：flac）が多いようですが，OGGコンテナ（拡張子：ogg）やMatroskaコンテナ（拡張子：mka，mkv）が使われる場合もあります．

● AAC

AAC（Advanced Audio Codec）は，同ビット・レートでMP3より高品質，高圧縮を目指したコーデックです．量子化ビット数24ビット，サンプリング周波数96kHzまでのデータを扱えます．BSデジタルや地上デジタル放送の音声コーデックとして採用されており，iPodやウォークマン，PSPなどにも広く利用されています．

▶使われるコンテナ形式

MPEG4コンテナ（拡張子：m4a，mp4）はもちろん，AVI（拡張子：avi）やMOV（拡張子：mov）にオーディオ単独，もしくはビデオとともに格納される場合が多いです．また，携帯電話で採用されている3GPP（拡張子：3gp）や3GPP2（拡張子：3g2）の音声としてもAACデータを格納することがあります．

● ALAC

ALAC（Apple Lossless Audio Codec）は，Apple社が開発した可逆圧縮コーデックです．量子化ビット数

は32ビット，サンプリング周波数は384kHzまでのデータを扱えます．しばらくは同社の独占的なコーデックであったのですが，2011年にオープンソース化されました．iTunesによりエンコードとデコードができます．

▶使われるコンテナ形式

MPEG4コンテナ（拡張子：m4a）が使われます．

● MP3

MP3（MPEG-1，MPEG-2 Audio Layer3）は，少し前の携帯用音楽プレーヤで最も使われていたコーデックです．量子化ビット数16ビット，サンプリング周波数48kHzまでのデータを扱えます．

大きな音の直前直後や周波数帯域の近い小さい音は聞こえにくいという人間の聴覚の特徴を使って，オーディオ・データを圧縮しています．

▶使われるコンテナ形式

流通している音楽ファイルの多くはID3と呼ばれるタグ形式で情報を格納したメタ情報とともに，MP3データを格納しています（拡張子：mp3）．MP4やAVIなどのコンテナに格納することもできます．

音楽再生に使われる非圧縮タイプのコーデック

● LPCM（PCM）

アナログ・データをサンプリング周波数に従って標本化し，その値をリニアに並べたデータです．圧縮処

column 負荷の高い処理を分散することもできる

BeagleBone Black（以下BBBと呼ぶ）のプロセッサ性能は，最近の一般的なPCの性能の10分の1以下です．ハイレゾ音源がメジャーになり，ダウン・ミックスやリサンプリングなどの処理が増大すると，その負荷がBBBのレスポンスに影響を与える可能性があります．

筆者の環境で量子化ビット数24ビット，サンプリング周波数96kHz，6チャネルの音楽データを，量子化ビット数16ビット，サンプリング周波数48kHz，2チャネルに変換しながら再生しました．このときCPU負荷を測定するとgst-launchコマンドのCPU使用率が80％超となりました．この状態でGUIなどの別処理を並行実行した場合，レスポンスが悪くなったり，音飛びが発生します．

● オーディオ再生と変換処理を分散させてみる

負荷の高い処理をPCで行い，BBB側ではオーディオ再生のみを行うような再生機能を実現してみます．PC側で処理した結果であるRAWオーディオ・データを，UDP通信でBBB側へ転送します．図BはPCとBBBのそれぞれで実行するコマンドラインです．UDP通信は，udpsinkとudpsrcのプラグインで実現します．udpsinkへの入力とudpsrcの出力に対し，RAWオーディオの性能を明示することで，PC側で生成するRAWオーディオの仕様とBBB側の再生設定を合わせています．

図Bのコマンドを実行した結果，gst-launchコマンドのCPU使用率は4.2％となり，BBBの負荷を大幅に減らすことができました．

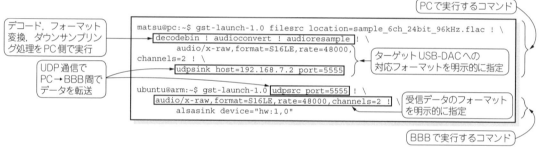

図B　デコードと変換処理をPCへ分散させる
PC側ではデコード処理とダウンサンプリングやフォーマット変換処理を行ったデータをUDPで送出させる．BBB側はudpsrcプラグインでPCから送出されたUDPパケットを受信してalsasinkプラグインを介してUSB-DACへ出力させる

理は行いません．音楽CDはこのコーデックを使って量子化ビット数16ビット，サンプリング周波数44.1kHzで記録されます．量子化ビット数，サンプリング周波数は共に上限はありませんが，24ビット，192kHzまでのデータを扱うことが一般的です．

▶使われるコンテナ形式

WAVEコンテナ（拡張子：wav）が使われます．

● DSD

DSD（Direct Stream Digital）は，前述のLPCMに代わるハイレゾ音源向けのコーデックです．量子化ビット数は1ビット，サンプリング周波数は2.8224MHzまたは5.6448MHzです．SACD（Super Audio CD）で採用されているコーデックであり，近年対応機器が増えています．

▶使われるコンテナ形式

DSD用のコンテナであるDSF（拡張子：dsf）やDSDIFF（拡張子：dff）が使われます．

まつばら・かつや

第4部 ラズベリー・パイと一緒に使える！USB-DACの自作に挑戦！

ハイエンド製品からアマチュア自作まで見かけるXMOSの中身

第15章 USBオーディオの定番プロセッサ xCORE入門

三好 健文

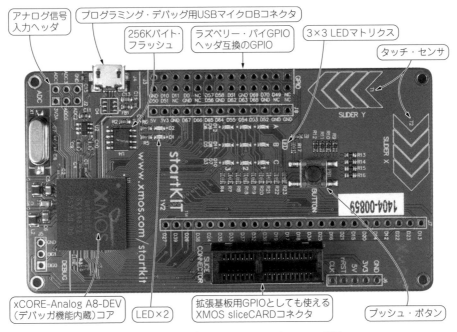

写真1 とりあえずxCOREをいじってみたい人はコレ！XK-STK-A8DEV startKIT
Digi-Keyから約1,600円で入手できる

　USBオーディオとは，一般的にパソコンにUSB接続のD-Aコンバータ（USB-DAC）をつないで，高音質な音楽を聞く方法のことをいいます．実現方法の手軽さから人気が出はじめ，さまざまな種類のUSB-DACが発売されました．近年では，USB Audio Class 2.0に対応した安価なオーディオ機器も出回り始めています．

　USB Audio Class 2.0はUSBのデバイス・クラスの一つで，1998年に策定されたUSB Audio Class 1.0の後継に当たります．USB 2.0の転送速度を活用して，サンプリング・レートと分解能が高い，いわゆるハイレゾ音源を楽しめます．

　このUSB Audio Class 2.0に対応した機器の多くにXMOS社のxCOREというプロセッサが搭載されています．USBオーディオ機器では，USBで送られてきた音声データを再生可能な音声データに処理し，決められた再生周期で出力しますが，これらの処理にxCOREが用いられています．再生周期は，一般的なCDでは44.1kHz，ハイレゾ音源では192kHzなどが用いられます．

　xCOREはリアルタイム・スケジューリング機構を内部に持ったマルチコア・プロセッサで，ハードウェアのように厳格な時間管理のもとで複数のプログラム・タスクを並列に実行できるという特徴を持っています．

　本章では，なぜUSB Audio Class 2.0オーディオ機器でxCOREが採用されているのか，xCOREアーキテクチャとプログラミング・モデルを俯瞰することで，その理由をひもといていきます．また，写真1のStartKITを使って実際にプログラムしてみます．

第15章　USBオーディオの定番プロセッサ xCORE 入門

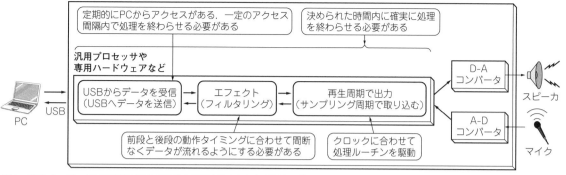

図1 USBオーディオでは種類が異なる複数の処理を決められた時間内に終わらせる必要がある
カッコ内は録音時の処理内容を示す

表1 xCOREはハードウェアとソフトウェアのいいとこどりでリアルタイム処理にちょうどいい！

実　装	ソフトウェア（汎用マイコン／プロセッサなど）	ハードウェア（FPGAなど）	xCORE
処理にかかる時間	プロセッサの動作に依存 （≒設計者の自由にはなりにくい）	設計者の自由	内蔵のスケジューラにより厳格に管理
並列処理	1～4個程度のコアおよびソフトウェア・スレッド	設計者の自由	1～32個の内部コアごとの並列処理
I/O操作	遅い	速い	速い
設計変更の容易さ	容易	難しい	容易

xCOREがオーディオ処理に向く理由

● 音声処理ではリアルタイム処理の実現が超重要

　USBオーディオでは，D-Aコンバータや発振器の精度，電圧の変動の小ささなども大事です．しかしそれ以前に，USBで送られてきたデータを決められた時間内で処理して出力できること，入力された信号を決められた時間内にUSB経由でPCに送出できることが重要です（**図1**）．192kHz/24ビット／ステレオの音声の場合，1ms当たりに1152バイトのデータを処理する必要があります．もし決められた時間内で処理できなければ，処理できなかったデータが欠落してしまうことになります．このように決められた時間内に確実に処理の実行を終わらせなければならない処理を，リアルタイム処理といいます．

　リアルタイム処理を実現するには，処理の始まりから終わりまでの時間をきちんと管理しなければなりません．一口に音声処理といっても，音声の入力を受けて出力をするためには細かい複数の処理が必要になります．そのため，それら複数の処理にかかる時間を管理しなければなりません．

● ちょうどいいリアルタイム処理の実現方法があまりなかった

　汎用プロセッサ，特にキャッシュやMMU（Memory Management Unit）のある今どきのプロセッサを使った処理では，プログラムの実行状況に応じて命令の処理時間が変わります．それぞれの処理にかかる時間をあらかじめ見積もることは困難です．

　汎用プロセッサを使わずFPGAなどのハードウェアでシステムを実現すれば，個別の処理時間が確定的なため，リアルタイム処理の設計は容易です．しかし，専用のハードウェアを作るのには，設計費も製造費もかかるので，アップデートなどの柔軟性は犠牲にせざるを得ません．

　このようなハードウェアとソフトウェアの要求の中間を埋める存在がXMOS社のxCOREです（**表1**）．

● xCOREはハードとソフトのいいとこどり！リアルタイム処理にちょうどいい！

　xCOREは，各命令の実行時間がかっちりと決められた演算コアを複数持ったマイコンです．複数の演算コアで独立にプログラムが実行されるため，設計した通りの時間で処理の実行を完了させることができます．

　個々の演算コアは，ソフトウェアによって動作をプログラミングできるプロセッサです．ハードウェア設計のように，自分でパイプライン設計やバスのアーキテクチャを考える必要はありません．xCOREに特化して開発されたCベースの開発言語XCを使うことで，簡単に設計できるよう考えられています．XCについては後ほど詳しく解説します．

column　USB Audio Class 2.0 とは

● おさらい…USB規格＆デバイス・クラス

　USBの規格にはUSB 1.0/1.1やUSB 2.0，さらに高速なUSB 3.0/3.1という規格があります．これらはインターフェースそのものの規格で，バス・トポロジや物理的／電気的な約束，通信プロトコルなどが定められています．

　また，USB機器は，機能によってグループ分けされたデバイス・クラスに分類されます．例えば，キーボードやマウスなどのヒューマン・インターフェース・デバイス（HID），USBメモリなどのマス・ストレージ・デバイス・クラスなどがあります．USB Audio Classは，オーディオ用に用意されたデバイス・クラスです．

● USB 1.0/1.1時代のオーディオ用デバイス・クラス…USB Audio Class 1.0

　従来使われていたオーディオ用デバイス・クラスのUSB Audio Class 1.0は，最大転送速度が12MbpsのUSB 1.0/1.1時代に策定されたデバイス・クラスでした．アイソクロナス転送によって一定の転送周期（最小で1msごと）に音声データを最大1023バイト転送することができます[A][B]．

　USBのアイソクロナス転送は，一定周期に送るデータ転送量を保証する転送方式です．転送中のエラーや受け取り側の取りこぼしを無視して，連続でデータを転送します．その他の転送方式として，細かなデータを任意のタイミングで転送するインタラプト転送，大量のデータを高速かつ正確に送るためのバースト転送があります．

　例えば，サンプリング周波数96kHz，量子化ビット数24ビットのステレオ音声をアイソクロナス転送で送る場合には，転送周期当たり576バイトが送られます．これは1023バイト未満であり，転送可能です．しかし，192kHzサンプリング，24ビットのステレオ音声は1152バイトになり，転送可能な最大パケット・サイズを超えてしまいます．

● ハイレゾ音源も楽々転送！USB 2.0時代のUSB Audio Class 2.0

　最大転送速度が480Mbpsと高速化されたUSB 2.0に合わせ，USB Audio Class 1.0をバージョンアップしたオーディオ用デバイス・クラスが，USB Audio Class 2.0です（表A）．USB 2.0のアイソクロナス転送では，125μs周期で転送が行え，各周期に最大1024バイトのフレームを3個転送できます[C]．つまり，1ms当たりに24576バイトの音声データを転送できます．これにより，USB Audio Class 1.0では不可能だった192kHz/24ビット/ステレオの音声データが転送できます．さらに，よりサンプリング・レートの高い音声信号を転送することもできます．

　USB Audio Class 2.0機器をUSB 1.0/1.1規格のポートに接続した場合，USB Audio Class 2.0機器として認識はされますが，転送速度は規格の上限である12Mbpsまでしか使用できません．そのため，USB Audio Class 2.0の期待する最大転送レートで使用することはできません．USB 2.0，USB 3.0/3.1規格のポートであれば，USB Audio Class 1.0/2.0どちらの機器を接続しても最大転送レートで使用できます．

◆参考文献◆
(A) Universal Serial Bus Device Class Definition for Audio Devices Release 1.0, March 18, 1998.
(B) Universal Serial Bus Specification Revision 1.1, September 23, 1998.
(C) Universal Serial Bus Specification Revision 2.0, April 27, 2000.

表A　USB Audio Class 2.0の登場によりサンプリング周波数192kHz，量子化ビット数24ビット以上のハイレゾ音源をUSBデバイスで再生できるようになった

項目	USB Audio Class 1.0	USB Audio Class 2.0
ベース規格	USB 1.0（最大12Mbps）	USB 2.0（最大480Mbps）
1ms当たりの最大転送データ	1023バイト（フル・スピード）	24576バイト（ハイ・スピード）
OSの対応	Windows 2000以降，MacOS9以降	Windowsでは未対応　MacOSX10.6以降
対応可能サンプリング周波数／ビット数	96kHz/24ビット程度まで	192kHz/24ビットや384kHz/32ビットなど

● 既に多くのUSBオーディオ製品に採用されている

　RATOC Audio LabのRAL-24192UT1，RAL24192HA1[1]や，協同電子エンジニアリングのPhasemation HD-7A[2]，ORACLE Paris DAC250[3]など，USB Audio Class 2.0に対応したUSBオーディオ製品には，xCOREを採用しているものが市場に多数出回っています．製品ページにxCOREを使っていると明記されていなくても，ドライバのインストール方法などを参照するとxCOREのチップを使っているのでは？と推測できる

第15章 USBオーディオの定番プロセッサ xCORE入門

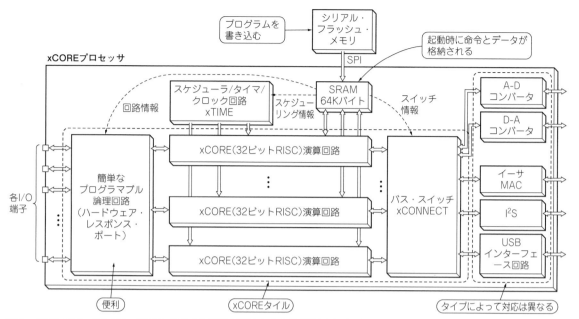

図2 xCOREのアーキテクチャにはリアルタイム処理に必要なしくみが盛り込まれている
xCOREタイルは複数の演算コアと実行支援コンポーネントで構成される

ものもあります．インターネットで検索すると，ユーザの方が分解してxCOREが使われていること紹介しているブログも散見されます．

また，XMOSからはD-AコンバータやUSBインターフェースを搭載した評価キットが販売されています[4]．それらを使えば，USB Audio Class 2.0を体験したり，自分でプログラミングしたオリジナルのオーディオ環境の自作ができます．

xCOREとは

● アーキテクチャ

xCOREは，**図2**に示すxCOREタイルで構成されています．デバイスによっては複数のxCOREタイルをワンチップに内蔵するものもあります．xCOREタイルは，次のコンポーネントで構成されています．

▶ xCORE演算コア

xCOREタイルは4，6，8，10，12，16，あるいは32個の演算コアを持っています．各コアは，100MIPSから125MIPS程度の演算性能を持った32ビットRISCプロセッサ相当の演算コアです．64ビット精度のDSP演算も実行可能です．

▶ xTIMEスケジューラ

リアルタイムOSに似たスケジューリング機構を提供するモジュールで，ハードウェアで実装されています．コアで実行されるプログラムのスケジューリングを行います．10ns以下の精度でタイミングの制御ができます．

▶ ハードウェア・レスポンス・ポート

コアから直接制御可能な高速プログラマブル論理回路で，ソフトウェアによって設定可能な低レイテンシの入出力ポートを実現します．クロック回路や比較回路，タイム・スタンプ機能，シリアライゼーション／デシリアライゼーション機構をもっています．

▶ xCONNECT

xCOREタイルと他のxCOREタイルやペリフェラルとを接続するためのクロス・バス・スイッチです．

▶ SRAM

全コアで共有するメモリです．プログラムとデータの両方が格納されます．

● 種類

表2に示す，次の4シリーズがラインナップされています．

▶ Lシリーズ（汎用xCORE）

用途を選ばず，さまざまなアプリケーションへの適用が考えられる汎用のxCOREです．4～16コアの製品があり，コア全体の処理性能は400MIPS～1000MIPS程度です．

▶ Uシリーズ（xCORE-USB）

USB 2.0 PHYを内蔵したチップです．高性能な周辺機器や，一般向けUSBオーディオ機器などへの応用が考えられます．また，12ビット1Mサンプル/sのA-Dコンバータ，スタンバイ／スリープ・モードや，ウォッチドッグ・タイマ，発振回路を内蔵しています．6，8，10，12，16コアの製品がラインナップされていて，

表2 xCOREシリーズのラインナップ
汎用品のほかにUSBやアナログ機能に特化したシリーズやCortex-M3コアを搭載したシリーズなど4種類のシリーズがリリースされていた（2014年時点）

シリーズ	概要	型名	コア数	RAM (Kバイト)	I/O（本）	最大処理能力 (MIPS)	パッケージ
Lシリーズ （汎用xCORE）	用途を選ばない汎用のxCORE．4～16コアの製品が出ている．12, 16コアの製品の演算性能は1000MIPS程度	XS1-L4A-64	4	64	28	400	TQFP48
		XS1-L6A-64	6	64	64	500	TQFP48, LQFP64, TQFP128
		XS1-L8A-64	8	64	64	500	TQFP48, LQFP64, TQFP128
		XS1-L8A-128	8	128	84	1000	QFN124
		XS1-L10A-128	10	128	84	1000	QFN124
		XS1-L12A-128	12	128	84	1000	QFN124
		XS1-L16A-128	16	128	84	1000	QFN124
		XS1-L16A-128	16	128	88	1000	FBGA324
Uシリーズ (xCORE-USB)	USB 2.0 PHYを内蔵している．12ビット1Mサンプル/sのA-Dコンバータを搭載する．スタンバイ/スリープ・モードなど	XS1-U6A-64	6	64	38	500	FBGA96
		XS1-U8A-64	8	64	38	500	FBGA96
		XS1-U8A-128	8	128	78	1000	FBGA217
		XS1-U10A-128	10	128	78	1000	FBGA217
		XS1-U12A-128	12	128	78	1000	FBGA217
		XS1-U16A-128	16	128	78	1000	FBGA217
Aシリーズ (xCORE-Analog)	アナログ周辺機器への応用を想定したシリーズ．8チャネル・マルチプレクス可能なA-Dコンバータを内蔵	XS1-A6A-64	6	64	42	500	FBGA96
		XS1-A8A-64	8	64	42	500	FBGA96
		XS1-A8A-128	8	128	90	1000	FBGA217
		XS1-A10A-128	10	128	90	1000	FBGA217
		XS1-A12A-128	12	128	90	1000	FBGA217
		XS1-A16A-128	16	128	90	1000	FBGA217
xCORE-XA	7個のxCORE+1個のARM Cortex-M3をA-D/D-Aコンバータや容量センサを内蔵	XS1-XA8A-512	7+Cortex-M3	SRAM 192, フラッシュ 512	38/93 (xCORE/ARM)	500	FBGA265
		XS1-XAU8A-512	7+Cortex-M3	SRAM 192, フラッシュ 512	38/93 (xCORE/ARM)	500	FBGA265
		XS1-XA8A-1024	7+Cortex-M3	SRAM 192, フラッシュ 1024	38/93 (xCORE/ARM)	500	FBGA265
		XS1-XAU8A-1024	7+Cortex-M3	SRAM 192, フラッシュ 1024	38/93 (xCORE/ARM)	500	FBGA265

12, 16コアのチップの処理性能は1000MIPS程度です．

▶ Aシリーズ（xCORE-Analog）

アナログ周辺機器を扱うことを想定したシリーズです．8チャネルのマルチプレクスが可能な12ビット1Mサンプル/sのA-Dコンバータを内蔵しています．A-Dコンバータから入力されたデータは，ハードウェア・レスポンス・ポートに直接入力されます．xCORE上のソフトウェアが決定的な振る舞いをすることを活用したアナログ・モニタリング・システムへの応用が期待されます．ディープ・スリープ・モードを持っていて，待機時の消費電力を $500\mu W$ に抑えることができます．6, 8, 10, 12, 16コアの製品があり，12, 16コアのチップの処理性能は1000MIPS程度です．

▶ ARM Cortex-M3搭載！xCORE-XA

xCORE-XAは，xCOREとARM Cortex-M3プロセッサを組み合わせたアーキテクチャのチップです．8個の演算コアのうち，7個がxCORE演算コアで，残りの1個がARM Cortex-M3コアです．A-D/D-Aコンバータや OPアンプ，容量センサなども内蔵しています．

● 統合開発環境…
Eclipseベース xTIMEcomposer STUDIO

xCOREは，XMOS社のホームページで無償で提供されているxTIMEcomposer STUDIOを使って開発を始めることができます．xTIMEcomposer STUDIOはEclipseをベースに開発されたツールで，コンパイラ（XCC），デバッガ（XGDB），プログラム書き込みツール（xFLASH），シミュレータ（xSIM），プロファイリング環境（xTIME）といった開発に必要なツール一式が統合されています．Windows版だけではなくLinux版やMac OS X版も用意されています．いわゆるクロス・コンパイラのビルドなどという面倒な手順を踏む必

リスト1 xCORE用プログラミング言語XCはCベースだから演算子やデータ型，制御構文は同じように書ける
定番Hello WorldをXCで記述したソースコード

```c
#include <stdio.h>
int main() {
    printf("Hello World\n");
    return 0;
}
```

リスト3 タスクに無限whileループがあっても大丈夫！par構文ではtask1，task2，task3がそれぞれ並列に実行される

```c
#include <stdio.h>
void task0() {
    while(1){ ... }
}
void task1() {
    while(1){ ... }
}
void task2() {
    while(1){ ... }
}
int main() {
    par {   // XCで拡張された並列処理を示すブロック構文
        task0();  // task0を呼び出しても
        task1();  // task1も
        task2();  // task2も，それぞれ実行される．
    }
    return 0;
}
```

リスト2 parを使った並列処理の記述方法

```c
#include <stdio.h>

void hw(unsigned n) {
    printf("Hello world from task number %u\n", n);
}

int main() {
    par {   // XCで拡張された並列処理を示すブロック構文
        hw(0);  // 各文がそれぞれ並列に動作する
        hw(1);  //
        hw(3);  //
    }
    return 0;
}
```

リスト4 入出力ポートを使用するにはportキーワードを使う

```c
#include <xs1.h>

// ポートの定義はportキーワードを使う
port p_in = XS1_PORT_4A;    // xs1.hで定義されている．
port p_out = XS1_PORT_1A;
                            // 詳細はターゲットのマニュアルを参照する

int main(){
    int x;
    while(1){
        p_in :> x;  // ポートp_inから値を入力しxに代入する
        if (x > 9)
            p_out <: 1;  // ポートp_outに1を出力
        else
            p_out <: 0;  // ポートp_outに0を出力
    }
}
```

要はないので，簡単に開発環境を導入できます．
2017年3月現在の最新版はバージョン14.2.4です．以下のサイトから入手できます．

https://www.xmos.com/support/tools

● **xCORE用の設計資産…xSOFTip**

大規模なソフトウェアを設計する場合には多数のライブラリを，ハードウェアの設計ならIPを使うことで，実装の手間を削減できます．xCOREプログラミングでも同様に，既に実装され動作が検証されたxSOFTipを活用することで実装コストの軽減ができます．

Cベースのプログラミング言語 XC超入門

● **xCOREの特徴を最大限引き出すために並列処理記述を拡張**

複数の処理を並列に動かすことができるのがxCOREの特徴です．ところが，多くのプログラミング言語は，汎用プロセッサ上で動作することを前提に逐次処理を記述するように作られています．そのため，既存のプログラミング言語は，xCOREのプログラミングにはあまり適していません．
xCOREに適する言語を開発しても，全く新しいプログラミング言語だと，学習コストの観点から敷居が上がってしまいます．

そのためxCOREは，Cをベースに並列処理の記述がしやすくなるように拡張した，XCというプログラミング言語でプログラミングできるようになっています．XCはxCOREプログラミングに必要なI/O処理，時間管理，並列処理の記述が容易になるようCを拡張した言語です．また，I/Oなどに関係ない処理については通常のCやC++での記述もできます．

● **基本的なところはCと同じように記述できる**

XCはCをベースとしたプログラミング言語で，演算子やデータ型，制御構文は，Cと同じように記述できます．処理は関数として記述し，記述した関数を呼び出すことで一連の処理を実現します．リスト1は，XCで記述したHello Worldです．Cでよく見慣れた形式です．

● **拡張された構文**

xCOREを活用するためにCから拡張されている構文をいくつか紹介します．

▶ **並列化構文：par…並列処理だからタスクにループがあっても大丈夫！タスク間のデータやりとりもOK**

リスト2は，並列処理を記述するためのpar構文を利用した例です．parキーワードで囲まれたブロックの中に記述された文は，並列に実行されます．

リスト5 入力時の比較演算に専用の拡張構文を使えばI/O回路を直接プログラミングできるので，取りこぼしなくI/O入力を取り扱える

```
#include <xs1.h>

void compare_ex(in port oneBit){
    int x;
    oneBit :> x;   // 入力ポートoneBitから値を読みxに代入
    while(1){
        // oneBitから読んだ値が元のxと違う場合にxに代入．
        // xとoneBitの値が同じ値の場合はブロックされる
        oneBit when pinsneq(x) :> x;

        ...何かの処理...
    }
}
```

リスト6 イベント・ベースのプログラムを書く場合はselect文を使う

```
// XCで拡張されたselect構文
// eventはI/Oやタイマ・イベント，
// あるいはインターフェースの割り込みルーチン
select {
    case event1 :   // event1が発生した場合↓が実行される
        // handle the event ...
        break;
    case event2 :   // event2が発生した場合↓が実行される
        // handle the event ...
        break;
}
```

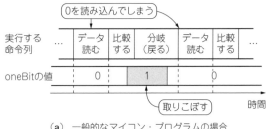

(a) 一般的なマイコン・プログラムの場合
…変化を取りきれずループする

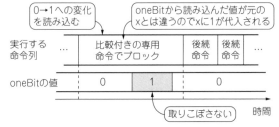

(b) xCORE専用のI/Oアクセス拡張構文を使った場合
…取りこぼさない

図3 入力ポートの値の変化を取りこぼすメカニズム
入力ポートの値の変化を読むためにソフトウェアでループを回すと，データ読み込み命令以外と値の変化のタイミングによっては，(a)のように取りこぼしてしまう．一方，xCOREの比較付き読み込み命令を使うと(b)のように値の変化を取りこぼすことがない

それぞれの文は，xCORE内の複数のコアで独立して実行されるので，while(1){...}とループ文を書くこともできます．通常のCなら，while(1){...}を含む関数呼び出しがあれば，そのwhile文からbreakなどで制御が抜けない限り，次の文に処理が遷移しません．XCのpar構文では，それぞれ並列に動くので，リスト3のようにtask1内に無限whileループがあってもtask2とtask3が実行されます．

タスク間では，チャネルやインターフェースというしくみを使って，データをやりとりできます．値渡しやポインタ/参照渡しと違って結合が疎なため，柔軟なデータのやりとりが可能になります．

▶I/Oアクセス…回路を直接プログラミングできるから入力を取りこぼさない

リスト4はI/Oアクセスの例です．前述のとおり，xCOREアーキテクチャでは演算コアとI/Oポートがハードウェア・レスポンス・ポートを介して直接接続されています．そのためメモリ・マップドI/Oのようなメモリを介したI/Oアクセスではなく，専用命令によって直接入出力を制御します．

入力時に比較を使うこともできます．リスト5は入力に条件を指定する例です．

```
oneBit when pinsneq(x) :> x;
```

上記はoneBitの値がpinsneq(x)，つまりxで

ないときにoneBitをxに代入せよ，と読みます．

一般的なマイコン・プログラムであれば，例えば，ポインタportで読みたいポートを指定したとして，

```
x = *port;
do{ tmp = *port; }
while(x != tmp);
x = tmp;
```

と書くことになります．しかし，このようなプログラムでは，x != tmpなどの比較演算をしている間にポートの値が変化したことを読み取れません（**図3**）．xCOREでは専用のI/O回路を拡張構文を使って直接プログラミングすることで，取りこぼしなくI/O入力を取り扱えます．サンプリング間隔は10ns以下です．

また，ハードウェアさながらに，バッファなし入出力や周期的な信号を発生させることもできます．

▶イベント・ベース・プログラミング：select

リスト6のように，Cのswitch構文に似たselect構文を使ってイベント・ベースのプログラムを書くこともできます．event1やevent2のイベントが発生した場合に，そのイベントに対応した処理が起動されます．

▶オプション付き引き数

リスト7は，参照渡しの引き数がnullかもしれない（nullable）という関数の定義です．?マークを付けて定義している仮引き数のpには有効な参照か，あ

リスト7　オプション付き引き数

```
void function(port ?p){
    if (!isnull(p)) {
        // isnull関数でnullable変数をチェック
        // pがnullでない場合だけ，実行される．
        ...
    }
}
```

リスト8　複数個の返り値を返す関数を定義できる

```
// swap関数はint型の二つの返り値を返す．
{int, int} swap(int a, int b) {
    return {b, a}; // 複数の返り値を指定
}
```

（a）関数の定義

```
...
int x = 5, y = 7;
// {}で複数の返り値をそれぞれ変数に受ける
{x, y} = swap(x, y);
...
```

（b）関数の呼び出し

るいはnullが渡されます．関数内ではnullableの引き数に対して，isnull関数を使ってnullか有効な値なのかを確認し，適切な処理に振り分けることができます．

▶複数個の返り値

Cの関数で返り値に使える値は一つだけです．そのため複数の値を呼び出し元に返そうとする場合には，構造体やポインタなどを使うか，引き数で参照を渡すなどの方法をとらなければなりません．

複数の返り値を返す関数を，XCではリスト8のように定義できます．この例は，Cの参考書でもよく取りあげられる，与えられた二つの値を入れ換える関数ですが，複数の値を返り値として返せるのであれば，引き数でポインタ変数を渡す必要がなく，すっきり記述できます．

● 並列処理ならではの問題に対応するためにさまざま工夫も

XCはxCORE上で処理を並列かつ効率良く実行するために，さまざまな拡張がなされている言語です．並列処理で，しばしば問題になるデッドロックやレーシング，メモリ破壊などに対して安全にプログラミングができるように工夫されています．これを実現するために，CSP（Communicating Sequential Processes）という並列処理を表現するためのモデルが根底にあり

ます．残念ながら紙面の都合で十分に書くことはできません．興味がある方は，XMOSのプログラミング・マニュアル[5]を参照してください．また日本語では，XMOSプログラミング入門[6]が出版されています．

xCOREプログラミング事始め

● デビューに最適キットXK-STK-A8DEV startKIT

初めてのxCOREプログラミングとして，XMOS社が販売するXK-STK-A8DEV startKITを使った例を紹介します．

XK-STK-A8DEV startKITは，書き込み/デバッグ用のコアと開発ターゲットのxCOREプロセッサ・コアがワンチップに収められた開発ボードです．価格は$12.64，Digi-Keyでは約1600円で入手できます．ボードを写真1に示しました[7]．

搭載しているxCOREチップは，2タイルのxCOREタイルを内蔵したxCORE-Analog A8-DEVデバイスです．タイル0とUSB PHYはプログラミング・デバッグ機能専用です．ユーザがプログラムできるリソースはタイル1です．タイル1の論理コアは8個，処理性能は500MIPSです．xCORE-Analog A8-DEVは評価キット専用のチップで，同じチップを使った製品開発はできません．

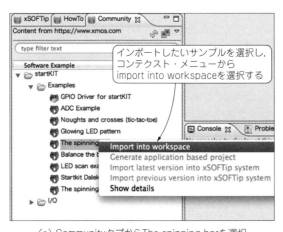

（a）CommunityタブからThe spinning barを選択

（b）インポート成功

図4　サンプルのインポート

タイル1のI/Oは，ボード上のLEDやセンサ，ペリフェラルのコネクタに直接接続されています．ラズベリー・パイのGPIOヘッダと互換のポート（J3）や，PCI Expressコネクタ（J7）があります．PCI Expressコネクタには，オーディオやイーサネットなどの拡張機能を持った，XMOS sliceCARDと呼ばれる拡張カードを接続できます．

● 第一歩！ サンプル・プログラムを実行

startKITのサンプル・プログラムはGitHubにアップロードされており，xTIMEcomposer STUDIOから直接ダウンロードしてプロジェクトとしてインポートできます．ここでは，サンプル・プログラムの一つで，3×3のLEDマトリクスにバーを表示させて回転するThe spinning barを実行してみましょう．

▶ステップ1：サンプルをプロジェクトとしてインポートする

xTIMEcomposer STUDIOを起動し，図4（a）のようにCommunityタブから，startKIT→Exampleとツリーを展開し，The spinning barを選択します．右クリックでコンテキスト・メニューが開くので，"import into workspace"を選びます．ダウンロードするローカルのフォルダの場所を尋ねられますが，デフォルトのままでよいでしょう．Finishをクリックすると，GitHubからサンプル・プログラム一式がダウンロードされ，プロジェクトに追加されます．

Project Explorerを見ると，図4（b）のようにapp_spinning_barが追加されていることが分かります．ツリーを展開するとincludesやsrcが含まれていることも分かります．

▶ステップ2：ビルド

Makefileを選択すると，ツールバーのハンマーのアイコンが有効になります．それをクリックすれば，プロジェクトのビルドが始まります．ビルドはおそらく一瞬で完了すると思います．ビルドが完了し，成功すると，Binariesとbinというアイテムがapp_spinning_barの下に追加されます．

▶ステップ3：実行

実行の前に，startKITとPCをマイクロUSBケーブルで接続してください．

いよいよ実行です．ビルド後に生成されたBinariesを展開すると，app_spinning_bar.xeというアイテムが表示されます．右クリックでRun As→xCore Applicationを選択します．その後，シミュレーションで実行するか実機で実行するかを選びます．ここでは実機で実行することを選択します．

▶ステップ4：動作確認

3×3のLEDマトリクスで，B2を中心としたバーが時計回りに回転していることが確認できれば，サンプ

リスト9　サンプル・プログラムspinring_barに新たなループを追加してLチカの並列処理にトライ

```
#include <xs1.h>
#include <timer.h>
#include <stdio.h>

...略...

int main(void) {
    int delay = 50;          // initial delay 50 ms
    int led_counter = 0;
        // A counter to count through the leds array
    int flag = 0;    // 新しいループ用に追加した変数
    par{
        while(1) {
            delay_milliseconds(delay);         // Wait
            delay += 1;
                     // Gradually increase the delay
            p32 <: leds[led_counter];
                          // Drive the next led pattern
            led_counter++;  // Pick the next pattern
            if (led_counter == MODES) {
                      // If we are at the last pattern
                led_counter = 0; // then wrap around.
            }
        }
        while(1){
  // 追加したループ．一つ上のループとは並列に（独立して）実行される．
            delay_milliseconds(500);
            flag = !flag;  // 500ms毎にflag変数を反転する
            p1 <: flag;    // p1(LED D1)に出力
            printf("Hello xCORE!\n");
                        // ついでにprintfも試してみる
        }
    }
    return 0;
}
```

ル・プログラムの実行は成功です．

● さらにもう一歩！ Lチカの並列処理にトライ

サンプル・プログラムにwhileループをもう一つ追加して，並列のLチカをやってみましょう．

spinning_barのソースコードであるsrc/main.xcへ新しくループを追加したものがリスト9です．Project Explorerのsrc/main.xcをダブルクリックすると，テキスト・エディタが開いて，ソースコードの書き換えができます．書き換えが終わったら，サンプル・プログラムと同様の手順でビルドと実行をしてみましょう．LEDのバーとは別に，D2が点滅することが確認できます．また，コンソールには，printfによって出力される文字列"Hello World"が表示されました．いわゆるprintfデバッグもできます．

デバッグ環境xCORE用GDB：xgdb

並列プログラムの開発を難しくしている要因の一つとして，デバッグが挙げられます．並列して動作する複数のプログラムの流れを追うことは難しく，またスケジューラの都合によって実行のトレースが取りにくいと

第15章 USBオーディオの定番プロセッサ xCORE入門

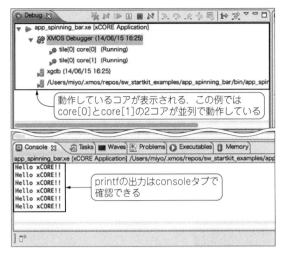

図5 統合開発環境xTIMEcomposerのデバッグ・モード

図6 ブレークポイントをセットしてプログラムを一時停止させたところ

いうのがデバッグを難しくしている主な原因です。

xTIMEcomposer STUDIOには，xCORE向けに拡張されたxgdbというGDBが付属しています．これはxCORE内の複数のコアで動作するプログラムの状態を一度に監視することができるデバッガです．

ここでは実際にxgdbを使ってみましょう．

▶ステップ1：-gオプションを追加して再ビルドする

Project ExplorerのMakefileをダブルクリックして編集画面を開きます．XCコンパイラxccのデフォルト・フラグに-gを追加します．-gオプションは，xccにデバッグ情報付きのコンパイルをさせるためのオプションです．コンパイルして得られる実行バイナリにソースコードへの対応関係の情報が追加されるため，デバッガでプログラムを実行している際にどこを実行しているかが分かりやすくなります．

追加したら，Project ExplorerのMakefileを選択し，右クリックでMake Targets→Build...を選択します．cleanを選んでBuildボタンをクリックすると，プロジェクトが一度初期状態に戻り，ビルド時に作成されたBinariesとbinが削除されるはずです．その後，ハンマーのアイコンをクリックして再びビルドします．

▶ステップ2：デバッグ・モードで実行

Binariesを展開し，app_spinning_bar.xeを選択して右クリックでコンテクスト・メニューを開いたら，今度はDebug As→xCore Aplicationを選択します．デバッグ・モードに遷移することを確認するダイアログが表示されたあと，図5のようなデバッグ・モードになります．

▶ステップ3：ブレークポイントをセットし，再実行

ソースコードの左部分で右クリックするとコンテクスト・メニューが開き，該当する行へのブレークポイントをセットできます．図6のようにブレークポイントをセットしてみると，実行が一時停止状態になります．上のペインを見ると，core[0]とcore[1]のプログラムがどちらもサスペンド状態になっていることがわかります．ブレークポイントで止めたのはcore[0]のプログラムですが，このときにcore[1]で実行しているコードの箇所や，フレーム内容（例えば変数の値）も確認することができます．

◆参考文献◆
(1) RATOC Audio Lab マルチスレッドによる処理の効率化，http://www.ratocaudiolab.com/technology/04.html
(2) Phasemation，http://www.phase-tech.com/digital/productspage_HD-7A192.html
(3) ORACLE Paris DAC250, http://www.yukimu.com/products/ORACLE/ParisDAC250/a09a1/ParisDAC250.html
(4) xCORE-AUDIO, xCORE-200, xCORE DEVELOPMENT BOARDS AND KITS
http://www.xmos.com/products/boards
(5) XMOS Programming Guide, http://www.xmos.com/published/xc-programming-guide, 2014/4/30
(6) 中原博史：XMOSプログラミング入門，森北出版，2014年4月．
(7) XMOS Getting started with startKIT, 2013.

みよし・たけふみ

第4部 ラズベリー・パイと一緒に使える！USB-DACの自作に挑戦！

第16章 USBストリーム通信と信号処理を並列動作 xCOREで作るエフェクタ内蔵USB-DAC

三好 健文

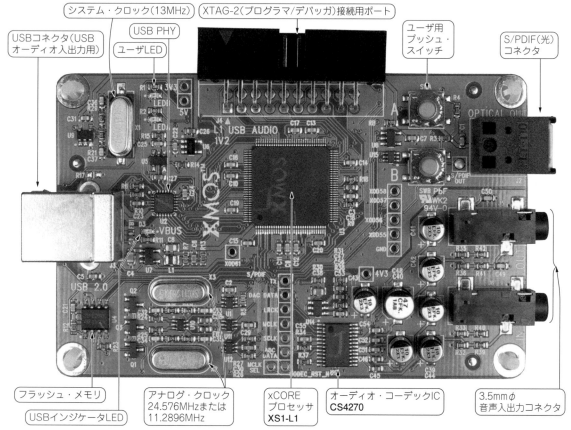

写真1 24ビット/192kHzハイレゾ向け！USBオーディオ評価キット XR-USB-AUDIO-2.0
RSオンラインから約20,000円で入手できる

　本章では，USB Audio Class 2.0 オーディオ機器などに採用されているXMOSのxCOREプロセッサを紹介します．xCOREは内部の複数の演算コアで並列に処理を実行できるため，独立した複数のタスクの記述が容易であるという特徴があります．使用する並列処理記述用プログラミング言語XCはほぼCベースのため，Cでの開発に慣れている方であれば開発へのハードルもそう高くはないと思います．第15章では，xCOREプログラミングの入門として，

約1,600円で入手可能なXK-STK-A8DEV startKIT（XMOS）を使って，サンプル・プログラムを動かしたり，並列処理プロセッサのデバッグを行ったりしました．
　本章では，**写真1**のUSBオーディオ用評価ボードXR-USB-AUDIO-2.0（USB Audio 2.0 Reference Design）[1] を使って，USB Audio Class 2.0対応オーディオ機器製作に挑戦します．　　　　　　**（編集部）**

第16章　xCOREで作るエフェクタ内蔵USB-DAC

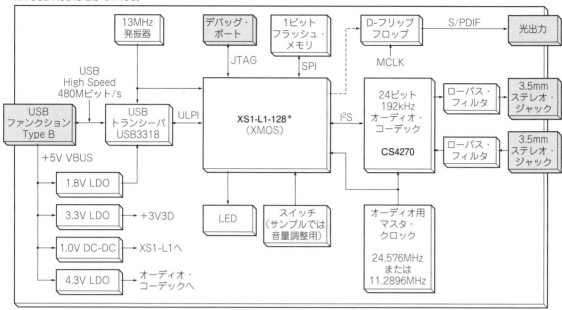

図1[(2)]　USBオーディオ評価キットXR-USB-AUDIO-2.0のハードウェア構成
＊：現在の命名ルールではXS1-L8相当

実験で使ったハードウェア

● ハイレゾUSBオーディオ向けxCORE評価キット

xCOREでUSB Audio Class 2.0を試すには，start KITに別売りのAudio Sliceを組み合わせるか，リファレンス・ボードを使うのが手っ取り早いでしょう．今回は，最も安価に入手できるUSBオーディオ向けの評価キットXR-USB-AUDIO-2.0（USB Audio 2.0 Reference Design）を使った例を紹介します．なお，本ボードは非推奨になってしまったボードです．

XR-USB-AUDIO-2.0は，**図1**に示すとおりφ3.5の音声入出力ジャックとS/PDIFポートを搭載しています．xCOREの評価環境としてだけではなく，そのままUSB Audio Class 2.0のUSB接続D-Aコンバータ（USB-DAC）として利用することができます．

Windowsでは定番の信号発生ソフトウェアWave Genとスペクトラム・アナライザ・ソフトウェアWaveSpectra[(6)]でXR-USB-AUDIO-2.0の周波数特性を計測してみました．結果を**図2**に示します．

xCOREがオーディオに向く理由

● その1：処理を並列に行えるので難しいスケジューリング不要！

図3は，XR-USB-AUDIO-2.0のソフトウェア構成です[(7)]．USBからパケットを受け取る処理，I²SでD-A

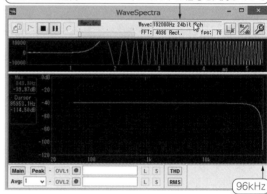

図2　今回の実験…入出力をオーディオ・ケーブルで直結し，Windowsの定番信号発生＆スペアナ・ソフトを使って特性を評価してみた
信号発生ソフトウェアWaveGenとスペクトラム・アナライザ・ソフトウェアWaveSpectraを使用

コンバータにデータを出力する処理が連携して動くようになっています．

汎用のプロセッサ上で実装しようとすると，USBからのデータ入力を受け付けるための割り込みと，I²SでD-Aコンバータに規則正しくデータを出力するルーチンをうまくスケジューリングしなければなりません．xCOREでは内部に持つ複数のタイルで独立にスレッドを動かすことで，すっきりとした実装にできます．

165

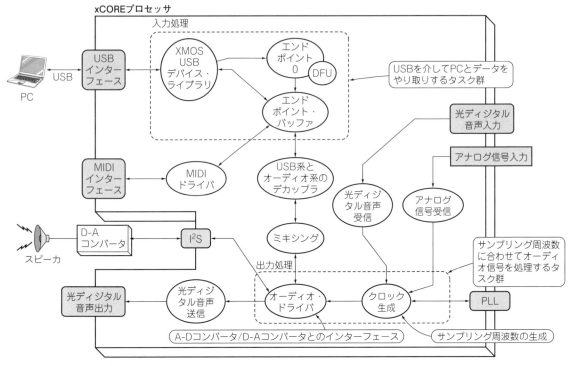

図3 入力処理と出力処理が別々の独立に動かせるので音切れしにくいのが並列処理プロセッサxCOREの強み!
サンプル・プログラムのソフトウェア・コンポーネント構成

● その2…Windowsでも24ビット/192kHz以上に対応したUSBドライバが試せる

　Mac OS XはUSB Audio Class 2.0対応USBオーディオ変換アダプタ(USB-DAC)を使うとき，ドライバのインストールは必要ありません．ユーティリティで確認すると192kHz，24ビット出力を指定できることが分かります（図4）．

　WindowsはUSB Audio Class 2.0に対応したドライバを標準で備えていません，別途ドライバを入手してインストールする必要があります．

　xCOREならサポート・ページ[3]から，もしくはCEntrance[4]からドライバをダウンロードできます．詳しくはドライバに関するドキュメント[5]を参照してください．図5はWindows 8にCEntrance製のドライバをインストールし，ユーティリティパネルで確認しているところです．

xCOREでエフェクタづくりに挑戦!

　自分なりの味付けができるよう，xCORE上で動いているファームウェアに手を加えてみましょう．ここでは，音声に歪みを与えて信号を増幅させたり，移動平均を適用して信号を滑らかにする効果を付加するエフェクト処理を行うブロックを追加します．

図4 192kHz，24ビット出力の指定が可能!
Audio MIDI設定ではXR-USB-AUDIO-2.0の出力フォーマットが指定できる

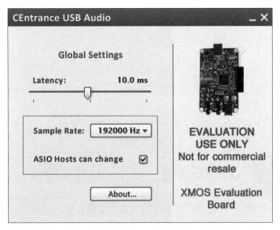

図5 Windowsは，別途にドライバのインストールが必要
CEntrance製のドライバをインストールしてXR-USB-AUDIO-2.0を認識させたところ

第16章 xCOREで作るエフェクタ内蔵USB-DAC

表1 ビルド・ターゲットの種類と仕様…今回は2ioxsを選択

ターゲット名	仕 様
1ioxs	デバイス・クラス：USB Audio Class 1.0 入出力：有効, S/PDIF：有効
2iomx	デバイス・クラス：USB Audio Class 2.0 入出力：有効, MIDI出力：有効
2ioxs	デバイス・クラス：USB Audio Class 2.0 入出力：有効, S/PDIF：有効

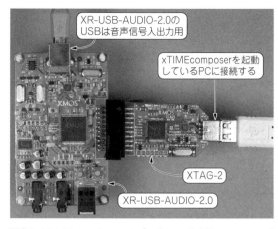

写真2 XR-USB-AUDIO-2.0ではプログラムの書き込みにコンフィグレーション・アダプタのXTAG-2を使用する

● 準備

▶ステップ1：サンプル・プログラム一式の入手

XMOSのサイトからサンプル・プログラム一式をダウンロードします．XMOSのサイト（https://www.xmos.com/）の"SUPPORT"→"BOARDS"→"Older Boards"→"USB AUDIO 2.0"とたどると，リソースをダウンロードできます．

本章では，2013年4月9日リリースのVersion 6.1.0をベースに説明します．

▶ステップ2：プロジェクトとしてインポート

ダウンロードしたZIPファイルをxTIMEcomposer STUDIOにインポートします．Project Explorerの何もないところで右クリックしてコンテクスト・メニューを開き，Import...を選択します．インポート・ダイアログで［Existing Projects into Workspace］を選択，続けて［Selecting archive file］にダウンロードしたZIPファイルを指定し，［Finish］ボタンをクリックします．

▶ステップ3：ビルド

オリジナルのコードを仕込む前に，ビルドの手順を確認しておきます．サンプルのインポートではたくさんのアイテムがProject Explorerに追加されますが，今回のターゲットは，app_usb_aud_l1です．ツリーを展開し，Makefileを選択します．ハンマー・アイコンの横の矢印をクリックすると，ビルド・ターゲットのリストが表示されます．それぞれのターゲットの意味は表1のとおりです．ここでは2ioxsを選択してみます．

startKITと異なり，XR-USB-AUDIO-2.0ではコンフィグレーション・アダプタのXTAG-2を使って，バイナリ形式の書き込みファイル（バイナリ）をチップに書き込みます．XTAG-2はキットに同梱されています．実行の前に，写真2のようにXTAG-2を接続します．USBケーブルの先はxTIMEcomposer STUDIOを起動しているパソコンに接続します．

▶ステップ4：実行

準備ができたら実行です．ビルドしてできたbin/2ioxs/app_usb_aud_l1_2ioxs.xeを選択し，右クリックでコンテクスト・メニューを開き，Run as..→xCORE Applicationを選びます．

▶ステップ5：フラッシュ・メモリへの書き込み

XR-USB-AUDIO-2.0を起動した時にすぐ所望のプログラムを実行するには，フラッシュ・メモリにバイナリを書き込んでおきます．書き込みたいバイナリを選択し，コンテクスト・メニューからFlash As→xCORE Applicationを選択するとxFLASHが起動し，しばらく待つと書き込みが完了します．再起動すると書き込んだバイナリで起動します．

● サンプル・プログラムの構成

bin/2ioxs/app_usb_aud_l1_2ioxs.xeのツリーを展開すると，ビルドに用いられたソース・コードやヘッダ・ファイルへのリンクが表示されます．ここで表示されるオーディオ・ドライバaudio.xcで音声データをD-Aコンバータに出力し，さらに，A-Dコンバータから取得した入力データのハンドリングをしています．具体的には322行目と415行目の

```
p_i2s_dac[tmp++]
<: bitrev(samplesOut[i]);
```

という記述で，データをD-Aコンバータに出力しています．

● エフェクト処理の実装方法…フツーに実装するとリアルタイム処理できないかも

エフェクト処理を追加するためには，オーディオ・ドライバ内で関数などを使ってSamplesOut[i]を加工する変換処理を追加すればよいでしょう．しかし，図6のような逐次処理になってしまい，処理に時間がかかると正しい間隔で信号を出力できなくなります．具体的には，I²S信号が正しく作れなくなり，音が出力されないというような現象が発生する場合があります．

167

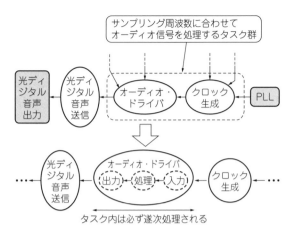

図6 タスク内では逐次処理しかできないので処理の負荷が大きくなると決められた時間内で処理を完了できなくなる可能性がある
図3からオーディオ信号に関連するタスク群だけを抜き出した

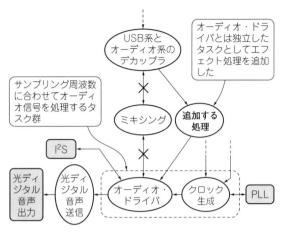

図7 新しいタスクとして処理を追加すればオーディオ・ドライバの負荷が大きくならずに済む

▶ xCOREだからできる！エフェクト処理用の独立タスク追加でリアルタイムもOK

リファレンス・デザインのドキュメントでおすすめとされている方法[8]は，エフェクト処理用のブロックを図7のように追加することです．独立したタスクとして挿入することで，音声信号を出力する処理は出力処理に専念させ，エフェクト処理にかかる処理時間が負荷にならないようにできます．

具体的な手順は次の通りです．

● 基本手順
▶ ステップ1：src/extensions以下に新しいコードを追加

src/extionsionsを選択し，右クリックするとコンテキスト・メニューが開きます．New→Source Fileをクリックしてmy_effect.xcを，New→Header Fileをクリックしてmy_effect.hを追加します．

▶ ステップ2：入力したデータをそのまま出力するだけのひな型タスクを作成

エフェクタの実装はmy_effect.xc内に記述します．ひな型となるコードをリスト1に示します．このひな型は入力チャネルからデータを受け取り，そのまま出力チャネルに書き出すだけのタスクです．後ほど，このタスクにエフェクト処理を実装します．

my_effect.hには，外部から呼び出す関数my_effectのスタブを定義します．

▶ ステップ3：main.xcに作成したタスクを関連付ける

main.xcはbin/2ioxs/app_usb_aud_l1_2ioxs.xeのツリーを展開すると見つけることができます．main.xcを見ると，270行目から280行目付近にdecoupleとaudioの関数呼び出しがあり，引き数のチャネルでそれらのタスクが接続されています．このチャネルを切断してmy_effectを通すように修正します．リスト2に修正箇所を抜粋したソースコードを示します．

ここでmy_effect呼び出しは，decoupleやaudio同様，par内の独立した文です．xCOREでは，decoupleやaudioとは並列に実行されるようになります．

▶ ステップ4：ビルド

ハンマー・アイコンの矢印部分をクリックして2ioxsを選択すると，my_effectタスクを追加したコードがビルドされます．ビルドが成功したら，XR-USB-AUDIO-2.0で実行しましょう．同じように音が出力できることが確認できます．

● エフェクト用の信号処理アルゴリズムをひな型タスクに追加すればでき上がり！

先ほど追加したmy_effectタスクは，単純に入出力チャネル間でデータをコピーするだけです．ここに信号処理アルゴリズムを実装すれば，エフェクト処理が実現できます．

例えば，ディストーションと呼ぶには単純ですが，リスト3に示すように，入力を整数倍してコピーすれば音の歪みを実現できます．実験に際して，スピーカや耳，アンプに負担がかかるので注意してください．

また，リスト4に示すように，直前の音を重ね合わせることで簡易な移動平均が実現できます．IIRフィルタなどと組み合わせて重みを付ければ，エコーなどの応用もできるでしょう．

試しに，φ3.5の音声ジャックから引き出した音声出力の波形をオシロスコープで観測してみました．まずは，GLAYの曲「グロリアス」の冒頭部分をオシロのトリガでキャプチャしたようすを示します．

第16章 xCOREで作るエフェクタ内蔵USB-DAC

リスト1 入力したデータをそのまま出力するだけのひな型タスク

```c
#include <xs1.h>
#include "devicedefines.h"
                    /* Device specific defines */
#include "dsp.h"

// ホストPCにデータを送り出す関数
#pragma unsafe arrays
void giveSamplesToHost(chanend c, const int
samples[]) {
#pragma loop unroll
  for (int i = 0; i < NUM_USB_CHAN_IN; i++) {
    int sample;
    sample = samples[i];
    outuint(c, sample);
  }
}

// ホストPCからデータを受け取る関数
#pragma unsafe arrays
static void getSamplesFromHost(chanend c, int
samples[]) {
#pragma loop unroll
  for (int i = 0; i < NUM_USB_CHAN_OUT; i++) {
    int sample = inuint(c);
    samples[i] = sample;
  }
}

// デバイス (D-Aコンバータ) にデータを出力する関数
#pragma unsafe arrays
void giveSamplesToDevice(chanend c, const int
samples[]) {
#pragma loop unroll
  for (int i = 0; i < NUM_USB_CHAN_OUT; i++) {
    int sample;
    sample = samples[i];
    outuint(c, sample);
  }
}

// デバイス (A-Dコンバータ) からデータを受け取る関数
#pragma unsafe arrays
void getSamplesFromDevice(chanend c, int samples[]){
#pragma loop unroll
  for(int i = 0; i < NUM_USB_CHAN_IN; i++){
    int sample;
    sample = inuint(c);
    samples[i] = sample;
  }
}

// 入力チャネルと出力チャネルを引数に取る，エントリ関数．
void my_effect(chanend c_in, chanend c_out){
  int samples0[NUM_USB_CHAN_OUT];
                    // ホスト→デバイス用の作業配列
  int samples1[NUM_USB_CHAN_IN];
                    // デバイス→ホスト用の作業配列
  for(int i = 0; i< NUM_USB_CHAN_OUT; i++)
                                samples0[i] = 0;
  for(int i = 0; i< NUM_USB_CHAN_IN; i++) samples1[i]
                                            = 0;

  while(1){  // タスクの本体．独立したループで書けるのがXCの魅力
    inuint(c_out);
    outuint(c_in, 0);
    if(testct(c_in)){ // 前処理
      inct(c_in);
      int value = inuint(c_in);
      outct(c_out, XS1_CT_END);
      outuint(c_out, value);
      chkct(c_out , XS1_CT_END);
      outct(c_in, XS1_CT_END);
    }else{ // 実際に信号処理
      inuint(c_in);
      outuint(c_out, 0);
      giveSamplesToDevice (c_out, samples0);
                            // デバイスにデータを送出
      getSamplesFromDevice (c_out, samples1);
                            // デバイスからデータを受信
      giveSamplesToHost(c_in, samples1);
                            // ホストにデータを送る
      getSamplesFromHost (c_in, samples0);
                            // ホストからデータを受信
    }
  }
}
```

(a) タスクの実装部分（my_effect.xc）

```c
#ifndef __MY_EFFECT_H__
#define __MY_EFFECT_H__

void my_effect(chanend c_in, chanend c_out);

#endif /* __MY_EFFECT_H__ */
```

(b) 関数my_effectのスタブ定義（my_effect.h）

図8(a)が，データを改変していないオリジナル音声の波形です．これに対し，簡易ディストーションを施した場合の出力が図8(b)です．信号が増幅されるので，キャプチャ位置がずれてしまっているものの信

リスト2 main.xcを修正して関数my_effectを呼び出せるようにする
main.xcはbin/2ioxs/app_usb_aud_l1_2ioxs.xeのツリーを展開すると開くことができる

```c
...略...
#include "my_effect.h" // main関数の直前でヘッダをincludeする

int main()
{
...略...
    chan c_mix_out;
    chan c_dsp_out; // 追加したタスクの出力チャネルを用意
...略...
        /* Decouple core */
        on stdcore[0]:
        {
            thread_speed();
            decouple(c_mix_out, null
#ifdef IAP
            , c_iap
#endif
            );
        }
        on stdcore[AUDIO_IO_CORE]:
        {
// 図8の通りdecoupleの出力とaudioへの入力の間にタスクを追加
            my_effect(c_mix_out, c_dsp_out);
        }

/* Audio I/O (pars additional S/PDIF TXthread) */
        on stdcore[AUDIO_IO_CORE]:
        {
            thread_speed();
//audio(c_mix_out, null, null, c_adc);
// ↑から↓のようにmy_effectの出力 c_dsp_outを受け付けるように修正
            audio(c_dsp_out, null, null, c_adc);
        }
...略...
```

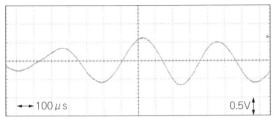
(a) オリジナルの信号波形

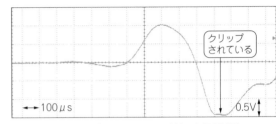
(b) 簡易ディストーションを施した信号波形

図8 簡易ディストーションを試した結果…信号が増幅されている

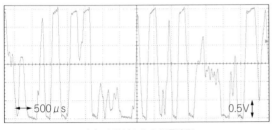
(a) オリジナルの信号波形

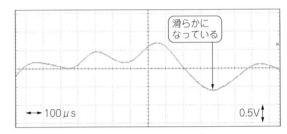
(b) 移動平均を施した信号波形

図9 簡易な移動平均を試した結果…信号の変化が滑らかになった

リスト3 入力を整数倍してコピーすることで歪んだ音色を実現する簡易ディストーションのエフェクト処理

```
#pragma unsafe arrays
void giveSamplesToDevice(chanend c, const int samples[]) {
#pragma loop unroll
    for (int i = 0; i < NUM_USB_CHAN_OUT; i++) {
        int sample;
        sample = samples[i];
#define SHIFT (2)     // ディストーションの深さを決める定数
#define THREASHOLD (0x7FFFFFFF >> SHIFT)
                                          // スレッショルド
        if(sample > THREASHOLD){
            sample = THREASHOLD;
                        // スレッショルドより大きい値をクリップ
        }else if(sample < (0-THREASHOLD)){
            sample = 0-THREASHOLD;
                        // 負のスレッショルドより小さい値をクリップ
        }
        sample = sample << SHIFT;
                        // 切った分に合わせて値を増幅
        outuint(c, sample);
    }
}
```

リスト4 加算平均により簡易な移動平均を実現するエフェクト処理

```
#define ECHO_DEPTH (3)    // 移動平均のバッファの深さ
#define ECHO_WINDOW (1<<ECHO_DEPTH)   // バッファ・サイズ
int buf_tmp[ECHO_WINDOW];   // 過去の音を保存するバッファ

int echo(int s){
    int ret = 0;
    for(int i = 1; i < ECHO_WINDOW; i++){
        buf_tmp[ECHO_WINDOW-i]
            = buf_tmp[ECHO_WINDOW-i-1];  // 順次繰上げる
        ret += buf_tmp[ECHO_WINDOW-i]
            >> ECHO_DEPTH;
                       // 移動平均の個数で割った値を加算
    }
    buf_tmp[0] = s;   // 新しい値を追加
    ret += s >> ECHO_DEPTH;   // 新しい値の分を加算
    return ret;
}
```

号が増幅され，また上下がクリップされていることも分かります．

図9(a)がサビ部分を取得した画像です．この画像では，上下がクリップされていることがはっきり見てとれます．図9(b)は移動平均を適用した場合の出力波形です．図9(a)に対して信号の変化が滑かになっていることが分かります．

◆参考・引用*文献◆

(1) XMOS USB Audio 2.0 Reference Design XS1-L1 Quick Start Version 1.0, 2010年

(2) *USB Audio 2.0 Reference Design, XS1-L1 Edition Hardware Manualより引用．日本語訳と注釈は著者によるもの
(3) USB AUDIO SUPPORT. http://www.xmos.com/support/usb-audio-driver-support
(4) CEntrance -> Universal Driver, http://centrance.com/downloads/ud/
(5) XMOS USB Audio 2.0 Driver for Windows - Overview, 2014年4月
(6) 周期スイープを用いた周波数特性の測定について，http://www.ne.jp/asahi/fa/efu/soft/wg/fresp/meas_fresp.html
(7) XMOS USB Audio Design Guid REV 6.1, 2013年4月
(8) XMOS Adding DSP to the USB Audio 2.0 L1 Reference Design, 2014年4月

みよし・たけふみ

第17章 USB付きマイコン LPC4088で作るUSB-DAC

参考になるソースコードがたくさんあるmbedを活用

岡村 喜博

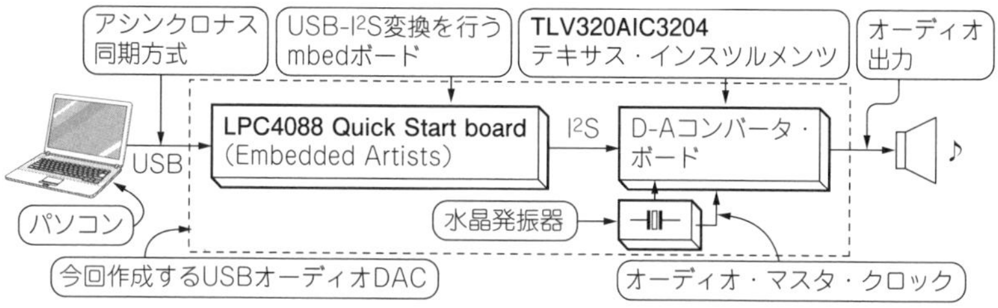

図1
USBオーディオDACを構成
アシンクロナス同期方式を採用した
ハイエンド指向のUSB DACを構成

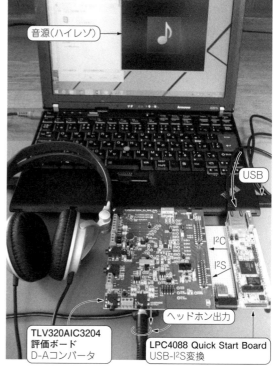

写真1 製作したUSBオーディオDACを使ってみた

本章ではUSBオーディオのmbedライブラリを使って，写真1に示すUSBオーディオ用D-Aコンバータ（以下，USBオーディオDAC）を構成します．その際にUSB転送やI²SなどのmbedライブラリのI実力を検証します（図1）．

また，ハイエンド・オーディオで使用されることが多いアシンクロナス同期方式（章末コラム）を使用します．そして，本格的なUSBオーディオDACを構成しハイレゾ[注1]音源の再生にチャレンジします．

USBオーディオDACのハードウェア構成

● 回路と主要部品

図2は今回の評価で使用した回路です．

LPC4088 Quick Start bordは（以下，LPC4088ボード）はD-Aコンバータに接続し，アナログ・データを出力します．この二つのボードは水晶発振器から出力されるオーディオ・マスタ・クロックを基準にして同期をとります．

● キーデバイス1：USB-I²S変換用mbed対応ボード

USBオーディオDACのメイン・ボードには，LPC4088

注1：JEITAによると，ハイレゾ・オーディオは「CD仕様を超えるディジタル・オーディオであることが望ましい」とされている．ここでいうCD仕様とは，サンプリング周波数44.1kHz，ビット深度16ビットのCDフォーマットおよびサンプリング周波数48kHz，ビット深度16ビットのDAT/DVDフォーマットを指す．
「CD仕様を超える」とは，サンプリング周波数またはビット深度のどちらかがこれを超えている組み合わせを指す．つまり，ハイレゾ・オーディオと呼ぶには48kHz，24ビット，または96kHz，16ビット以上である必要がある．
パソコンに外付けのUSB DACにデータを転送する場合，少なくとも48kHz×24ビット×2チャネル＝2.304Mbps以上のレートでデータを転送できないと，ハイレゾ・オーディオの品質をキープできないことになる．

第4部 ラズベリー・パイと一緒に使える！ USB-DACの自作に挑戦！

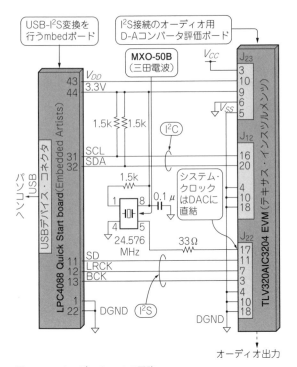

図2 USBオーディオDACの回路
システム・クロックはD-Aコンバータ・ボードに直結するためジッタを最小限にできる

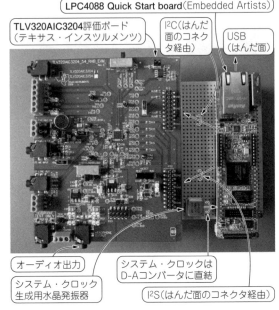

写真2 D-Aコンバータ基板とmbedボードで構成したUSBオーディオDAC
LPC4088 Quick Start boardはインターフェースが豊富なためD-Aコンバータ・ボードとわずかな部品を追加するだけでUSBオーディオDACを作ることができる

ボードを使用しました．USBからのディジタル・データをI^2Sに変換する用途で使います．このボードは，デバイス用USBコネクタやイーサネット・コネクタなどの外部インターフェースが充実しています．オーディオ周りの回路を除けばわずかな部品だけでUSBオーディオDACを構成できます（**写真2**）．

LPC4088ボードは，USBオーディオDACやイーサネットを使用するアプリケーションなどに利用しやすいボードです．

USBオーディオDACとして使う場合は，LPC4088ボードに搭載のデバイス用コネクタ（マイクロBコネクタ）を使ってパソコンと接続します（**写真3**）．**表1**にLPC4088ボードで構成したUSB-I^2S変換ボードの仕様を示します．

● キーデバイス2：D-Aコンバータ・ボード

D-AコンバータボードにはTLV320AIC3204（テキサス・インスツルメンツ）を搭載したテキサス・インスツルメンツ社純正ボードを使用しました．Digi-Keyで12,000円程度で入手できます．IC単体だと600円程度です．I^2S，I^2Cの各信号をLPC4088ボードに接続します．

（a）裏面　　　（b）表面

写真3 LPC4088 Quick Start boardをUSBオーディオDACとして使うにはマイクロBコネクタにつなぐ

表1 USB-I^2S変換ボードの仕様

項目	仕様
USB規格	USB 2.0 (Full-speed)
転送方式	アイソクロナス転送
同期方式	アシンクロナス同期
クラス	USBオーディオ・クラス1.0
サンプリング周波数	48kHz/96kHz
量子化ビット	16ビット/24ビット

ハードウェアの同期

● 水晶発振器の出力を直接DACに入力できる「アシンクロナス同期方式」を使う

クロックの同期にはアシンクロナス同期方式を使っています．この方式は水晶発振器の出力を直接DACに入力でき，ノイズやひずみの原因となるジッタを発生する付加回路（PLLなど）が必要ないため，オーディオDACにとっては理想的な方式といえます．

一方で，44.1kHzと48kHzなどの系列の違うサンプリング周波数に対応させようとする場合は，クロックを切り替えるしくみに工夫が必要となります．

独立して動作している二つの水晶発振器から出力される異なる周波数のクロックをCPUのソフトウェアで非同期に切り替えてしまうと，グリッチ（パルス・ノイズ）が発生してしまいます．この問題を解決するためにはハードウェアによる何らかのしくみが必要となります．

今回，クロックの切り替え回路は省略するため，48kHzと96kHzのサンプリング周波数にだけ対応させています．

● I^2Sのクロック構成…DACがマスタでLPC4088がスレーブ

水晶発振器から出力されるクロックを基準にして二つのボードの同期をとっています．今回はLPC4088のI^2Sをスレーブ・モードで動作させるため，D-Aコンバータ側がマスタ・モードに対応していることが必須条件です．TLV320AIC3204はマスタ・モードに対応しており，I^2CからI^2Sの分周比を変更することができます．また，96kHz，24ビットの再生にも対応しています．

● 発振器を直結して動作させるしくみ

アシンクロナス同期を使用した場合，D-Aコンバータのマスタ・クロックとして発振器の出力を直接使用できます．

これによってD-Aコンバータのシステム・クロックのジッタ性能が発振器の精度となるため，ジッタによるオーディオ特性の劣化を最小限に抑えた音声の再生ができます．

マスタ・クロックは，水晶発振器MXO-50B（三田電波）で生成した24.576MHzを使用します．このクロックはサンプリング周波数96kHzの場合で256倍（$256f_s = 24.567\text{MHz} \div 96\text{kHz}$）に相当します．

48kHzの場合には512倍（$512f_s$）です．通常，D-Aコンバータではシステム・クロックは256倍や512倍など複数のフォーマットを受け入れることができ，これらは自動的に認識されます．このしくみを利用して，96kHzでは$256f_s$モードで，48kHzでは$512f_s$モードで動作させます．

今回のように同一系統のサンプリング周波数だけをサポートするのであれば，システム・クロックを動的に切り替える回路が省略できます．

使用した四つのmbedライブラリ

USBオーディオDACのメイン・ボードとして使うUSB-I^2S変換ボードの製作では，図3に示す四つのmbedライブラリを利用しました．

● ①mbed

mbedの基本的な機能をサポートするオフィシャル提供のライブラリです．基本的にmbedで開発する場合には，このライブラリは必ず使用します．I^2Cを使用する場合にも必要です．

● ②USBAudio

mbedオフィシャル提供のUSBオーディオ・デバイスmbedライブラリです（http://mbed.org/handbook/USBAudio）．

そのままコンパイルすればUSBオーディオ・デバイスとしてパソコンから認識され，音楽データを送ることができます．このサンプル・コードは受け取ったデータをターミナルに表示するだけで，実際に音は出せません．

mbed対応ボードで使用されているCPUでは，一つのエンドポイントには1種類の転送方式が割り当てられていて，他の転送方式に変更することはできません．

USBAudioではエンドポイント3を使っています．USBAudioはアイソクロナス-OUT（デバイスからパソコンへの転送＝USB D-Aコンバータ）とアイソクロナス-IN（パソコンからデバイスへの転送＝USB A-Dコンバータ）の両方をサポートしていますが，ど

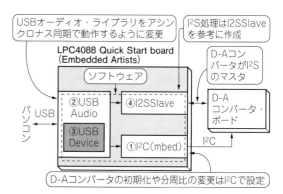

図3 四つのmbedライブラリでUSB-I^2S変換機能を構成

ちらもエンドポイント3を使っています.
　今回はUSB A-Dコンバータの機能は実装しません.代わりにアシンクロナス同期方式の特徴である同期のためのエンドポイントとしてエンドポイント3のINを使用します.

● ③USBDevice
　mbedオフィシャル提供のUSBデバイスmbedライブラリです(http://mbed.org/handbook/USBDevice/). USBAudioが使用します.

● ④I2SSlave
　Daniel Worrall氏によるI²Sのmbedライブラリです(http://mbed.org/users/d_worrall/code/I2SSlave/). このライブラリを直接使用することはできませんが，今回のTLV320AIC3204と同じ系列のチップであるTLV320AIC23B用が同氏によって使用されています. ポーティングの参考になりました.

mbedライブラリのカスタマイズ

　基本的な機能はmbedライブラリで網羅されているので，図3①〜④のライブラリを組み合わせてUSB-I²S変換ボードを構成します. ライブラリを組み合わせるために，二つのライブラリを微調整します.

● ②のUSBAudioを修正
　"USBAudio"の完成度は高く，そのままコンパイルすればUSBオーディオ・デバイスとしてパソコンから認識され，音楽データを送ることができます. しかし，オリジナルの"USBAudio"は48kHz，16ビット1種類のフォーマットしかサポートされていません.
　今回は高品質な再生ができるアシンクロナス同期方式を使用するので，ハイレゾ・フォーマットにも対応できるように変更します.
▶ディスクリプタの変更
　すべてのUSBデバイスは，ホスト(パソコン)から認識された時点(ケーブルが接続されたり電源が投入

リスト1　コンフィグレーション・ディスクリプタを修正する(USBAudioDescriptor.h)

```
#ifndef USBAudioDescriptor_H
#define USBAudioDescriptor_H

#include "USBAudio.h"
#include "USBAudio_Types.h"

// Configuration descriptor
struct DescConfigType{          ← 各ディスクリプタは構造体で定義する
    uint8_t bLength;
    uint8_t bDescriptorType;
    uint8_t lTotalLength;
    uint8_t uTotalLength;
    uint8_t bNumInterfaces;
    uint8_t bConfigurationValue;
    uint8_t iConfiguration;
    uint8_t bmAttributes;
    uint8_t bMaxPower;
};
中略
/*********************************************/
struct CONFIG_DESC{              ← コンフィグレーション・ディスクリプタの定義
    DescConfigType         DescConfig;
    DescInterfaceType      DescInterface00;
// Interface#0, Alt#0
    DescAudioControlType   DescAudioControl;
    DescInterfaceType      DescInterface10;
// Interface#1, Alt#0
    DescInterfaceType      DescInterface11;
// Interface#1, Alt#1
    DescASInterfaceType    DescASInterface11;
    DescAudioFormatType11  DescAudioFormat11;
    DescStdEndpointType    DescStdEndpoint11;
    DescAudioEndpointType  DescAudioEndpoint11;
    DescStdEndpointType    DescSynchEndpoint11;
    DescInterfaceType      DescInterface12;
// Interface#1, Alt#2
    DescASInterfaceType    DescASInterface12;
    DescAudioFormatType12  DescAudioFormat12;
    DescStdEndpointType    DescStdEndpoint12;
    DescAudioEndpointType  DescAudioEndpoint12;
    DescStdEndpointType    DescSynchEndpoint12;
};
/*********************************************/      ← コンフィグレーション・ディスクリプタの初期化
CONFIG_DESC configDescriptor ={
// Configuration 1
    {sizeof(DescConfigType),         // bLength
    CONFIGURATION_DESCRIPTOR,        // bDescriptorType
    LSB(sizeof(CONFIG_DESC)),        // wTotalLength (LSB)
    MSB(sizeof(CONFIG_DESC)),        // wTotalLength (MSB)
    0x02,                            // bNumInterfaces
    DEFAULT_CONFIGURATION,           // bConfigurationValue
    0x00,          ← 各ディスクリプタの長さはsizeofで自動的に設定する
    0x80,                            // bmAttributes
    50},                             // bMaxPower
// Interface 0, Alternate Setting 0, Audio Control
    {sizeof(DescInterfaceType),      // bLength
    INTERFACE_DESCRIPTOR,            // bDescriptorType
    0x00,                            // bInterfaceNumber
    0x00,                            // bAlternateSetting
    0x00,                            // bNumEndpoints
    AUDIO_CLASS,                     // bInterfaceClass
    SUBCLASS_AUDIOCONTROL,           // bInterfaceSubClass
    0x00,                            // bInterfaceProtocol
    0x00},                           // iInterface
中略
// Standard AS Isochronous Synch Endpoint Descriptor
    {sizeof(DescStdEndpointType),    // bLength
    ENDPOINT_DESCRIPTOR,             // bDescriptorType
    PHY_TO_DESC(EPISO_IN),           // bEndpointAddress
    E_ISOCHRONOUS,                   // bmAttributes
    (uint8_t)(LSB(MAX_PACKET_SIZE_SYN)),
                                     // wMaxPacketSize
    (uint8_t)(MSB(MAX_PACKET_SIZE_SYN)),
                                     // wMaxPacketSize
    0x01,                            // bInterval
    SYNCH_REFRESH,                   // bRefresh
    0x00}                            // bSynchAddress
};
#endif
```

第17章 USB付きマイコン LPC4088で作るUSB-DAC

された時点)でホストがデバイスに対してどのような機能を持つかを問い合わせます．このときに，デバイスの能力をホスト側に伝えるためにディスクリプタを使用します．

多くのUSBオーディオ・デバイス同様，今回のデバイスでもUSBの規格で規定されている最も基本的な3種類のディスクリプタを使用します．

(1) デバイス・ディスクリプタ
(2) コンフィグレーション・ディスクリプタ
(3) ストリング・ディスクリプタ

この中で，USBオーディオ・デバイスの能力(サンプリング周波数やビット深度など)を記述するのは，コンフィグレーション・ディスクリプタです．

コンフィグレーション・ディスクリプタは「〇〇ディスクリプタ」と呼ばれるさらに小さな単位で構成されます．これら個々のディスクリプタは可変長であるものも多く，それらの先頭には必ずそのディスクリプタのサイズが格納されています．

"USBAudio"ではこのサイズがdefine文によって本体とは切り離されて定義されているため，修正をする場合にミスを誘発しやすい構造です．コンフィグレーション・ディスクリプタを修正するときは，個々のディスクリプタを構造体で定義して，初期化するように作り換えています(リスト1)．

"USBAudio"のコンフィグレーション・ディスクリプタには同期方式が明示されていません．USBオーディオ・クラスの仕様書には以下のように記述されています．

> The synchronization type is indicated by D3..2 and must be set to Asynchronous, Adaptive or Synchronous.

これによれば，アシンクロナスとアダプティブ，シンクロナスのどれかの同期方式を必ず設定する必要があります(D3..zは該当するディスクリプタ中のビット位置を指す)．

今回はアシンクロナス同期方式を採用します．アシンクロナス同期方式では相対ビット・レートを明示的にホスト側に送る(フィードバック)必要があります．このため，エンドポイント3のINは同期用のフィードバック・エンドポイントとして構成します．オリジナルのコードではオーディオ・データのキャプチャのためのアイソクロナスINとして定義されています．

▶アシンクロナス同期方式の実装

USBの規格書では，同期のための相対ビット・レートはオーディオ・システム・クロックを使って算出すると書かれています．

mbed対応ボードに使用されているような汎用的なマイコンでは，ソフトウェア・ベースで厳密にこの仕様

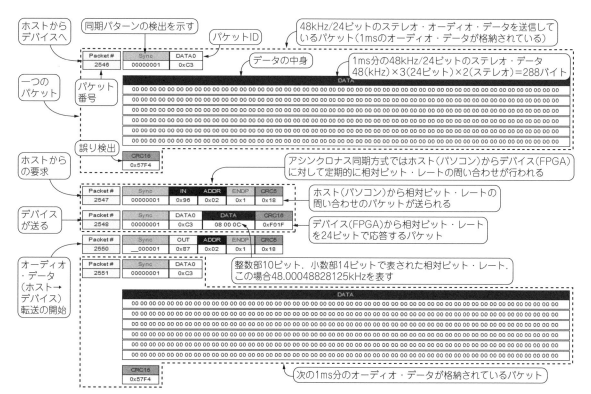

図4 デバイスとホストとのやりとりをハードウェアで実装した例
ハードウェアの場合には小数点以下第11位まで使って高精度の制御を行えている

Packet #	Sync	IN	ADDR	ENDP	CRC5
12119	00000001	0x96	0x02	0x3	0x0C

Packet #	Sync	DATA0	DATA		CRC16
12120	00000001	0xC3	00 20 0C		0xE95F

Packet #	Sync	OUT	ADDR	ENDP	CRC5
12122	_0000001	0x87	0x02	0x3	0x0C

Packet #	Sync	DATA0
12123	00000001	0xC3

アシンクロナス同期方式ではホスト（パソコン）からデバイス（mbed）に対して定期的に相対ビット・レートの問い合わせが行われる

ホスト（パソコン）から相対ビット・レートの問い合わせのパケットが送られる

デバイス（mbed）から相対ビット・レートを24ビットで応答するパケット

整数部10ビット，小数部14ビットで表された相対ビット・レート．この場合48.5000kHzを表す

図5　mbedにソフトウェアで実装
今回実装したアルゴリズムでは小数点以下第4位までの精度

に従うことは難しく，今回は簡易的に実装しています．

　今回実装したように，ソフトウェアで相対ビット・レートを算出する場合，ハードウェア・ベースの場合と比較するとデバイスから応答される値の揺れが大きくなってしまいます．デバイス側からの応答が極端に大きく揺れると，ホスト側の制御アルゴリズムによってはフロー制御が発散する可能性があります．今回実験した限りでは，LPC4088の割り込み応答性能は良好で，ホスト側に影響を与えられるような大きな揺れは見られませんでした．

　図4はハードウェア・ベースで実装したものの応答です．これは，トランジスタ技術誌2013年12月号の実験に使用するために筆者がFPGAに実装したときのものです．FPGAでは規格書に忠実にシステム・クロックを使って算出しています．

　図5は今回実装したアルゴリズムによってホストに返された値です．いずれの場合も，8msのポーリング周期に対するサンプリング周波数48kHzのときの応答です．

　ハードウェアの場合には小数点以下第11位まで使って高精度の制御を行っていますが，今回実装したアルゴリズムでは小数点以下第4位までの精度と粗い制御になっています．

　図6にハードウェアで実装した場合と今回の実装による相対ビット・レートの推移を示します．ハードウェアの場合には，より目標ビット・レートに近い数値の前後で制御されていますが，今回の実装では48.0kHzを中心に非常に大きなステップで値が動きます．

● ④のI²S Slaveを元にI²Sライブラリを自作
　本章執筆時点で入手可能なI²Sのライブラリはスレーブ・モードだけのようでした．http://mbed.orgのCookbookにあるI2S Slave Libraryというものがそれです．
　I2S Slave Libraryは，非常に参考になりますが，このライブラリにはI/Oアクセスの記述に致命的な問題があります．例えばI2SSlave::startの中で，ビットのクリアをする箇所で以下のように記述されています（I2SSlave.cpp，102行目）．
`LPC_I2S->I2SIRQ |= (0 << 16);`
　これではビットのクリアはできません．0を何ビット・シフトしても0にしかならず，0とORをとっても何も変化しません．
　このような表現を使用するのであれば
`LPC_I2S->I2SIRQ &= ~(1 << 16);`
などとするべきです．
　サンプルとして公開されているプログラムをビルドすると確かに動作しますが，これはほとんどのレジスタに初期値として0が与えられているために，たまたま動作しているのです．
　今回はオーディオ・フォーマットが動的に切り替わるため，このような記述では正常な動作は期待できません．また，このmbedライブラリは今回使用するLPC4088には対応していません．このことはmbedライブラリ上で公式に回答されています．
　LPC4088そのものは他のCPUと同じようにI²Sの回路を持っています．LPC4088ボードのピンにもI²Sに必要な信号は配線されているので，ハードウェアとしてはI²Sインターフェースを使って外部のD-Aコン

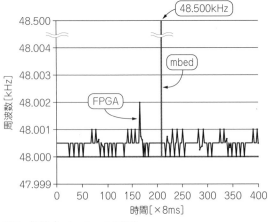

図6　相対ビット・レートの推移
FPGAの場合は1クロックの精度で相対ビット・レートを計測しているためばらつきが小さく，ソフトウェアで計測するmbedでは粗い制御となっている

第17章　USB付きマイコン LPC4088で作るUSB-DAC

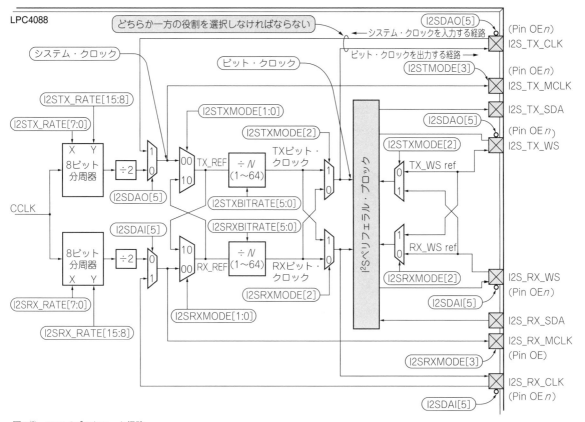

図7(2)　CPUのI²Sクロック経路
システム・クロックの入力とビット・クロックの出力は，どちらもI2S_TX_CLKだけに割り当てられているため同時に使用することはできない

バータを駆動することは可能です．

以上のような理由から，今回は公開されている「I2S Slave Library」を参考に，LPC4088 Quick Start board専用のI²Sライブラリを作成しました．

▶データ・フォーマット

I²CとはI異なり，I²Sを使ってオーディオ・データをDACに送るためにハードウェアの支援は欠かせません．mbed対応ボードで使用されているCPUでもDMA（Direct Memory Access）を使用したI²Sの送受信に対応しています．LPC4088やmbed対応ボードの基本であるLPC1768では，I²Sの転送に24ビットをサポートしていません．

今回作成したI²Sライブラリでは，24ビット・データを32ビットに変換して転送します．また，USBから送られてくるオーディオ・データはリトル・エンディアンですが，DMAに渡すときにはビッグ・エンディアンへ変換します．

▶マスタ・モードで動作させる場合にはシステム・クロックはCCLKが前提

多くのD-Aコンバータではマスタになることもできますが，ハードウェア設定のD-Aコンバータなどではマスタになることができません．このようなD-Aコンバータを使用する必要がある場合にはマスタ・モードでI²Sを動作させる必要があります．

LPC4088のI²Sにおけるクロック経路は**図7**のようになっています．I2S_TX_SDAがシリアル・オーディオ・データです．I2S_TX_WSがワード・セレクト信号（サンプリング・クロック）です．

I²S回路でシステム・クロックの入力として使用できるI/OはI2S_TX_CLKだけなので，マスタ・モードで外部からシステム・クロックを入力するのであれば，このピンを使用することになります．実際にこのクロックを分周してビット・クロック（TXビット・クロック）を生成して，"I²Sペリフェラル・ブロック"を駆動するような構成となっています．そのビット・クロックをCPU外部に出力するには問題があります．TXビット・クロックを外部に出力する経路はありますが，これはI2S_TX_CLKに割り当てられています．

I2S_TX_CLKは，オーディオ・システム・クロックの入力とビット・クロックの出力の両方に割り当てられているため，どちらか一方の役割を果たすことしかできません．

今回のように高精度のシステム・クロックを外部から供給して動作させようとする場合，マスタ・モード

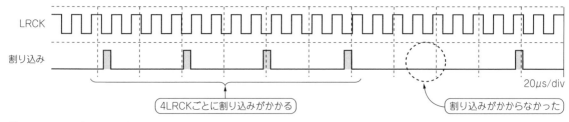

図8 96kHz/24ビットでは割り込みがかからないことがある
I²SのFIFOは32ビット×8段あるので32ビット/ステレオで転送すると4サンプルでFIFOは空になる

表2 サンプリング周波数とビット深度に対する動作結果
レジスタ設定もクロック設定もおのおのは正常動作が確認できるモードがあり，96kHzと24ビットの組み合わせだけ動作しなかった

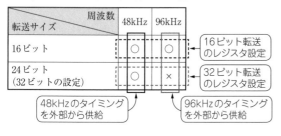

ではI²Sに必要なすべてのI/Oを用意することができません．

LPC4088内部のI²S回路は，マスタ・モードで動作させる場合には内部のCCLKをマスタ・クロックに使用することを前提とした回路となっているようです．

実験！mbed本格USBオーディオ再生

できあがったUSBオーディオDACを実際にパソコンへ接続して動作の確認をしました．

● 応答性能は良好

アシンクロナス同期方式特有の同期のための相対ビット・レートのやりとりも正常に行われ，パソコンから送られてくるデータもフロー制御が行われています．

オーディオ・データは1msごとに送られてきますが，LPC4088の応答性能は良好で，送られてきたパケットのデータをI²Sに渡す過程で取りこぼすようなことも見られませんでした．

● 24ビット/96kHzの音源再生に挑戦！

データシート[3]では，

The sampling frequency can range from 16 kHz to 48kHz (16, 22.05, 32,44.1,48) kHz

と記載されており，LPC4088の持つI²Sが扱えるサンプリング周波数の上限は48kHzまでのようです．

実際に，サンプリング周波数48kHzでは16ビット・フォーマットの場合も24ビット・フォーマットの場合も正常に動作しました．ところが，96kHzの場合は16ビット・フォーマットでは正しく動作したのですが，24ビット・フォーマットでは正しく動作しませんでした（表2）．

調査のため，I²S割り込みルーチンの中で外部ピンに信号を出してI²S信号と比較してみました．図8がそのようすです．時々割り込みがかかっていないようです．最も高速に処理しなければならない組み合わせなので，内部的に何らかのボトルネックがあるのではないでしょうか．

*　*　*

今回の実装ではサンプリング周波数96kHzでは完全に再生させることができませんでした．しかし，USBパケットに対する応答性能や（データシートの範囲内で使用する）I²Sの応答性能は良好でした．

◆参考・引用*文献◆
(1) mbedオフィシャル・サイト：http://mbed.org
(2) LPC4088ユーザーズマニュアル（UM10562, Rev. 3 - 12 March 2014），NXP
(3) *LPC4088データシート（LPC408x/7x, Rev. 2 - 3 July 2013），NXP
(4) Universal Serial Bus Specification（USB Implementers Forum）
(5) Universal Serial Bus Device Class Definition for Audio Devices（USB Implementers Forum）
(6) TLV320AIC3204 Datasheet（Texas Instruments Incorporated）
(7) TLV320AIC3204EVM-K User's Guide, SLAU266A（Texas Instruments Incorporated）
(8) 勝 純一：超お手軽マイコンmbed入門，CQ出版社．
(9) 岡村 喜博：特集　作る！24bitディジタル・オーディオ，Appendix 2 高分解能D-Aコンバータの技術を引き出すクロック同期技術，トランジスタ技術2013年12月号，CQ出版社．

おかむら・よしひろ

column　アシンクロナス同期方式はハイレゾ・オーディオに最適

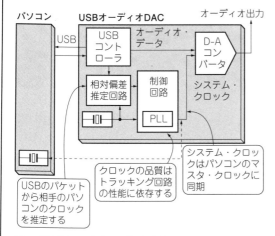

図A　従来型…アダプティブ同期方式の例
相手のクロック・レートに同期したシステム・クロックを生成する

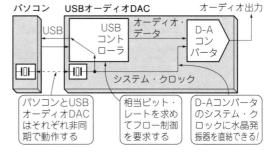

図B　今どきはコレ！…アシンクロナス同期方式の例
クリスタルの出力をD-Aコンバータに直結できる

● 従来型…アダプティブ同期方式

　アダプティブ同期方式は，USBオーディオ・デバイスで最も広く利用されている同期方式です．

　図Aはアダプティブ同期方式の例です．この同期方式では，ホストとデバイスの間でビット・レートが明示的に通知されることはありません．送られるデータ転送量に適応する形でデバイス側のシステム・クロックを生成する必要があります．

　アダプティブ同期方式でD-Aコンバータを駆動する場合，ホスト側から送られてくる（平均）データ量は，再生するデータのサンプリング・レートに一致します．これが暗黙の相対ビット・レートとなり，デバイス側はホストから送られてくる平均データ量をもとにシステム・クロックを調整します．

▶メリット

　アダプティブ同期方式はホスト側のフロー制御が不要で，ホストは自身のマスタ・クロックに基づいたデータ・レートで一方的にオーディオ・データを転送できます．このためビデオ映像を再生する場合のように，映像データとオーディオ・データの同期をとる必要があったり，ストリーミング配信されているオーディオ・データを再生する時には，データが扱いやすくなります．

▶デメリット

　デバイス側ではホスト側のデータ・レートに合わせてシステム・クロックを調整（トラッキング）する必要があるため，回路が複雑になります．また，一般にトラッキング・システムはPLLなどで構成されるため，ジッタ性能が問題となります．

● 今どきはコレ！…アシンクロナス同期方式

　図Bはアシンクロナス同期方式の例です．この同期方式では，アダプティブ同期方式とは逆に，ホストはデバイスのビット・レートに合わせてデータを送信します．

　アシンクロナス同期方式では，デバイスが明示的に相対ビット・レートを通知します．これを受けてホストはデバイス側で過不足なくデータが再生できるようにデータ量を調節します．

▶メリット

　アシンクロナス同期方式では，デバイスは自身のシステム・クロックに合わせるようにホストに要求するため，デバイス側でクロックを調節する必要がなく，システム・クロックに水晶を直結できます．このためハイエンドのUSBオーディオ・デバイスで採用が広がってきています．また，トラッキング・メカニズムが不要なため，クロック周りの回路は非常にシンプルになります．

▶デメリット

　ホスト側ではオーディオ・データに対するフロー制御が必要になります．一つの音楽ファイルを再生するような場合には問題ありませんが，ビデオ映像を再生するなど，複数のマスタ・クロックが存在する場合には，同期をとるためにサンプリング・レート・コンバータを通すなど，なんらかの工夫が必要になります．

第4部 ラズベリー・パイと一緒に使える！ USB-DACの自作に挑戦！

第18章

24ビット/96kHzハイレゾに挑戦！
ワンタッチ・ボード＆ライブラリをフル活用！

USB-DACに曲操作/音量操作機能を加える

岡村 喜博

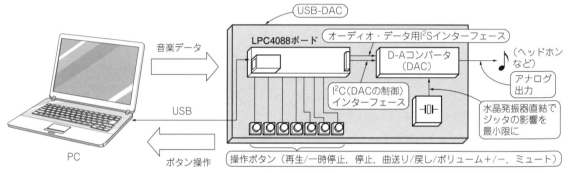

図1 音楽の停止/再生や曲送り，音量の上げ下げなどのボタン操作付きUSB接続オーディオ用D-Aコンバータ・ボード
当ボードはUSBAudioクラス，USBHIDクラスの両方が入った複合デバイスとなっている

再生/停止や音量調節機能の付いたUSB-DACの製作

● USBオーディオ・デバイスにHID機能を追加してみる

第17章で，パソコン（PC）と接続し，音楽信号をアナログ出力できるUSB接続オーディオD-Aコンバータ（以下，USB-DAC）を製作しました．このUSB-DACに，再生，停止，曲送りや音量調整など，七つの操作機能を追加します（**図1**，**写真1**）．キーボードなどと同じHID（Human Interface Device）の機能を追加した，複合USBデバイスになります．

● ハードウェア…前章で作ったUSB-DACを使う

使用するのは，mbed互換ボードmbed LPC4088で，第17章でUSB-DACとして使った基板に，合計七つのボタンを追加します．

● 実現する機能①：曲送り…音楽再生アプリケーション・ソフトにボタンの状態を伝える

一部のキーボードでは，曲送りなど，オーディオ・コントロールのためのボタンが用意されています．
今回，USBオーディオ・デバイスに曲送りなどの機能を追加する場合も，そのようなキーボードのボタンと同じ動作で実現します．
PCにUSBオーディオ・デバイスを接続して音楽などを再生するときには，メディア・プレーヤなどPC側のアプリケーションで音楽の再生や曲送りなどを行います．このため，USBオーディオ・デバイス側にあるボタンで曲送りなどを操作する場合には，USB

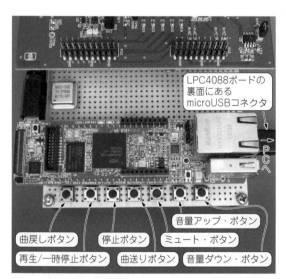

写真1 音楽の停止/再生や曲送り，音量の上げ下げなどのボタン操作付きUSB接続オーディオ用D-Aコンバータの外観

第18章　USB-DACに曲操作/音量操作機能を加える

表1　操作ボタンの割り当てと動作
キーボードのようにボタンの状態を伝えるだけなので，実際の動作はホスト(PC)によって異なる

LPC4088のピン	機能	動作
24	曲戻し	一曲戻る
25	再生/一時停止	停止中に押すと再生開始，再生中に押すと一時停止，一時停止中に押すと再生再開
26	停止	再生の中止
27	曲送り	一曲進む
28	ミュート	消音する
29	音量アップ	音量を上げる
30	音量ダウン	音量を下げる

オーディオ・デバイスから，PC側のアプリケーションにボタンの状態を伝える形を取ります．

● 実現する機能②：USB-DAC側での音量調整

PCには複数のボリューム・コントロールが存在します[10]．ここで扱うのは，オーディオ・デバイスが持っているハードウェア・ボリュームです．

USBオーディオ・デバイスの場合，ローカルでボタン操作に応じて音量を変更することはしません．

USBオーディオ・クラスの仕様としてUSBオーディオ・デバイスが持っているハードウェア・ボリュームは，PC側で認識され，管理されています．

ローカルで勝手にボリュームを変更してしまうと，PC上のボリューム・スライダに表示されている音量と食い違ってしまい，不都合があります．

USBオーディオ・デバイスでボリューム・ボタンを持つ場合には，音量調整をローカルで処理せず，ボタンの状態を一度PCに伝えます．ボタンの状態に応じて，PCがUSBオーディオ・デバイスにボリュームの設定変更の指示を出します．その変更指示に応じて音量を調整する，という流れになります．

● ボタン機能の実現にUSBのHIDクラスを使う

曲送りやボリュームなどのボタンの機能は，USBオーディオ・クラスでは規定されていません．ボタンの状態をPCに伝えるためには，USB HIDクラスを使います．キーボードやマウスなどで使用されるクラスです．インタラプト転送が使用されます．

USBの複合デバイスは，複数の「インターフェース」を持たせることで実現します．

USB-DACは，オーディオ・クラスのインターフェースを持っています．ここに，HIDクラスの機能を持つインターフェースを追加することで，オーディオ・クラスとHIDクラスの両方の機能を持たせた複合デバイスになります．

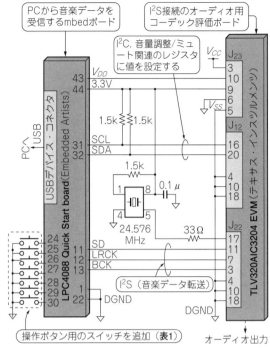

図2　ボタン操作付きUSB接続オーディオ用D-Aコンバータ・ボードの回路図
第17章で製作したUSB-DACに操作ボタンを追加

USBオーディオ・デバイスに曲送りなどのボタン機能を追加するためには，オーディオ再生のためのアイソクロナス転送に加えて，インタラプト転送のためのエンドポイント(USB通信用の受け皿)を追加します．

ハードウェア

● 回路

回路を図2に示します．

操作ボタンには，タクト・スイッチを使用しました．押した時にスイッチが閉じられ，通常状態では解放となります(ノーマリ・オープン)．各ボタンはLPC4088ボードのピンとGNDをショートするように接続します．各ボタンとLPC4088ボードのピンの関係は表1のとおりです．

USBデバイスからは，ボタンの状態をPCに送るだけです．このため，各ボタンに対する動作はPC側の設計で決まります．

各ピンはプルアップされるようにプログラムで設定します．ボタンはノーマリ・オープンなので，ボタンが押されていない状態ではピンの状態は1で，ボタンが押されると0となります(負論理)．検出に割り込みを使用せずポーリングで行います．

ソフトウェア

全体構成を図3に示します．基本はUSB-DACのまま，ボタン操作を読み取る部分や，PC側にボタン操作を伝えるUSB HIDデバイスとして認識させる部分を追加しています．

■ やること…ボタン操作をPCに伝える

● ボタンの押下/解放の状態を読み取る

不感帯を設定する方法で，チャタリングによる誤動作を防止する処理を行います．

ボタンの「状態」をPCに伝えるため，ボタンの押下（make）と解放（break）の両方の状態を検出します（リスト1）．

■ USBデバイスにHIDクラスの機能を追加する

オーディオ・クラスのインターフェースを持つUSBデバイスに，HIDクラスのインターフェースを追加する作業になります．

① エンドポイントの追加

キー（ボタン操作）のデータは，オーディオ・データとは独立したデータ転送のため，HIDクラス用にエンドポイントを用意します．

② ディスクリプタの追加と修正

HIDクラスのインターフェースには，以下の三つのディスクリプタが必要です．
- インターフェース・ディスクリプタ
- HIDディスクリプタ
- エンドポイント・ディスクリプタ

これらのディスクリプタをコンフィグレーション・ディスクリプタに追加します．

これとは別に，オーディオ・デバイスでは必要なかったレポート・ディスクリプタを新しく用意し

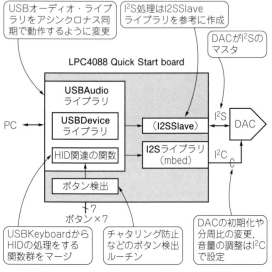

図3 ボタン操作付きUSB接続オーディオ用D-Aコンバータのソフトウェアの構成
mbedライブラリをベースに，機能追加や修正を行った

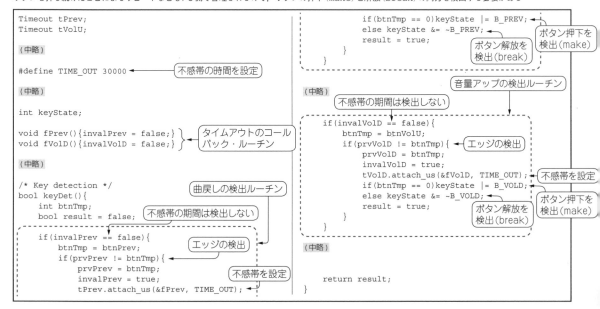

リスト1 ボタン操作の検出ルーチン（main.cppの一部）
ボタンを押し続けたことによるリピートなどもPC側で管理されるので，ボタンの押下（make）と解放（break）の両方を検出する必要がある

③デバイスの機能に必要な処理の追加

HIDクラスの場合，ホストのリクエストに応じて，キーなどの状態を返す必要があります．ボタンの状態を読み取り，①のエンドポイントを通じてホスト側に送ります．

● マルチメディア・キーボードのmbedライブラリを参考にする

mbedライブラリにはUSBキーボードのHello worldがあります（http://developer.mbed.org/handbook/USBKeyboard）．

このライブラリは曲送りやボリュームなどのボタンにも対応したマルチメディア・キーボードになっています．このHello worldをそのままコンパイルすると，1秒ごとにボリュームを下げるボタンが押されたことをエミュレーションします．このHello worldのプログラムを参考に，第17章で作ったUSB DACのプログラムに必要な部分を追加していきます．

▶ HIDにはエンドポイント1を使用

mbedでは，エンドポイントごとに使用できる転送方式が決まっています．インタラプト転送にはエンドポイント番号1，4，7，10，13が使用できます．今回はHIDの割り当てにエンドポイント番号1を使用しました．

● PC側にどんなUSBデバイスなのかを伝える …ディスクリプタ記述の変更と追加

▶ HIDの機能を追加するには

すべてのUSBデバイスは，USBケーブルがPCにつながれた時点，またはケーブルがつながった状態ならばデバイスの電源が入った時点で，ホスト（PC）からデバイスに対して，デバイスの機能などの詳細な情報を取得します．この時に使用されるものがディスクリプタです．

HID機能を追加するために，コンフィグレーション・ディスクリプタを変更して，オーディオだけでなくHIDの機能もあることをホスト側に伝えます．

▶ コンフィグレーション・ディスクリプタの修正

デバイスに曲送りなどのボタンの機能があることをホスト側に知らせるために，コンフィグレーション・ディスクリプタにHIDエンドポイントの記述を追加します．

HIDクラスを実装するインターフェースが追加されるので，インターフェースの数も一つ増やします．HIDのインターフェース番号は2番です．このインターフェース番号2のインターフェース・ディスクリプタ，HIDディスクリプタ，エンドポイント・ディスクリプタを追加します．

▶ レポート・ディスクリプタの追加

HIDデバイス特有のディスクリプタとして，レポート・ディスクリプタを追加します．レポート・ディスクリプタは，USBデバイスからPCにどのようなフォーマットでボタンの状態を通知するかということを定義します．

■ 実際のプログラム

● 修正が少ないので直接書き換えて作ってしまう

USBKeyboardクラスはUSBHIDクラスから作られ，そのUSBHIDクラスは，他のUSBデバイスがそうであるように，USBDeviceクラスから作られています．

USBAudioクラスも，やはりUSBDeviceクラスから作られています．

今回は修正箇所が比較的少ないので，USBAudioクラスのプログラム中に，USBKeyboardクラスとUSBHIDクラスの必要な部分をマージしました（リスト2）．

ディスクリプタについても，USBAudioDescriptor.hに必要な設定を追加します．

● USBHIDクラスからのマージ

レポート・ディスクリプタを送信するためにsend()を追加します．

USBCallback_request()のディスクリプタを解析する部分にレポート・ディスクリプタとHIDディスクリプタの処理を追加します．HIDディスクリプタはコンフィグレーション・ディスクリプタの一部ですが，単独で応答できるようにもしておく必要があります．

● USBKeyboardクラスからのマージ

ボタンの状態変化をホスト側に通知するためにmediaControl()を追加します．ボタンの状態は前述のsend()を使用して送信します．

USBマルチファンクション・デバイスを試すにはmbedが簡単

USBデバイスでは，オーディオやキーボードなど単一の機能を一つのデバイスに実装するだけではなく，今回のようにアイソクロナス転送とインタラプト転送など，性格の異なった転送方式でも一つのデバイスに複数実装ができます．このしくみを理解することで，さまざまな複雑なUSBデバイスを構成できます．

mbedライブラリにはUSBの基本的な機能を実現するライブラリが多数用意されているので，これらのライブラリを組み合わせることで，複雑な機能のデバイスも簡単に構成できます．

リスト2 HIDデバイスの機能を持たせるためにUSBAudioのデバイス記述に処理を追加（USBAudio.cppの一部）
ディスクリプタの修正や追加などを行う

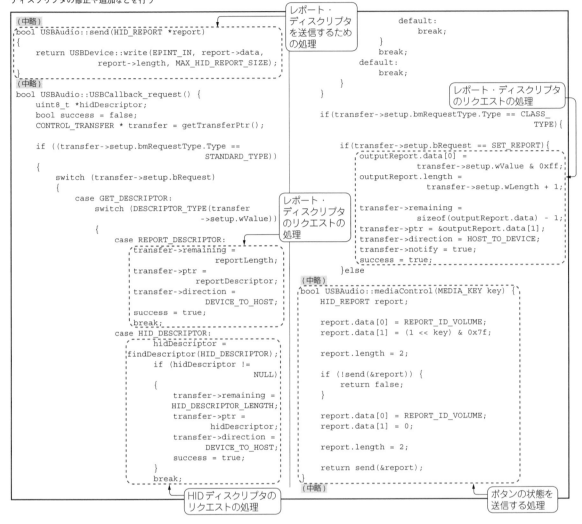

◆参考文献◆
(1) mbed オフィシャル・サイト, http:/mbed.org
(2) LPC4088ユーザーズマニュアル (UM10562, Rev. 3 - 12 March 2014), NXPセミコンダクターズ.
(3) LPC4088データシート (LPC408x/7x, Rev. 2 - 3 July 2013), NXPセミコンダクターズ.
(4) Universal Serial Bus Specification, USB Implementers Forum.
(5) Universal Serial Bus Device Class Definition for Audio Devices, USB Implementers Forum.
(6) TLV320AIC3204 Datasheet, テキサス・インスツルメンツ.
(7) TLV320AIC3204EVM-K User's Guide, SLAU266A, テキサス・インスツルメンツ.
(8) 勝 純一；超お手軽マイコンmbed入門, 2011年7月, CQ出版社.
(9) 岡村 喜博；Appendix 2 高分解能 D-Aコンバータの技術を引き出すクロック同期技術, トランジスタ技術 2013年12月号, CQ出版社.
(10) 岡村 喜博；第8章 研究！ボリューム調整とディジタル音源データのロス, トランジスタ技術 2013年12月号, CQ出版社.

おかむら・よしひろ

オーディオ・ビデオ用3大ソフトウェア
MPD, Kodi, SqueezeBOX

第19章 メジャー・ソフトを使用したディストリビューションのラズベリー・パイ対応状況

Takazine

ラズベリー・パイは，最新のOSをダウンロードして使うと，Pi1，Pi2，Pi3どれでも動作するように工夫されています．しかし，Pi2時代に作られたOS（ディストリビューション）ではPi3が起動しないなどの不具合があります．

オーディオ・ビデオ用の3大ソフトウェアMPD，Kodi，SqueezeBOXを使用した各ディストリビューションのラズベリー・パイ対応状況を表1に示します．

三大ソフトウェアを使用したディストリビューション

● あらゆる音源フォーマットを再生できるオープン・ソフトウェアMPD

MPD（Music Player daemon）は，あらゆる音源フォーマットの再生ができるオープン・ソースの音楽再生ソフトウェアです．ネットワーク上のNAS（Network-Attached Storage）から楽曲データを取得して，ファイルを展開しながらオーディオ・デバイスへ音声を出力します．

PLAY/STOPなどのコントロールを直接行うのではなく，ソケット通信により外部のクライアント・ソフトで行う形態をとっているため，スマホやPCからコントロールします．ただ，設定項目が多いので，MPDを単独でインストールして使うにはLinuxに精通している必要がありました．

▶ Linuxコマンドを必要としないでMPDが使えるRaspyFi以降のソフトウェア

図1にRaspyFiの系譜を示します．MPDを簡単に設定して使用できるWEB-UIを搭載したRaspyFiが登場したのは2013年です．Linuxコマンドをまったく必要とせず，MPDが使えるようになったのは革新的でした．

その後，資産を引き継いだVolumio（図2）が登場し，同じ頃にOSをArchlinuxにしたRuneAudioも登場しました．WEB-UIの画面構成は似ていますが，アルバム・アート表示を付けたり，WEBRADIO局の情報をインターネット上のサービスから取得するなど，RuneAudioの方が一歩進んでいます．

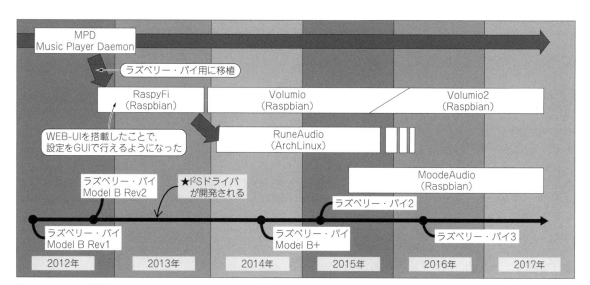

図1 RaspyFiを起源としたMPDベースのソフトウェアの系譜
いくつものソフトウェアが派生している．現在も頻繁にバージョン・アップしているVolumio2も期待できる

表1 ラズベリー・パイ用のオーディオ・ソフトウェア一覧

名称	URL	OS	Pi2	Pi3	Wi-Fi	概要
raspyFi	http://www.raspyfi.com/	Raspbian	×	×		V1.0以降開発停止．独自のWEB-UIで各種設定はブラウザから可能．Volumioに引き継がれた．
Volumio (V 1.55)	https://volumio.org/	Raspbian	○	×		とても安定して動作する．標準のRaspbianを使っているためカスタマイズもしやすい．
Volumio2	https://volumio.org/	Raspbian	○	○	AP	Volumioから機能を大幅にUPしたため，まだ安定性に欠けるが，将来が楽しみなディストリビューション．
RuneAudio	http://www.runeaudio.com/	Archlinux	○	○	○	WEB-UIはVolumioに似ているがアルバム・アート表示がある．起動も高速．
MOODE Audio Player	http://moodeaudio.org/	Raspbian	○	○	AP	raspyFi系としては最後発．UIをより高機能にしていて，クロック・ラジオなどの機能も面白い．
lightMPD	https://sites.google.com/site/digififan/home/lightmpd	独自RT-Linux	○	○		リアルタイムLinuxを使用．MPDもリアルタイム仕様に改良され5.6MHz DSDも再生可能．設定はテキスト・ファイル編集で行うため，中上級者向け．
Pi MusicBox	http://www.pimusicbox.com/	Raspbian	○	○	○	SpotifyやGoogle Play Musicにいち早く対応したディストリビューション．

(a) MPDを使用したディストリビューション

名称	URL	OS	Pi2	Pi3	Wi-Fi	概要
OpenELEC	http://openelec.tv/	JeOS	○	○	○	独自に軽量化されたOSにKodiを組み合わせている．UIはkodiの標準画面としてあり使いやすい．ラズパイ公式のNOOBSから選択可能．
OSMC	https://osmc.tv/	Debian	○	○	○	独自のシンプルなUIに差換えていて軽量化をしている．赤外線リモコンやI²S-DACもUIから設定が可能なので初心者向き．ラズパイ公式のNOOBSから選択可能．
XBian	http://www.xbian.org/	Debian	○	○	○	kodiのフル機能を実装して高機能である．

(b) Kodi（XBMC）を使用したディストリビューション

名称	URL	OS	Pi2	Pi3	Wi-Fi	概要
PiCorePlayer	https://sites.google.com/site/picoreplayer/home	Microcore linux	○	○	○	Microcore linuxにSqueezelite playerを組み合わせたプレーヤ・ソフト．SDカードは128MBあれば足りてしまうほど超軽量．独自のWEB-UIから使用DACなど各種設定もできる．
Max2Play	https://www.max2play.com/	Raspbian	○	○		SqueezeLiteとLMS（Logitech Media Server）が同居したソフトウェア．各種ハードウェアをサポートして有料ソフトウェアになった．9.99ユーロ．

(c) Squeeze BOXを使用したディストリビューション

（注）Wi-Fi欄の「○」はメニューから設定できるもの，「AP」はアクセス・ポイント・モードも可能なものを表す．

　RuneAudioを参考にしたと思われるMoode Audio Playerもクロック・ラジオなどの機能があって新しい使い方を提案してくれます（**図3**）．

▶その他のMPDベースのソフトウェア

　RaspyFiを起源としていないMPDベースのソフトウェアとしては，lightMPDやArchphileがあります．特にlightMPDはリアルタイムLinuxを採用しMPDも独自に改良するなどの工夫が凝らされていて，5.6MHzのDSDファイルもPCM変換再生が可能です．

● TV画面で見るマルチメディア・プレーヤKodi

　Kodiは，マイクロソフト社のゲーム機Xbox用のXBMC（Xbox Media Center）がオープン・ソース化されたものです．音楽再生だけでなく，映像や写真などをTV画面で見るためのマルチメディア・プレーヤです．HDMI接続かコンポジット接続のTVモニタと，キーボードもしくはマウスでの操作が基本です．

　ラズベリー・パイ標準のRaspbianにKodiをインストールして，各種設定を個別に行うことで使えるようになりますが，ソフトウェア一式そろったディストリビューションを使うのが手軽です．

　MPDと同じように，Kodiをベースにしたソフトウェア一式（ディストリビューション）がいくつか登場しています．

▶SDカードに展開が簡単なOSMCとXBian

　OSMCとXBianは，Windows用のインストーラが

第19章　メジャー・ソフトを使用したディストリビューションのラズベリー・パイ対応状況

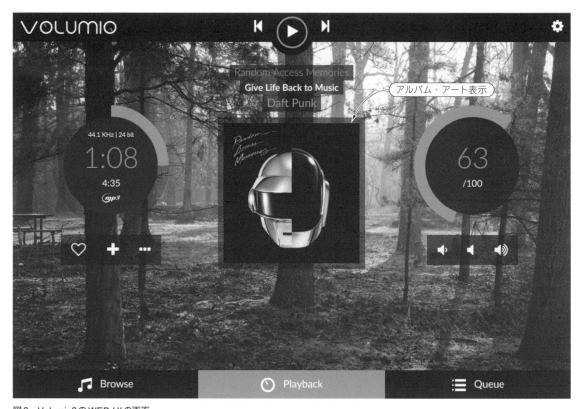

図2　Volumio2のWEB-UIの画面
アルバム・アートも表示される．バージョン・アップも頻繁に行われて動作が安定してきた

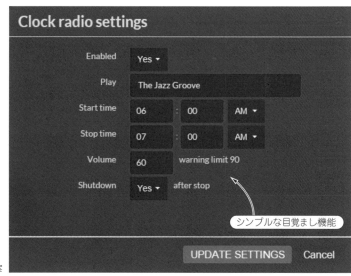

図3
Moode Audio Playerのクロック・ラジオ設定画面
目覚ましラジオとして機能する点は，実用的で楽しい提案

付いていてSDカードへの展開が簡単に行えます．

　図4に，OSMCの画面の例を示します．機能的な面では大きな差はありませんが，I²S接続のハイレゾDACをつなぐなら，メニュー画面からOSMCを設定できるので初心者向きです．

● SqueezeBOXを使用したディストリビューション

　SqueezeBOXは，ロジテック社のネットワーク・オーディオ機器の名称です．前身は，2001年にSlim Devices社からリリースされたSliMP3という製品で

187

第4部 ラズベリー・パイと一緒に使える！USB-DACの自作に挑戦！

図4 Kodi（XBMC）の画面一覧
非常にリッチで洗練された画面．I²S接続のハイレゾDACをつなぐなら，メニュー画面からOSMCを設定できる

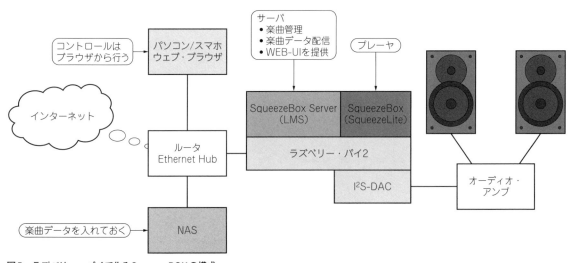

図5 ラズベリー・パイで作るSqueezeBOXの構成
製品としてロジテック社が販売していたSqueezeBOXは，コンポの外付けプレーヤ・タイプとラジカセ・タイプがあった．サーバ・ソフトLMSは，NASやPCのソフトウェアとして実行するのが通常だが，ラズベリー・パイ2以降はCPU処理能力が高いのでプレーヤもLMSも同時に使用できる

す．ネットワークを介してMP3再生を行うネットワーク・オーディオの先駆的存在で，ソフトウェアをすべてオープン・ソース化していた異色の存在でした．その後，数モデルのSqueezeBOXを発売したところでロジテック社に買収されました．

SqueezeBOXは，残念ながら日本では販売されなかったため，知る人ぞ知る機器ですが，サーバ・ソフトウェアLMS（Logitech Media Server）は日本語ローカライズもされていて，UI画面はとても優れています．

SqueezeBOXシステム全体の構成を**図5**に示します．サーバ，プレーヤ，コントローラに分かれていて，DLNA（Digital Living Network Alliance）に近い構成です．サーバは楽曲の管理と音楽データの配信，httpサーバによるコントロール用UIを提供しています．プレーヤは，サーバ（LMS）から送られてきたデー

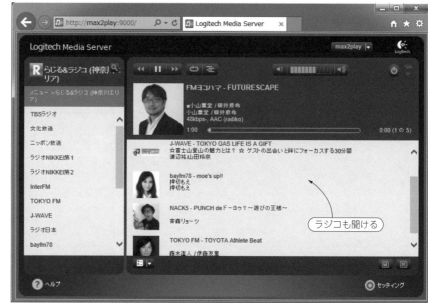

図6
LMS(Logitech Media Server)
の**WEB-UI**
LMSは日本語に対応している.「ら
じる&ラジコプラグイン」を入れる
と,ラジコも聞ける.インターネッ
ト・ラジオ,NAS内の楽曲をシー
ムレスに複数のSqueezeBOXへ配
信できる優れたユーザ・インター
フェースが特徴

タを再生するだけの機能です.

　LMSひとつで複数のSqueezeBOXに配信できるマルチルーム構成が可能なのも特徴です.LMSはNASのサービス[注1]として動作したり,パソコン上のソフトウェアとして動作します.パソコンやスマホのウェブ・ブラウザからアクセスして選曲や再生をコントロールします.図6にLMSのWEB-UIを示します.

▶ SqueezeLiteとLMSが同居したソフトMax2Play

　Max2Playは,プレーヤ・ソフト(SqueezeLite)とLMSの両方をラズベリー・パイ上で走らせることができます.

　サーバ・ソフトLMSは,NASやPCのソフトウェアとして実行するのが通常ですが,ラズベリー・パイ2以降はCPU処理能力が上がったので,プレーヤもLMSも同時にストレスなく使用することができます.

注1：LMSは,QNAPのNASやBUFFALOの一部NASで実行
　　　させることができる.

ラズパイ4や5が発売されたら,ディストリビューションの更新を待つのが良策

　将来,Pi4やPi5など新しいラズベリー・パイがリリースされたときは,対応OSを使って起動し,MPD,Kodiなどのソフトウェアを個別にインストール(時にはソースコードからコンパイル)することで基本機能を構築することは可能です.

　この章で紹介した使いやすいWEB-UIを搭載し,ユーザのために作り込まれたディストリビューションの更新を待つのも,ひとつの手段です.

　Linuxに新しい機能が搭載されたとき,ネット情報を頼りに試行錯誤するのもLinuxの醍醐味です.

たかじん

初出一覧

本書の下記の章は，『Interface』誌，『トランジスタ技術』誌に掲載された記事を元に，加筆・再編集したものです．特に断りのないものは書き下ろしです．

本書における章番号	掲載月号	著者名	掲載時の記事タイトル
口絵	Inteface 2014年9月号	編集部	オーディオをはじめるならLinuxボードが最高！
Introduction 1	Inteface 2014年9月号	宗像 尚郎	Linuxボードでオーディオ再生！五つのメリット
Introduction 2	Inteface 2014年9月号	西新 貴人	なんとCDの1000倍なめらか！ハイレゾの世界
Introduction 3	Inteface 2014年9月号	西新 貴人	実はあいまい！ハイレゾの定義
第1章	トランジスタ技術 2015年9月号	西新 貴人	900MHzビルトイン！ラズパイ・オーディオ製作の楽しみ方
第2章	トランジスタ技術 2015年9月号	島田 義人	初動1時間！ビルトイン・コンピュータ「ラズベリー・パイ」事始め
第3章	トランジスタ技術 2016年8月号	Takazine/河瀬 聡	DSD256&32bit×384kHz対応！Wi-Fiハイパー・ポータブル・プレーヤ
Appendix 1	Inteface 2014年9月号	西新 貴人	オーディオ用D-Aコンバータの定番インターフェースI²S入門
Appendix 2	書き下ろし	河瀬 聡	SabreBerry32を制御するオリジナル専用デバイス・ドライバの作り方
第4章	Inteface 2015年12月号	松原 克弥	わずか30Mバイトのlinux！オーディオ再生専用lightMPD
第5章	Inteface 2015年12月号	松原 克弥	仕上げ…なんて使いやすい！ラズパイ・オーディオのWi-Fi化
第6章	書き下ろし	佐々木弘隆/Takazine	—
第7章	Inteface 2014年9月号	大津 秀紀	ラズベリー・パイが最適！本格ハイレゾ・オーディオ入門
第8章	Inteface 2014年9月号	大津 秀紀	ラズベリー・パイでやってみよう！はじめてのオーディオ再生
第9章	Inteface 2014年9月号	大津 秀紀	Linux用超定番サウンドI/Oライブラリ ALSA入門
Appendix 3	Inteface 2014年9月号	大津 秀紀	オーディオ再生の必須技術！クロック同期
Appendix 4	Inteface 2014年9月号	中田 宏	24ビット/192kHzサンプリングUSB-DACセレクション
第10章	Inteface 2014年9月号	宗像 尚郎	オーディオ専用Linux VolumioをBeagleBone Blackで試す
第11章	Inteface 2014年9月号	宗像 尚郎	プロなみ高機能！音楽再生ソフトMPD入門
Appendix 5	Inteface 2014年9月号	宗像 尚郎	ネットワーク・オーディオ再生に挑戦！
第12章	Inteface 2014年9月号	松原 克弥	画像も音声も！ストリーム処理プログラミングの素GStreamer
第13章	Inteface 2014年9月号	松原 克弥	ストリーム処理組み合わせ放題！GStreamerのしくみ
第14章	Inteface 2014年9月号	松原 克弥	GStreamerの応用例…倍速プレーヤを作る
Appendix 6	Inteface 2014年9月号	松原 克弥	メジャーなオーディオ符号化方式総まとめ
第15章	Inteface 2014年9月号	三好 健文	USBオーディオでよく使う！並列処理プロセッサxCORE（前編） xCore & プログラミング入門
第16章	Inteface 2014年10月号	三好 健文	USBオーディオでよく使う！並列処理プロセッサxCORE（後編） USBストリーム通信 & エフェクタ！並列処理に挑戦
第17章	Inteface 2014年10月号	岡村 喜博	mbedではじめる本格オーディオ再生（第1回） 製作！USB-DAC
第18章	Inteface 2015年3月号	岡村 喜博	mbedではじめる本格オーディオ再生（第6回） USB-DACに曲操作/音量操作機能を加える
第19章	書き下ろし	Takazine	—

著者略歴

大津 秀紀（おおつ ひでき）
1965年：埼玉県生まれ
1988年：東京電機大学 工学部 電気通信工学科 卒業
1988年：オーディオ・メーカ入社．主にカー・オーディオのディジタル信号処理機能開発に従事
2006年：半導体メーカに転職．主にオーディオ向けICの企画・応用技術・ソフトウェア開発に従事．
現在に至る．

岡村 喜博（おかむら よしひろ）
SONIC ONE 代表
1988年：筑波大学 第三学群 基礎工学類 卒業
1988年：立石電機株式会社（現オムロン株式会社）入社．東京通信研究所にてFAネットワーク機器の研究開発
1995年：株式会社インタウェア入社．MPEG2圧縮・伸張LSIを開発
1998年：日本バー・ブラウン株式会社入社．USBオーディオ・デバイスのUSBコントローラ・コア回路を開発
2000年：テキサス・インスツルメンツによるバー・ブラウン買収に伴い転籍．引き続きUSBコントローラ・コア回路の開発に従事
2010年：独立後，SONIC ONE (http://sonic1.biz) 代表としてLSI設計マイコン等のハードウェア開発やソフトウェア開発，コンサルティング業務を展開
主な著書
『USBオーディオデバイスクラスの教科書』（オーム社，2017年）
『ハイレゾオーディオ技術読本』（共著，オーム社，2014年）

河瀬 聡（かわせ さとる）
1968年：愛知県生まれ
1990年：愛知工業大学 電子工学科 卒業
1992年：愛知工業大学 大学院 電気工学専攻 卒業
1992年：日本マランツ株式会社入社．音響機器の設計・開発に従事
2006年：株式会社CSR入社．音響機器の設計・開発に従事
2010年：株式会社エー・アール・アイ入社．音声信号処理機器の設計・開発に従事
2016年：株式会社テクノクリエイティブ入社
現　在：同社にて組み込み機器の設計・開発に従事

佐々木 弘隆（ささき ひろたか）

島田 義人（しまだ よしひと）
1965年：東京都生まれ
1988年：東京電機大学 電子工学科卒
1991年：同大学院工学研究科修士課程修了
1994年：同大学院工学研究科博士課程修了（工学博士）
1994年：横河電機株式会社 入社
2015年：CQ出版株式会社 入社
現　在：CQエレクトロニクス・セミナ運営に務める
主な著書
『はじめてのH8マイコン』（CQ出版社，2011年）
『世界の定番ARMマイコン 超入門キット STM32ディスカバリ』（共著，CQ出版社，2011年）
『ARM32ビット・マイコン 電子工作キット』（共著，CQ出版社，2013年）
『mbed×デバッガ！一枚二役ARMマイコン基板』（共著，CQ出版社，2015年）
『H8/Tinyマイコン完璧マニュアル』（共著，CQ出版社，2016年）

Takazine（たかじん）
1971年：北海道伊達市生まれ
1993年：オーディオ・無線機器メーカ入社．主に業務用機器の回路設計・マイコンソフト開発に従事
2001年：半導体輸入商社．輸入LSIを使った光ディスク機器の回路設計・サーボ設計・ソフトウェアの受託開発などに従事
現　在：半導体製造装置メーカ勤務

中田 宏（なかた ひろし）
1963年：東京生まれ
1980年：マイコン向けゲームをアセンブラで記述し，プロのコンピュータ・エンジニアとしてアルバイトを始める
1983年：パソコン雑誌に原稿を書き始める
1988年：Nicographにて論文発表
1989年：私大の理工学研究科修士課程修了
1989年：AV機器メーカに就職
以後，コンピュータのソフトウェア，ハードウェア，エレクトロニクスのエンジニアとして開発一筋．
現　在：2017年に取得したばかりの特許などをもとに，自営業で開発中．

松原 克弥（まつばら かつや）
1971年：大阪府生まれ
1994年：筑波大学 第三学群 情報学類 卒業
筑波大学助手，NTT研究所，大学発ベンチャ会社を経て，2016年より公立はこだて未来大学にて，教育とシステム・ソフトウェアの研究開発に従事
最近は，Linux，仮想化，SDN，ROSに興味を持っている

三好 健文（みよし たけふみ）
1981年：熊本県生まれ
2007年：東京工業大学 博士課程修了・博士（工学）
2014年：わさらぼ合同会社を設立
現在は，JavaをVHDL/Verilog HDLに変換するSynthesijer開発する傍ら，主としてFPGAを活用した高性能/組み込みシステム開発に従事．

宗像 尚郎（むなかた ひさお）
1960年：東京都新宿区に生まれ
1983年：日立電子部品販売株式会社に入社
1990年：AVアンプ，CDプレーヤなどオーディオ機器を中心に組み込みソフトウェア開発に従事
1995年：SuperH（SH）CPU向けのLinuxカーネル開発に従事，開発コミュニティとの連携を開始
2004年：プロジェクタ，デジタルTV，サーバ・ヘルスケア・コントローラなど向けにLinux環境を提供
2008年：筑波大学 非常勤講師
2009年：CE Linux Forum，Linux Foundationに参加し，各種作業部会の活動をサポート
2011年：電気通信大学 非常勤講師
主な著書
『動くメカニズムを図解＆実験！Linux超入門』（共著，CQ出版社，2016年）

本書で解説している各種サンプル・プログラムは，本書サポート・ページからダウンロードできます．URL は以下のとおりです．

http://www.cqpub.co.jp/hanbai/books/47/47071.html

ダウンロード・ファイルは zip アーカイブ形式です．

●本書記載の社名，製品名について ── 本書に記載されている社名および製品名は，一般に開発メーカーの登録商標です．なお，本文中では ™，®，© の各表示を明記していません．
●本書掲載記事の利用についてのご注意 ── 本書掲載記事は著作権法により保護され，また産業財産権が確立されている場合があります．したがって，記事として掲載された技術情報をもとに製品化をするには，著作権者および産業財産権者の許可が必要です．また，掲載された技術情報を利用することにより発生した損害などに関して，CQ 出版社および著作権者ならびに産業財産権者は責任を負いかねますのでご了承ください．
●本書に関するご質問について ── 文章，数式などの記述上の不明点についてのご質問は，必ず往復はがきか返信用封筒を同封した封書でお願いいたします．勝手ながら，電話での質問にはお答えできません．ご質問は著者に回送し直接回答していただきますので，多少時間がかかります．また，本書の記載範囲を越えるご質問には応じられませんので，ご了承ください．
●本書の複製等について ── 本書のコピー，スキャン，デジタル化等の無断複製は著作権法上での例外を除き禁じられています．本書を代行業者等の第三者に依頼してスキャンやデジタル化することは，たとえ個人や家庭内の利用でも認められておりません．

JCOPY 〈(社)出版者著作権管理機構委託出版物〉
本書の全部または一部を無断で複写複製（コピー）することは，著作権法上での例外を除き，禁じられています．本書からの複製を希望される場合は，(社)出版者著作権管理機構（TEL：03-3513-6969）にご連絡ください．

コンピュータ搭載！ Linux オーディオの作り方

2018 年 1 月 1 日　初 版 発 行　　　　　　　　　　　　　　　　　　　　　© CQ 出版株式会社　2018
2018 年 8 月 1 日　第 2 版発行　　　　　　　　　　　　　　　　　　　　　　　　（無断転載を禁じます）

　　　　　　　　　　　　　　　　　　　　　　　編　　集　　インターフェース編集部
　　　　　　　　　　　　　　　　　　　　　　　発 行 人　　寺　前　裕　司
　　　　　　　　　　　　　　　　　　　　　　　発 行 所　　Ｃ Ｑ 出版株式会社
　　　　　　　　　　　　　　　　　　　　　　　　　　　　〒 112-8619　東京都文京区千石 4-29-14
　　　　　　　　　　　　　　　　　　　　　　　　　　　　電話　編集　03-5395-2122
　　　　　　　　　　　　　　　　　　　　　　　　　　　　　　　販売　03-5395-2141

ISBN978-4-7898-4707-0
定価は裏表紙に表示してあります　　　　　　　　　　　　　　　　　編集担当　内門和良／及川健
乱丁，落丁本はお取り替えします　　　　　　　　　　　　　　　　　DTP　　　西澤賢一郎
　　　　　　　　　　　　　　　　　　　　　　　　　　　　　　　　印刷・製本　三晃印刷株式会社
　　　　　　　　　　　　　　　　　　　　　　　　　　　　　　　　Printed in Japan